航天科技图书出版基金资助出版

通信卫星故障诊断与重构系统设计技术

韩笑冬　杨凯飞　著

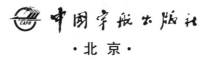

中国宇航出版社
·北京·

图书在版编目（ＣＩＰ）数据

通信卫星故障诊断与重构系统设计技术／韩笑冬，杨凯飞著 . -- 北京：中国宇航出版社，2022.3

ISBN 978-7-5159-2042-9

Ⅰ.①通… Ⅱ.①韩… ②杨… Ⅲ.①通信卫星－故障诊断②通信卫星－状态重构－系统设计 Ⅳ.①V474.2

中国版本图书馆 CIP 数据核字（2022）第 044385 号

责任编辑　王杰琼　张丹丹　　　封面设计　王晓武

出　版 发　行	**中国宇航出版社**	
社　址	北京市阜成路 8 号	邮　编　100830
	(010)68768548	
网　址	www. caphbook. com	
经　销	新华书店	
发行部	(010)68767386	(010)68371900
	(010)68767382	(010)88100613(传真)
零售店	读者服务部	
	(010)68371105	
承　印	北京厚诚则铭印刷科技有限公司	
版　次	2022 年 3 月第 1 版	2022 年 3 月第 1 次印刷
规　格	880×1230	开　本　1/32
印　张	11.625　彩插　10 面	字　数　343 千字
书　号	ISBN 978-7-5159-2042-9	
定　价	68.00 元	

本书如有印装质量问题，可与发行部联系调换

航天科技图书出版基金简介

航天科技图书出版基金是由中国航天科技集团公司于2007年设立的，旨在鼓励航天科技人员著书立说，不断积累和传承航天科技知识，为航天事业提供知识储备和技术支持，繁荣航天科技图书出版工作，促进航天事业又好又快地发展。基金资助项目由航天科技图书出版基金评审委员会审定，由中国宇航出版社出版。

申请出版基金资助的项目包括航天基础理论著作，航天工程技术著作，航天科技工具书，航天型号管理经验与管理思想集萃，世界航天各学科前沿技术发展译著以及有代表性的科研生产、经营管理译著，向社会公众普及航天知识、宣传航天文化的优秀读物等。出版基金每年评审1～2次，资助20～30项。

欢迎广大作者积极申请航天科技图书出版基金。可以登录中国航天科技国际交流中心网站，点击"通知公告"专栏查询详情并下载基金申请表；也可以通过电话、信函索取申报指南和基金申请表。

网址：http：//www.ccastic.spacechina.com

电话：(010) 68767205，68767805

《通信卫星故障诊断与重构系统设计技术》
撰　写　组

组　　　长　韩笑冬

副　组　长　杨凯飞

撰写组成员　武长青　　李世喆　　王亚坤　　邢　川

　　　　　　　王雨琦　　王　睿　　鲍莉娜　　李彦军

　　　　　　　张新龙　　张　潇　　周明维　　安卫钰

　　　　　　　徐　楠　　宫江雷　　王　超　　陈亮亮

　　　　　　　成　艳　　吕原草　　李　翔　　侯晓庚

　　　　　　　王冠达　　高　磊　　邓　兵　　孔令军

　　　　　　　王祥通

作者简介

　　韩笑冬，博士、中国空间技术研究院研究员，长江学者奖励计划"校企联聘学者"，国家高层次人才特殊支持计划"青年拔尖人才"，173基础加强计划重点项目技术首席。长期从事通信卫星总体与星载综合电子系统研究，是我国新一代通信卫星的综合电子系统主任设计师，航天科技集团"星载综合电子系统"科技创新团队带头人，先后主持民用航天、装备预研、国家自然科学基金等14个研究项目。入选国务院国资委"百—万—百万"科技人才培养工程，获省部级科技一等奖2项、二等奖4项、三等奖2项。以第一作者出版学术著作2部，发表高水平论文53篇，授权发明专利37项。

　　杨凯飞，中国空间技术研究院工程师，研究方向为航天器自主故障诊断技术、综合电子技术、星载软件技术等。

前　言

　　本书从通信卫星基本概念入手，对通信卫星工程、设计技术和未来发展趋势进行了介绍，在此基础上对近年来国内外卫星在轨典型故障案例进行了分类介绍和总结分析，由此引出了通信卫星星载故障诊断与重构技术，对故障诊断与重构系统设计技术的基础理论知识、关键技术、设计方法、工作流程进行了全面论述和案例介绍。然后结合人工智能等新技术发展趋势，对数据驱动的卫星自主故障诊断方法、模型、应用和星载多约束条件下的容错控制与任务规划方法进行了重点阐述。最后结合星载智能自主故障诊断与重构系统设计案例对技术落地、方法应用、系统设计实现进行了全面论述。本书力争实现理论和工程、设计和应用相结合，通过对通信卫星故障诊断与重构系统设计关键技术、设计流程、应用案例的介绍，总结科研工作中的故障诊断与重构技术创新成果，综合反映当前通信卫星故障诊断与重构技术领域的技术水平和发展趋势。

　　本书主要内容包含通信卫星的基本概念及其发展，国外卫星在轨典型故障案例研究、分析与启示，通信卫星故障诊断与重构技术，大数据驱动的卫星故障诊断及应用，星载多约束下的容错控制和规划以及卫星智能自主故障诊断与重构系统设计等。

　　第1章介绍了通信卫星的基本概念、特点及其发展，通过举例对国内外通信卫星产业和典型通信卫星平台进行了介绍，系统地阐述了通信卫星工程的概念与特点，同时对通信卫星典型分系统设计技术进行了介绍。此外，本章还总结分析了通信卫星技术发展趋势，让读者能够对通信卫星有更全面的认识。

第2章对近年来国外卫星在轨发生的典型故障案例进行了研究，并从卫星平台、所属分系统、故障发生时卫星运行时间等不同维度进行统计分析和相关性分析，旨在为我国卫星设计和在轨维护提供有价值的启示和借鉴，使读者能够充分了解卫星在轨常见故障类型和卫星故障诊断与重构系统研究的必要性，并从需求层面为系统的设计方向和研究重点提供了有益指导。

第3章主要对通信卫星故障诊断与重构系统设计技术进行了介绍。本章首先分别从故障诊断、故障预测、卫星健康评估等方面介绍了航天器健康管理关键技术，并对国外典型通信卫星故障诊断与重构系统的设计和发展进行了研究。然后依次按策略设计、系统设计、系统验证设计对通信卫星故障诊断与重构系统的设计技术进行了全面、深入的介绍，既包括通信卫星故障诊断与重构系统设计的理论知识、技术方法，还覆盖了对系统设计实现和功能验证工作的总体设计、工作内容和流程的介绍。由此使读者能够全面地了解通信卫星故障诊断与重构系统设计技术相关专业的工作内容和方法，并帮助本专业工程人员了解和掌握必备的理论知识，明确专业工作相关职责及工作要求，同时指引工程人员参阅和查找更详细、更专业的参考文献及标准，从而达到深入理解并掌握必备的理论知识、提高业务水平的目的。

第4章介绍了大数据驱动的卫星故障诊断及应用。本章研究了大数据驱动的卫星智能故障诊断技术，将深度学习等新一代人工智能技术引入卫星故障诊断领域，解决现有方法存在的不足，提升卫星故障诊断水平。本章首先研究、分析卫星遥测数据及其特点，并介绍了新一代人工智能技术及其在其他领域的应用，进而提出大数据驱动的卫星故障诊断技术总体架构设计、关键算法、工作流程，然后重点对基于深度学习的卫星智能故障诊断技术进行介绍，最后结合卫星智能故障诊断技术的典型应用案例进行了详细阐述。通过对本章内容的学习，本专业工程人员能够对大数据、人工智能等技术方法在卫星健康管理领域的应用和研究有更清晰的认识。

第 5 章分别从通信卫星姿态机动约束建模与分析、多约束下抗退绕姿态机动路径规划、多约束下能量最优姿态机动路径规划、通信卫星姿态机动综合仿真验证等方面对通信卫星星上多约束条件下的容错控制与任务规划技术进行了研究和阐述。结合本章内容的学习，本专业工程人员能够全面了解提升通信卫星可靠性，进行卫星系统容错控制和故障诊断重构的新技术、新方法，有助于工程人员迅速成长。

第 6 章介绍了卫星智能自主故障诊断与重构系统设计。本章通过具体的设计与实现案例，从系统的硬件环境、软件总体架构、功能模块设计等方面对前面章节介绍的方法进行了融合介绍。该系统具备故障模式可在轨增加等多项开放式、通用化、智能化设计，汇聚了通信卫星故障诊断与重构系统设计专业工程人员多年设计经验和多项技术创新成果，可作为指引专业工程人员进行工程实践的一把利器，进一步深化读者对前面章节所述设计技术的理解，从而切实提升相关专业人员工程实践水平。

本书主要面向通信卫星故障诊断与重构系统设计专业工程人员

以及相关专业领域的工程人员。本书可指导本专业工程人员快速学习并开展通信卫星故障诊断与重构系统设计专业工作，既可作为通信卫星故障诊断与重构系统设计相关专业工程人员的培训教材，也可以作为高等院校相关专业的参考书。

目　录

第1章　通信卫星的基本概念及其发展

1.1　通信卫星介绍

1.1.1　通信卫星概述

通信卫星是指在地球轨道上作为无线电通信中继站的人造地球卫星。通信卫星一般采用地球静止轨道，这条轨道位于地球赤道上空约 36 000 km 处。目前，世界上正在发展的低轨通信星座主要位于与赤道夹角约 80°、高度约为 1 100 km 的轨道位置处。通信卫星可以传输视频、语音和传真等不同类型的数据信息。通信卫星是卫星通信系统的空间部分，一颗地球静止轨道通信卫星能够覆盖 42%以上的地球表面，覆盖区内的任何地面、海上、空中的通信站都能同时相互通信。通信卫星是世界上应用最早、最广的卫星之一，中国、美国和俄罗斯等众多国家都发射了通信卫星。

通信卫星搭载有特定频段的有效载荷，对应各自的服务区，待通信的终端必须处于通信卫星服务区内，且应用频段与通信卫星一致。调整发送终端的信号强度，以确保卫星能正常接收信号，同时接收终端也能调整参数，以达到最佳接收效果，通信卫星接收发送终端发射的信号，经过放大、变频，或者解调、调制，再经功率放大器放大后，向服务区发射，接收终端接收到转发的信号后，建立起发送端和接收端的通信链路。

通信卫星按专业用途可分为固定业务通信卫星、移动业务通信卫星、直播卫星、跟踪与数据中继卫星，按轨道可分为地球静止轨道通信卫星、大椭圆轨道通信卫星、中地球轨道通信卫星和低地球轨道通信卫星，按服务区域可分为国际通信卫星、区域通信卫星和国内通信卫星，按应用领域可分为国防通信卫星、民用通信卫星和商用通信卫星。

通信卫星包括卫星平台和有效载荷两部分。其中，卫星平台为有效载荷正常工作提供各方面的支持和保障，一般包括结构与机构分系统、姿态与轨道控制分系统、推进分系统、供配电分系统、测控分系统、综合电子分系统及热控分系统等。有效载荷完成通信任务，一般由通信天线和转发器组成；对于跟踪与数据中继卫星，有效载荷还包括捕获跟踪分系统。

1.1.2　卫星通信特点

与地面无线通信和光纤、电缆等有线通信手段相比，卫星通信具有以下特点：

1）通信距离远、覆盖面积大，通信成本与通信距离无关。通信卫星所处轨道位置高，可实现大面积覆盖。在地球静止轨道均匀布置 3 颗通信卫星，就可以实现除两极附近地区以外的全球连续通信；在单星覆盖区域内，任意两个地球站均可通过卫星进行通信，通信成本与距离无关，而且地球站的架设成本也不因通信站之间的自然条件恶劣程度而变化。在远距离通信上，卫星通信相对微波中继、电缆、光纤及短波无线通信具有明显的优势。

2）组网方式灵活，具有多址连接能力，支持复杂的网络构成。卫星通信方式灵活多样，可以实现点对点、一点对多点、多点对一点和多点对多点等通信方式。多个地球站通过通信卫星相连，就可以实现灵活组网，支持干线传输、电视广播、新闻采集、企业网通信等多种服务。

3）频带宽、通信容量大。卫星通信采用微波频段，可用频谱资源较多，除光纤通信以外，其他通信手段都无法与之相比。随着通信卫星能力的提升和先进卫星通信技术的发展，通信容量越来越高。目前，卫星宽带接入的传输速率可与地面电缆通信方式相当。

4）安全可靠，对地面基础设施依赖程度低。卫星通信系统整个通信链路的环节少，无线电波主要在自由空间中传播，链路的稳定性和可靠性较高。同时，通信卫星位置较高，受地面条件限制少。在发生自然灾害和战争情况下，卫星通信是安全可靠的通信手段，有时是唯一有效的应急通信手段。

5）具有大范围机动性。卫星通信系统的建立不受地理条件限制，地面站可建在海岛、大山、沙漠、丛林等地形地貌复杂的区域，也可以装载于汽车、飞机和船舶上；既可以在静止时通信，也可以在移动中通信。这对真正实现在任何时间、任何地点都能便捷地获取和交流信息至关重要。因此，卫星通信在军事领域有着广泛的应用。

1.1.3　通信卫星发展历程

纵观 60 余年的发展历程，通信卫星在不同时期呈现出不同的发展特点。1958 年，美国发射了斯科尔（Score）卫星，全球首次通过人造地球卫星实现了语音通信。在此后的半个多世纪里，通信卫星从技术试验到商业应用，从自旋稳定到三轴稳定，从透明转发到星上处理，技术水平取得了长足的进步。

20 世纪 60 年代，通信卫星的发展处于起步阶段，以技术试验为主，逐渐向实用化过渡。1963 年，美国发射了电星 - 1 卫星，首次实现了跨洋通信；1964 年发射的辛康 - 3 卫星成为全球首颗地球静止轨道卫星。1965 年，国际通信卫星组织（INTELSAT）的首颗卫星——国际通信卫星 - 1（Intelsat - 1）成功发射，成为全球首颗实用通信卫星，这标志着通信卫星进入了实用化阶段。在这一时期，美国和苏联开始部署应用首批国防通信卫星，美国部署了第一代国防卫星通信系统（DSCS），又称为初级国防通信卫星计划（IDCSP）；苏联发展了大椭圆轨道的闪电（Molniya）系列军民两用卫星和低地球轨道的天箭（Strela）国防卫星。总体来看，这个时期的通信卫星多采用自旋稳定方式，能力非常有限。

20 世纪 70 年代，通信卫星向商业化快速发展，成为跨洋通信

（语音和数据传输）和电视广播的常规手段，一些国家和地区成立了运营通信卫星的商业公司或组织。1972 年，加拿大拥有了全球第一颗国内通信卫星——阿尼克（ANIK）卫星，1974 年，美国也出现了第一颗国内商用通信卫星——西联卫星（Westar）。1976 年，苏联发展了世界上首个用于直播到户电视广播的卫星系列——荧光屏（Ekran）。这个时期，商业通信卫星的技术水平有所提高，但仍以自旋稳定为主，可支持 1 000 多路语音和几路电视信号的传输。在国防通信卫星领域，三轴稳定方式得到了广泛使用，提供的业务种类不断增加。美国开始部署第二代国防卫星通信系统，发展了国防数据中继卫星——卫星数据系统（SDS）和国防移动通信卫星——舰队卫星通信（FLTSATCOM）系统等；苏联发展了首个地球静止轨道军民两用通信卫星系列——彩虹（Raduga）卫星。

20 世纪 80 年代是通信卫星技术快速进步和广泛应用的时期。欧洲、日本、中国、印度等多个国家和地区纷纷大力发展本国的实用通信卫星，欧洲通信卫星公司、阿拉伯卫星通信组织、国际海事卫星组织等一大批国际运营商蓬勃涌现。这个时期的通信卫星广泛采用三轴稳定和太阳翼技术，卫星尺寸、质量和功率大大提高；点波束和双极化技术也得到了广泛应用，卫星可支持上万路的语音传输。美国和苏联相继建立了民用数据中继卫星系统。在国防通信卫星领域，美国发展了租赁卫星（Leasat），进一步提高了战术卫星移动通信能力，促使国防通信卫星从战略应用向战术应用转型；苏联发展了急流（Potok）国防数据中继卫星等。1984 年 4 月 8 日，我国成功发射第一颗地球静止轨道试验通信卫星东方红二号，并成功定点于东经 125°上空。该卫星使用全球波束的喇叭天线，可在每天 24 h 内进行全天候通信，包括电话、电视和广播等各项通信试验，并承担了部分国内通信任务。它的成功发射，使我国成为世界上第 5 个独立发射地球静止轨道通信卫星的国家。1986 年 2 月 1 日，东方红二号实用通信广播卫星顺利上天。该星由于采用了覆盖国内的较窄波束抛物面天线，提高了波束的等效全向辐射功率，使通信地面站的信号强度明显提高，接收的电视图像质量大为改善，通信容量也大大增加，传输质量超过了当时租用的"国际通信卫星"。

　　20 世纪 90 年代，通信卫星在原有业务的基础上，开始向移动通信和数字电视直播方向发展，国防通信卫星宽带、窄带、防护三大体系初步形成。这一时期移动通信卫星系统逐渐发展起来：国际海事卫星公司利用静止轨道卫星提供覆盖全球的移动通信业务，并将该业务范围逐步扩展到地面和航空领域；美国先后发展了铱星（Iridium）、全球星（Globalstar）和轨道通信卫星（Arbcomm）三大低轨通信卫星星座，提供手持移动语音通信业务。全球甚小口径终端（VSAT）系统应用大幅度增长，直播到户系统在亚洲和欧洲发展壮大。随着通信卫星技术的不断成熟，为了缩短研制周期，降低研制成本，通信卫星采用模块化的发展思路，形成了可以满足多种任务要求的卫星公用平台系列，大大推动了通信卫星产业化进程。东方红三号卫星是我国自行研制的新一代通信卫星，尽管在通信频段和转发器数量上与先进国家的卫星存在着一定的差距，但就卫星的分系统方案、单项性能和单项技术方面而言，如通信信道的 EIRP（等效全向辐射功率）、G/T 值指标，全三轴姿态稳定技术，双组元统一推进系统，碳纤维复合材料结构，频率复用双栅赋形波束天线等技术，仍然是当时世界先进国家所采用的方案和技术。尤其在带有宽翼展太阳翼的卫星柔性动力学理论研究和大容积推进剂贮箱的液体晃动理论研究及工程实践方面，均已步入了世界先进行列。因此，东方红三号通信卫星的研制和发射成功，标志着我国通信卫星技术跨上了一个新台阶。该卫星上所采用的许多先进技术和主要成果为研制更先进、更大容量的通信广播卫星奠定了技术基础。20 世纪后期，中国空间技术研究院研制了东方红四号新一代大型地球静止轨道卫星公用平台，具有容量大、功率大、承载能力强和服务寿命长等特点，其整体性能与同期国际同类卫星平台的水平相当，是具备国际先进水平的地球静止轨道卫星平台。它可用于大容量广播通信、电视直播、数字音频广播和宽带多媒体等多种国民经济建设和国内外市场急需的业务，并具有确保信息传输安全可靠的有效技术手段。

进入 21 世纪以来，人们对大容量、高速率的要求越来越高，通信卫星也呈现出向高功率、长寿命、高可靠的大型静止轨道通信卫星发展的趋势，国防通信卫星在信息化作战背景下开始向网络化转型。多种有效载荷技术广泛应用，星上处理能力逐步提高，多点波束技术、星载大天线技术和频率复用技术的广泛应用大大提升了卫星通信容量。在国防通信卫星领域，三大体系更新换代，大幅提升了卫星性能和网络化能力。全球通信卫星的发展，正朝着构筑太空信息高速公路方向发展，向高速率、宽带、多媒体因特网的目标不断迈进。

1.1.4　通信卫星分系统简介

（1）姿态与轨道控制分系统

卫星在空间的运动，可以分解为轨道运动和姿态运动，轨道运动是卫星作为一个质点在空间的运动，姿态运动是卫星本体绕其质心的转动。姿态与轨道控制分系统是卫星平台的重要组成部分。卫星由运载火箭发射入轨后，需要依赖自身能力控制到达目标轨道和位置，在轨工作时要维持卫星姿态，为有效载荷正常工作提供必要条件。

在卫星从火箭入轨到进入目标轨道的过程中，为了以较优的策略进行变轨控制，需要对卫星在空间中的姿态进行控制，从而保证变轨发动机沿正确的方向点火。在目标轨道上运行时，要保证卫星相对地球的星下点位置，满足载荷工作所需的条件，需要定期克服地球及日月引力的摄动，进行轨道维持控制。

在对卫星进行姿态控制的过程中，一般通过姿态敏感器确定卫星的姿态，如果对姿态进行调整，根据偏差计算出控制量，由卫星上的执行机构实施控制。对于大型通信卫星来说，在设计控制律时不仅要考虑卫星刚体特性，还要考虑大型太阳翼、天线等柔性附件动力学特性，以及大型贮箱中各种充液比下的液体晃动特性。

一般地，姿态是指卫星本体坐标系相对参考坐标系或某一特定目标的一种度量。描述姿态最常用的方法是采用本体坐标系相对参考坐标系的方向余弦阵，方向余弦阵表征了姿态的所有信息，但要实施控制时，为了控制方便，还经常使用欧拉角和四元数表示姿态。当本体坐标系与参考坐标系偏差较小时，姿态可以近似利用欧拉角表示，分别是绕卫星 3 个轴的转动角，有利于控制的实施，当偏差较大时，一般利用轴、角方法，即四元数方法表示姿态，实施控制简单有效。

（2）推进分系统

通信卫星推进分系统是为卫星轨道转移、位置保持提供所需要的推力，为姿态控制提供所需的力矩的分系统，主要利用反作用原理，靠自身携带包含燃烧剂和氧化剂在内的全部能源物质（组成推进剂），通过能量释放的方式产生高速喷射的工质，产生推进动力，其主要特点是不需依靠外界空气，可在大气层以外的宇宙空间中工作。

对于通信卫星来说，推进分系统的作用具体描述如下：

1）在星箭分离后，推进分系统需要配合控制系统完成太阳、地球和星的捕获，使得卫星可以捕获姿态以及获得太阳能源；

2）为卫星进行的轨道转移和定点提供推力；

3）在卫星定点后，由于月球和太阳引力，引起轨道倾角变化，推进分系统需为卫星南北位置保持提供控制力；

4）由于地球摄动和太阳光压作用，造成卫星经度漂移和偏心率摄动，推进分系统为卫星的东西位置保持提供控制力；

5）在卫星长期运行过程中，推进分系统为姿态控制、飞轮卸载等需求提供控制力矩。

通信卫星通常采用液体推进系统。液体推进系统将推进剂以液体的状态贮存在贮箱中，工作时，供给系统将液体推进剂输送到发动机燃烧室，在燃烧室内发生化学反应，能量以热能和压力的形式释放，产生的高温高压燃气通过收缩-膨胀喷管加速喷出，产生推力。

（3）综合电子分系统

卫星综合电子技术是伴随着微电子技术的进步和卫星应用需求而发展起来的综合机电技术，是一个对信息进行采集、处理、分配、存储的系统，是一个在苛刻限制条件下，对密集性很高且复杂的航天电子系统进行信息综合和功能综合的技术。Honeywell 公司给出了一个定义：一个系统只要满足未来可扩展和重构、开放平台、允许第三方在现在或将来参与软硬件开发、全寿命周期廉价、具有时间和空间分区和容错中间件这 5 个条件，就可以称为综合电子系统。

卫星星载综合电子分系统可以理解为，是星上采用计算机网络技术将星载电子设备互联，实现卫星内部信息共享和综合利用的信息处理和传输的系统，其主要目的在于通过严格的故障检测和提供可代替的资源（软件和硬件的冗余度），以达到高的可靠性和容错能力。卫星综合电子分系统与传统分系统的最大不同是，强调将所有的组成部分都置于一个完整、合理的体系结构之下，采用自顶向下的系统工程方法完成系统的研发。

综合电子分系统是目前国际上的先进设计理念，国内通信卫星的设计已相继采用该设计理念，从系统的角度对遥测、遥控、姿轨控、配电、电源管理、热控、载荷管理、星务管理等功能重新进行划分与综合；对综合电子分系统中单机的数量与重量进行精减；在单机设备的设计与实现过程中，采用先进的大规模集成电路技术，以及采用标准化、模块化和通用化的设计思想。

故障检测、隔离与恢复（FDIR）技术是综合电子分系统的一项重要功能，包括故障检测、故障隔离和功能恢复 3 个过程，卫星的大部分故障检测、故障隔离和功能恢复策略是通过星载计算机软件完成的，系统自主的冗余备份是星载计算机设计的重点，对于新一代高轨通信卫星的自主健康管理具有重要的意义。

（4）测控分系统

遥测本意为远距离测量，在卫星测控领域是指将卫星上的各种信息（被测物理量）变成电信号，并以无线电载波的形式通过下行测控信道送到地面接收设备，经接收、解调处理后还原成各种信息，为地面人员提供卫星的各种工作状态和数据的一种过程。完成卫星遥测功能的设备集合称为遥测子系统，一个遥测系统必须能从传感器处采集、处理和发送上述各类数据，地面上必须能接收、处理和提取这些数据。

遥控本意为远距离控制，在卫星测控领域是指将地面上的各种指令和数据信息通过上行测控信道以电信号的形式调制在无线电载波上向卫星发送，卫星接收、解调后，相关仪器设备完成规定的动作，从而实现地面对卫星仪器、设备控制的一种过程。遥控系统关注的主要指标包括与其他分系统设备之间的电接口匹配特性、指令格式以及加解密等。完成遥控功能的整套设备组合称为遥控子系统，遥控子系统也是卫星测控分系统的重要组成部分。

（5）供配电分系统

供配电分系统是通信卫星上产生、储存、调节、变换、分配电能的分系统，也称为电源分系统，其基本功能是通过某种物理变化或化学变化，将光能、核能或化学能转换成电能，根据需要进行储存、调节和变换，然后向卫星的有效载荷及平台各分系统供电。其任务为在卫星各个飞行阶段，包括主动段、转移轨道段及地球静止轨道工作寿命期间，负责为卫星有效载荷及平台各分系统提供和分配电能。

供配电分系统从功能上可划分为一次电源子系统和总体电路子系统。一次电源子系统的主要功能为产生、储存、调节一次母线，通常采用太阳电池阵作为发电装置，蓄电池组作为储能装置，由电源控制装置对供电电压和功率实行调节和控制，提供电源母线；总体电路子系统的主要功能是为卫星各分系统电子设备和加热器、火工品等部件配电，进行供电控制，通过低频电缆网实现整星低频功率、信号连接，并按要求实施接地、屏蔽等电磁兼容性措施。通信卫星内大部分设备，除需要一次母线电源供电外，还需要具有高稳定度和低噪声的其他种类电压的二次电源供电。电源变换通过电源变换器实现，通信卫星的电源变换主要是直流/直流变换，很少用直流/交流变换。根据不同通信卫星的供配电需求，可以设置几台电源变换器集中为某些设备供电，也可以把小型轻量化的电源变换模块或电路内嵌在用电设备中，实现分散供电。

（6）热控分系统

卫星所经受的真空与低温、微重力、太阳紫外辐射、带电粒子辐射以及污染和羽流等环境均会对卫星的正常工作温度产生影响，因此，需要由热控分系统进行温度控制。卫星热控分系统的任务是在给定条件下，采用各种可能的传热方式，包括辐射、传导、对流等，控制卫星内、外热交换，使卫星及其设备的温度、温度差、温度稳定性等技术指标满足总体技术要求。

卫星热控分系统的功能主要包括：

1）控制卫星吸收来自外部环境的热流和向深冷空间排放热流；

2）实现卫星及其设备热流的收集、扩散和传输，控制热流传输的路径和方向；

3）储存卫星及其设备的热能，需要时释放热能；

4）控制卫星及其设备的温度范围、温度差、温度梯度、温度稳定度、温度均匀度；

5）控制卫星密封舱内空气的流量（流速）。

（7）转发器分系统

转发器分系统（也可简称为转发器）是通信卫星有效载荷的重要组成部分，主要功能是对天线分系统接收到的上行信号进行变频、放大、处理及交换，再送回天线分系统；转发器是由一系列具备以上功能的微波通信设备以及电缆、波导等共同组成的分系统。转发器首先接收来自天线分系统的经放大后的射频信号，由于进入转发器的各种上行信号的总带宽一般达数百兆赫兹甚至更宽，因此转发器需要先提取有用信号，再进行相关处理，最后再发送给天线分系统。来自天线分系统的上行宽带信号进入转发器后要依次经过多个阶段的处理，其工作原理可描述为：

1）频率预选。提取输入宽带信号中的有用信号；

2）低噪声放大及变频。对信号进行低噪声功率放大和频率变换，将信号频率转换为相应的下行发射频率；

3）输入滤波及分路。将宽带信号按频率划分为若干通道的窄带信号，并对带外干扰进行一定程度的抑制；

4）数字处理。该处理根据使用需求而定，可对分路后的窄带信号进行解调、译码、路由交换、编码和调制等数字处理；

5）高功率放大。对经过分路或星上数字处理的窄带信号进行功率放大；

6）输出滤波及合路。将多路窄带信号合成为宽带下行信号，送往发射天线。

1.2　通信卫星工程

1.2.1　通信卫星工程与通信卫星工程系统

通信卫星工程是针对某一项通信卫星的研制任务或建设项目的实施，工程内容除包含通信卫星制造和试验外，还包括将通信卫星送入预定轨道和完成在轨测试验证。

通信卫星工程是一项系统工程，运用系统工程方法时，必须将工程对象——通信卫星作为它所从属的更大系统的组成部分来实施，通信卫星所属的更大系统主要是通信卫星工程系统和卫星通信系统。在实施通信卫星工程的过程中，必须从实现所属更大系统的观点来考虑，比如，需要考虑通信卫星与卫星通信系统中的各个地面站间的接口关系，同时需要考虑通信卫星与通信卫星工程系统中的运载火箭系统、发射场系统、地面测控系统等系统间的接口关系，上述接口关系都将以需求和约束条件的形式作为实施通信卫星工程的输入条件。

通信卫星工程系统，就是为了完成特定的通信卫星工程任务而建立的工程系统，是现代典型的复杂工程大系统，具有规模庞大、系统复杂、技术密集和综合性强等特点。

通信卫星工程系统包括实现特定通信任务的通信卫星系统、将卫星送入特定轨道的运载火箭系统、对运载火箭和卫星进行发射前准备及发射的发射场系统、对运载火箭和通信卫星进行测量及控制的地面测控系统，以及与在轨通信卫星配合发挥预定通信功能的地面应用系统。随着新型通信卫星的不断发展，通信卫星工程系统也在不断扩展。

运载火箭系统是卫星工程很重要的约束条件。通信卫星是运载火箭的有效载荷，卫星的发射质量、轨道及入轨精度，卫星外形最大尺寸，卫星纵向和横向刚度，卫星的结构及星上设备产品，卫星电磁兼容性，以及卫星机、电、热接口均要满足运载火箭的要求。

发射场系统是运载火箭和卫星在发射前总装、测试、加注和发射的场所，它由技术区、发射区及其他相关部分组成。卫星技术区总装、测试及加注等使用的厂房尺寸、空气环境、供电、供气、推进剂供应、通信设备、电磁环境、安全环境都有一定要求，可以通过双方协调确定接口；同时发射场的地理经纬度、允许的运载火箭射向也是影响卫星系统的重要因素。

地面测控系统负责卫星从发射、定点，直至交付使用后的长期测控管理，地面测控系统与卫星之间的接口，如地面测控站、船、台的选用，覆盖范围，测控体制，测控性能指标，测控程序，测控要求，测控频率，链路特性等需要通过分析确定后作为双方的约束条件。

地面应用系统是实现卫星通信必不可少的部分，主要包括通信终端、链路设备及业务管理单元，在空间通信卫星的信号转发功能支持下，实现终端用户间信息交互的应用。

地面应用系统与通信卫星工程的频段选择、频率计划、等效全向辐射功率、接收机品质因素、饱和通量密度、覆盖区、幅频特性、带外抑制等需要通过接口协调进行确定。

1.2.2 通信卫星工程阶段

通信卫星工程的阶段划分与航天器系统工程的阶段划分相同，按照航天器系统研制及管理规律，将通信卫星工程的研制过程划分为6个阶段（图1-1），每个阶段的工作具有相对独立性。在研制活动的各阶段末期应进行评审，并作为该阶段任务完成的标志。在卫星研制任务开展之外，研究者通常会对某些创新技术进行预研，并以预研成果作为基础，应用于卫星研制过程中。在实际研制活动中，根据卫星的继承性和创新性，可以选择卫星研制所需经历的研制阶段。

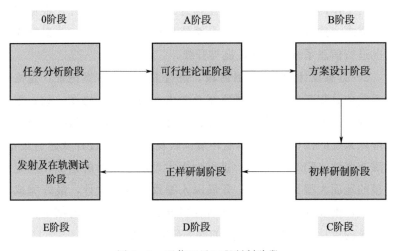

图1-1 通信卫星工程研制阶段

1) 任务分析阶段——0阶段，对卫星任务进行分析，拟定卫星初步使用要求、技术要求；用户会同研制部门对卫星初步使用要求和技术要求的合理性和可实现性进行分析与研究；研制部门应根据用户提出的卫星初步使用要求和技术要求，开展卫星概念研究，对使用的有效载荷技术进行调研，对可选用平台进行论证；在此基础上进行卫星可行性方案的初步论证。此阶段设计以总体设计为主，总体设计包括卫星机械系统、供电系统、热控系统、信息系统的设计，卫星设计各组成分系统配合。

2）可行性论证阶段——A 阶段，对卫星初步使用要求、技术要求的合理性和指标之间的匹配性进行分析；分析建立卫星系统的功能基线，并与立项综合论证报告相协调；提出研制技术流程和研制周期设想；对运载火箭、发射场、测控系统和地面应用系统等进行支撑性分析；在任务分析的基础上，确定关键技术和关键项目，分析在系统层次上的作用，对技术性能、不确定性和风险程度进行预测，同时组织关键技术的攻关，进行可行性论证。此阶段卫星总体向各分系统提出初步技术要求，各分系统进行方案可行性验证。该阶段的工作内容中还包括对卫星信息系统的规划与设计，根据卫星任务需求，选取合适的卫星信息系统设计方案和基线，并根据实际情况进行信息系统功能的扩展与升级。

3）方案设计阶段——B 阶段，进行卫星总体方案论证，建立卫星系统的分配基线并与卫星研制总要求的技术内容协调一致；编制卫星规范，卫星与运载火箭系统、发射场系统、地面测控系统和地面应用系统的接口要求；编制环境试验规范，编制设计及建造规范、电磁兼容性（EMC）规范；进行地面大型试验项目的论证，确定初样星的地面大型试验项目；开展深入细致的方案设计，最终完成总体方案详细设计。该阶段通过结合多方面试验和论证的结论，对信息系统的设计方案进行进一步的深入研究与改进。

4）初样研制阶段——C 阶段，总体完成卫星初样综合设计，各分系统完成初样详细设计，同时确保卫星系统和分系统及分系统之间的机、电、热、信息和其他接口的匹配性；分析、论证并确定需要研制的初样星（电性星、结构星、热控星）；完成初样星分系统设备、卫星系统和分系统地面支持设备的生产，最后总体在有关部门的配合下完成初样系统级的总装测试试验。在已有设计的基础上，确保信息系统与各分系统之间的接口适配性，各分系统的星上资源占用调配合理性。

5）正样研制阶段——D 阶段，总体向各分系统提出正样正式设计要求，总体完成卫星正样综合设计；各分系统完成正样详细设计；编制正样阶段分系统的验收规范并完成相关产品的验收；完成设备级环境试验，包括验收级振动试验、热真空试验、热循环试验、老炼试验等和相关分系统之间的联合试验；完成卫星总装、测试和大型试验，包括卫星电性能综合测试、电磁兼容性试验、质量特性测试、力学环境验收试验、热平衡试验、热真空试验等相关工作。

6）发射及在轨测试阶段——E 阶段，完成卫星出厂运输、发射场总装测试以及发射准备工作，卫星发射并定点后，总体和分系统在地面测控系统的配合下完成卫星在轨测试，对载荷经过发射阶段后的性能进行确认，合格后交付用户使用，同时向用户交付卫星在轨使用文件，包括有效载荷使用说明和用户使用手册等。

在实际的通信卫星研制中，常常根据技术成熟度对上述工程研制阶段或其中的活动进行裁减或综合，在不影响系统研制质量的前提下有效降低系统开发成本，缩短研制周期，如利用公用卫星平台，任务或技术状态相近的卫星型号典型阶段仅包括任务分析、方案设计、正样和发射及在轨测试，其中，任务分析阶段重点解决用户应用需求向通信卫星功能需求和研制需求的转化，方案设计和正样阶段重点解决研制需求向实际产品的转化，发射及在轨测试阶段重点解决卫星产品向用户应用系统的转化。在卫星信息系统的设计过程中，同样遵守卫星研制的流程，在保证卫星信息系统设计的合理性以及适配性等方面要求的前提下，根据实际情况对信息系统的设计进行综合或裁减。

在通信卫星工程全寿命阶段中，包括预先研究、设计、制造、装配/总装/测试（AIT）、发射、在轨测试等若干环节，其中，部分环节会在多个阶段中出现，如设计、装配/总装/测试环节，这些环节的工作要求和工作内容将根据产品所属阶段的不同而不同。

1.3　通信卫星平台概况

通信卫星平台是卫星的重要组成部分，主要包括结构与机构、遥测遥控、热控制和电源等分系统，为转发器和天线正常工作提供支持、控制、指令和管理保障服务。卫星平台功能的强弱对通信卫星的整体技术水平具有很大的影响。

1.3.1　国内通信卫星平台概况

我国先后研制了东方红系列卫星平台，包括东方红-2小型、东方红-3中型通信卫星平台以及东方红-4和东方红-5大型通信卫星平台，对我国通信卫星的发展起到了重要的推动作用。

（1）东方红-2小型卫星平台

东方红-2卫星平台是中国空间技术研究院研制的我国第一代静止轨道卫星平台。1984年4月8日，我国第一颗通信卫星东方红-2顺利发射升空，迈出了我国通信卫星的第一步，使我国成为世界上第五个独立研制、发射和运行地球静止轨道卫星的国家。之后，我国又成功发射了1颗东方红-2和3颗东方红-2A通信卫星。该卫星平台是小型通信卫星平台，采用自旋稳定方式。不过，东方红-2A卫星比东方红-2卫星在设计上有较大改进，性能有较大提高。其星上通信转发器由2台增至4台（C频段），使电视转播能力由2个频道增至4个频道，电话传输能力由1 000路增至3 000路，设计寿命由3年增至4.5年，卫星的等效全向辐射功率也有较大提升，使我国的卫星通信和电视转播跨入一个新阶段。

（2）东方红-3中型卫星平台

东方红-3卫星平台是中国空间技术研究院研制的我国第二代静止轨道卫星平台。1997年5月12日，东方红-3通信卫星成功发射。

它搭载了 24 台 C 频段转发器，工作寿命达 8 年，使我国通信卫星水平提升了 20 年。此后，东方红-3 卫星平台先后用于"中星"系列通信卫星、"鑫诺"系列通信卫星、"天链"系列数据中继卫星、"北斗"系列导航卫星、"嫦娥"系列月球探测器等。东方红-3 卫星平台现已成为成熟的中型地球静止轨道卫星平台。

东方红-3 卫星平台采用了许多当时的新技术，如全三轴稳定技术、统一双组元液体推进技术、大面积密栅太阳电池翼、双栅双抛物面多馈源赋形波束天线、正交线极化隔离频率复用技术和高强度低密度碳纤维多层复合材料等。

（3）东方红-4 大型卫星平台

东方红-4 卫星平台是中国空间技术研究院研制的我国第三代静止轨道卫星平台，具有输出功率大、承载能力强和服务寿命长等特点。卫星质量约为 5 800 kg，有效载荷输出功率达 10.5 kW，设计寿命达 15 年，卫星整体性能达到国际同类通信卫星的先进水平。该卫星平台可用于大容量电视直播、宽带多媒体、数字音频广播等多种业务类型，并具有确保信息传输安全可靠的高效技术手段。

（4）东方红-5 大型卫星平台

东方红-5 平台为大型 GEO 卫星平台，充分继承了现有产品、技术成果与经验，满足典型通信与遥感载荷的应用需求。它使用了许多新技术，如电推进、网络热管、可展开散热器、二维二次展开半刚性太阳翼、锂离子蓄电池、新一代功率控制器和改进的集成电子设备。东方红-5 卫星平台主要具有以下 5 大特点：

1）高承载。整星发射质量为 8 000 kg，有效载荷承载质量为 1 500 kg。

2）大功率。有效载荷功率达 28 kW。

3）高散热。采用主动热控和被动热控结合的散热手段。

4）长寿命。平台具备提供在轨服务 16 年的能力。

5）可扩展。卫星平台设计预留承载、供配电、姿轨控以及热控等扩展能力。

1.3.2　国外通信卫星平台概况

国外通信卫星典型平台包括美国洛克希德·马丁公司的 A2100 卫星平台、美国劳拉空间系统公司的 LS-1300 卫星平台、欧洲宇航防务集团阿斯特里姆公司的 Eurostar 3000 卫星平台等。

（1）A2100 卫星平台

A2100 卫星平台是美国洛马公司最主要的卫星平台，平台采用箱板式主承力结构。

A2100 卫星平台系列包括早期的 A2100A（发射质量不超过 3 000 kg，功率 1～4 kW）、A2100AX（发射质量为 3 000～4 000 kg，功率为 4 kW 以上）、A2100AXS 和 A2100AXX（发射质量为 4 000～5 000 kg）、A2100 Advanced（发射质量为 5 000 kg 以上）以及 A2100M（发射质量为 6 000 kg 以上）。采用 A2100M 平台的卫星包括美国国防通信卫星 AEHF 系列、MUOS 系列和 SBIRS-High 系列。

（2）LS-1300 卫星平台

LS-1300 卫星平台是劳拉空间系统公司的标准平台，该平台采用中心承力筒加壁板结构。LS-1300 卫星平台自 1993 年开始发射。LS-1300 卫星平台一共有基本型 LS-1300 和扩展型 LS-1300S 两个类型。基本型发射质量为 2 000～5 000 kg，输出功率为 5～12 kW。扩展型发射质量最大可以达到 7 t，输出功率为 12～18 kW，有效载荷射频功率可以达到 10 kW，最多装载 90 路转发器，使用了 SPT-100 电推进系统。

（3）EuroStar 3000 卫星平台

EuroStar 3000 卫星平台是欧洲宇航防务集团阿斯特里姆公司最新的主要卫星平台。EuroStar 3000 卫星平台一共有 EuroStar 3000、EuroStar 3000GM 和 EuroStar 3000S 三个类型。其中，EuroStar 3000 发射质量在 5 000 kg 左右，EuroStar 3000GM 发射质量达到 5 900 kg，EuroStar 3000S 发射质量不超过 5 000 kg。

EuroStar 3000 平台是商业卫星的成功典范，是阿斯特里姆公司从 1995 年开始研制的。EuroStar 3000 平台的主要卫星包括"欧洲通信卫星"（Eutelsat）、"西班牙卫星"（Hispasat）、"国际通信卫星"（Intelsat）、"国际移动卫星"（Inmarsat）、"电信卫星"（Telesat），另外 2 颗是国防卫星天网 - 5a、5b（Skynet - 5a、5b）。

（4）Spacebus 系列卫星平台

Spacebus 3000 和 4000 系列卫星平台是泰雷兹·阿莱尼亚空间公司的主要平台，Spacebus 3000 平台可适应多频段有效载荷的要求，主要提供固定或移动通信、广播业务，功率为 5～9 kW。Spacebus 3000A 平台卫星质量不超过 3 000 kg，功率在 4～6 kW 范围内。Spacebus 3000B 平台卫星最大发射质量为 4 000 kg，输出功率不超过 8.7 kW，提供有效载荷质量 500 kg 和功率 6.5 kW，寿命 15 年。Spacebus 3000B 又分为 Spacebus 3000B2（发射质量 3 200 kg 以下）和 Spacebus 3000B3（发射质量 3 200 kg 以上）。Spacebus 4000 系列发射质量范围为 3 000～5 900 kg，输出功率可达 15.8 kW，其中，提供有效载荷功率可达 11.6 kW，可装载 70 路左右中等容量（100 W）的转发器，采用 100 V 母线和 Avionics 4000 综合电子系统以及电推进技术。按照发射质量，Spacebus 4000 又可分为 Spacebus 4000B3（不超过 4 000 kg）、Spacebus 4000C1/C2（4 500 kg）、Spacebus 4000C3（4 900 kg）、Spacebus 4000C4（5 700 kg）等几个级别。

（5）Alphabus 卫星平台

最早的 Alphabus 准备计划是在 2001 年 11 月爱丁堡的欧洲空间局（ESA）成员国部长联席会议上通过的。自此 Alphabus 平台进入详细设计阶段和工程验证/鉴定阶段，先后成功通过初步设计评审和详细设计评审。其中，阿斯特里姆负责电源功能部件、太阳翼、化学推进和整星的 AIT，泰雷兹负责机械和热控子系统、综合电子系统和电推进子系统，平台设备由欧洲厂商提供。2007 年 6 月 20 日，欧洲空间局与国际移动卫星公司签署了 Alphasat 计划谅解备忘录，2007 年 11 月签署正式合同，根据协议，Alphasat 平台初样应用于

Inmarsat XL 卫星的研制。

Alphabus 卫星平台采用中心承力筒结构，卫星包含 1 个三层的转发器舱和 1 个扁平的服务舱。大型承力筒直径为 1.666 m，承力筒中央安装 2 个可装载 3 500～4 200 kg 可变化的推进剂贮箱，卫星的最大发射质量为 8 600 kg。太阳翼采用每翼 6 块板的二维展开太阳翼，太阳板面积为 10 m²，表面贴装了三结砷化镓电池片，母线电压为 100 V。100 V 母线调节器和新一代的锂离子电池带来高效的功率调节能力和更轻的重量。数据处理系统由计算机、总线网络和平台接口单元以及控制系统组成，直接继承 Spacebus 4000 平台的成熟技术。

（6）SGEO 平台

SGEO（Small European Geostationary Platform）平台的研制工作由 OHB 系统公司主导，多家欧洲知名航天企业参与其中。第一批 SGEO 平台卫星于 2017 年发射升空。SGEO 平台的特点之一是其模块化结构。卫星可以根据客户的特定要求单独安装，而无须对卫星总线进行任何重大修改。其优势显而易见，集成时间短，可以快速响应新的市场需求并降低成本。该系统相对较低的复杂性在降低程序风险的同时确保了高可靠性。此外，SGEO 平台在多个重要单机部件上采用了欧洲航天工业界已有的技术成果，如电推进系统压力调节装置和推力器指向机构方面的研制，受益于欧洲空间局首个月球探测器任务"先进技术研究小型任务"-1（SMART-1），太阳翼基于已经得到验证的 Eurostar 3000 平台以及 Alphabus 平台上的同类产品研制。同时，为了实现"小型化、低成本、高性能"的目标，SGEO 项目也积极推动各参与方的新技术研发，如在平台数据管理分系统方面，加速了欧洲空间局"狮"系列片上系统微处理器软核架构的开发与验证。在推进分系统方面，促进了法国斯奈克玛公司以及泰雷兹公司等在霍尔效应电推力器以及高效率多级等离子体电推进系统等领域的技术与产品发展。

1.4　通信卫星技术发展趋势

通信卫星的发展一方面可以产生直接效益，另一方面也推动了国际经济贸易的发展；而经济的发展需要先进的卫星通信应用来支持，反过来对通信卫星提出了更高的要求，从而也推动了通信卫星技术的进步。

1.4.1　业务发展趋势

为了适应市场发展的需要，满足人们对宽带互联网、高清多媒体和宽带移动的需求，卫星通信业务发生了重大的变革，即从传输网为主向接入网为主转移，从语音业务为主向宽带多媒体和数据业务为主转移。卫星宽带业务、宽带移动多媒体业务和高清数字视频直播业务成为未来发展的方向，一方面对卫星平台提出了高功率、大容量、长寿命和高可靠性等方面的要求，另一方面对卫星的转发器数量、频段、功率、可用带宽、星上交换与处理等诸多技术提出了更高的要求。

1) 宽带多媒体卫星通信成为卫星固定通信业务的增长点，是信息基础设施的重要组成部分。

宽带多媒体卫星通信的发展，一方面要求传输频率向高频段发展，提高系统传输带宽和通信容量，另一方面要求星上载荷技术进一步发展，能够提供多点波束覆盖，增强频率复用，减小地面接收终端尺寸和功率要求。

2) 移动宽带和业务融合成为卫星移动通信业务的发展方向。

移动宽带和业务的融合，需要利用星载大天线、增大卫星发射功率来实现用户终端的小型化，通过与地面移动网络相融合、与固定网络实现无缝连接来实现全球无缝覆盖，改进传输体制，与地面网络标准相兼容，逐步向中高数据速率业务、天地一体化网络方向发展。

3）数字高清多媒体电视直播到户业务成为卫星广播通信业务的发展方向，是卫星应用的支柱产业。

数字高清多媒体电视直播到户业务的实现，一方面要求增加星载大功率转发器，以提升容量，另一方面要求发展多星共位技术，改进编码和调制体制，提高轨位、转发器带宽和功率的利用率。

4）对地观测卫星的发展和载人航天的通信需求对中继卫星的传输容量提出了更高的要求。

对地观测卫星的发展和载人航天的通信需求，要求中继卫星的传输容量一方面向高频段过渡，逐步开发利用 Ka 频段；另一方面试验激光通信技术，提升星间链路容量。

1.4.2　卫星平台技术发展趋势

各种业务和应用的发展首先对通信卫星平台提出了更高的要求，从而推动了通信卫星的质量、功率不断向更高更大的方向发展，而平台及其各分系统也不断采用新技术来提升服务保障能力。

（1）发展长寿命、高可靠的超大型平台已成为今后的发展方向

为了提升通信卫星的商业价值，长寿命、高可靠性是国际卫星制造商着力追求的目标，通过模块化、系列化的平台发展方式可以增强平台的可靠性。采用平台新技术，在提高卫星有效载荷质量的同时，也可用来延长卫星的寿命。未来通信卫星平台的寿命将普遍在 15 年以上。

为了满足日益增长的国防和民用通信对大型和超大型卫星的需求，国际主流宇航公司均在发展自己的超大型卫星平台，以满足不同类型的大容量通信载荷的需要。如阿斯特里姆公司与泰雷兹·阿莱尼亚公司正在共同研制阿尔法平台，劳拉公司也在 LS‐1300S 平台的基础上发展更大功率的平台，这些新型平台的设计功率为 20～25 kW，并可进一步扩展到 30 kW 左右。

（2）发展更先进的分系统技术，支撑平台总体能力升级

在结构技术方面，采用轻量化大承载结构技术、先进结构材

料，满足未来 8 t 以上超大型平台的承载需求。在电源技术方面，更高转换效率的超三结砷化镓等新型材料太阳电池、更大容量的锂离子蓄电池将会广泛应用。在热控制技术方面，采用更大的可展开式热辐射器以及毛细抽吸两相流体环路热控系统等先进技术。在姿态控制技术方面，支持手持移动终端的移动通信业务需求和高数据率的激光通信需求，对未来通信卫星平台姿控系统设计提出了更高的要求。在推进技术方面，更大推力、更高比冲、更高效率的电推进产品将不断面世。继 2012 年波音公司推出全球首款全电推进平台后，欧洲等其他国家和地区也将大力开展全电推进平台研究。在综合电子技术方面，以更强大的自主功能为主的综合电子设计产品已经开始广泛应用于世界各大卫星制造商的产品，该技术方面还将随着时间的推移而不断完善，使卫星向着更高的自主化方向发展。

（3）发展新一代星载综合电子技术，增强通信卫星信息系统自主能力

卫星平台综合电子系统的先进性在很大程度上代表了卫星的先进性，随着通信卫星平台载荷容量的增大及功能的扩展，对星载综合电子系统提出了高性能、高可靠、智能化、集成化、小型化、产品化等要求。新一代星载综合电子系统，将进一步提升数据处理、星务管理、供配电管理、自主故障处理等能力，以星务管理单元为核心构建分布式系统，提供标准和统一的电气接口形式，标准的总线网络通信模式，使星载信息系统具有更强的适应性和扩展性，同时，将进一步提升星载自主故障诊断、故障隔离与故障恢复技术，扩展卫星信息系统智能化水平，增强信息系统对星载信息管理的自主能力，从而进一步提升卫星的自主能力。

1.4.3　其他卫星技术发展趋势

（1）卫星通信与 5G 融合

针对卫星与地面 5G 融合的问题，国际电信联盟（International Telecommunication Union，ITU）提出了星地 5G 融合的 4 种应用场景，包括中继到站、小区回传、动中通及混合多播场景，同时提出了支持这些场景必须考虑的关键因素，如多播支持、智能路由支持、动态缓存管理及自适应流支持、延时、一致的服务质量、网络功能虚拟化与软件定义网络兼容、商业模式的灵活性等。

2017 年 6 月，多家企业及研究机构联合成立了 SaT5G（Satellite and Terrestrial Network for 5G）联盟。SaT5G 项目由欧盟委员会资助，旨在开发一种具有成本效益的即插即用解决方案，以将卫星通信与 5G 网络集成。整个项目将开展 6 个方面的研究工作：星地 5G 融合的网络体系结构解决方案；星地 5G 融合的商业价值主张；星地 5G 融合的相关关键技术；关键技术在实验室测试环境的验证；星地 5G 融合的特性和用例演示；星地 5G 融合在 3GPP 和 ETSI 中的标准化。

（2）智能卫星

人工智能是模拟人类智能的计算机科学的一个分支，它的关键在于使用数据和机器学习。利用人工智能方法实现卫星自治是当前研究的热点，它可以通过高效解决问题来降低人工管理的成本。人工智能在通信卫星中使用的潜在价值巨大。

1）干扰预测。卫星通信系统覆盖区域广，可提供高速通信和大容量传输。然而，针对卫星通信系统关键位置或设备的干扰攻击会导致系统吞吐量下降，甚至瘫痪。所以，卫星抗干扰能力对提升系统可靠性和安全性至关重要。利用人工智能方法，通过对干扰信号的自主感知和分析，可以提升卫星通信的抗干扰能力。

2）故障诊断。当前航天器多采用阈值自动判读以及专家经验进行航天器异常检测，已经不能满足航天器结构日益复杂、在轨运行时间越来越长、待监测参数越来越多的航天器状态监测要求。数据驱动的故障诊断技术成为国内外研究的热点，并在航天工程中得到了一定的应用，如美国国家航空航天局（NASA）的 IMS 工具、欧空局开发的 Novelty Detection 工具、日本东京大学开发的 ADAMS 平台等，均利用机器学习方法实现航天器的自主故障诊断。

3）灵活的卫星通信系统。人工智能可以预测无线电通信的请求方式，在有卫星广播的情况下，它可以帮助预测用户可能需要的内容，以便及时切换广播频道。此外，人工智能在卫星通信方面的应用还包括自主任务规划和空间态势感知等。

参 考 文 献

［1］ 谭维炽，胡金刚．航天器系统工程［M］．北京：中国科学技术出版社，2009.

［2］ 杨嘉墀．航天器轨道动力学与控制［M］．北京：中国宇航出版社，2003.

［3］ 周志成．通信卫星工程［M］．北京：中国宇航出版社，2013.

［4］ 庞之浩．中国四大通信卫星平台简介［C］．第10届中国卫星通信广播电视技术国际研讨会论文集，2013.

［5］ 王熹微，李博．欧洲 SmallGEO 平台发展分析［J］．国际太空，2019，7（10）：35－40.

［6］ 李罡，王姗娜，杜刚，等．美国主流通信卫星平台发展现状［J］．航天系统与技术，2017（8）：16－21.

［7］ 汪春霆，李宁，翟立君，等．卫星通信与地面 5G 的融合初探（一）［J］．卫星与网络，2018（9）：14－21.

第2章 国外卫星在轨典型故障
案例研究、分析与启示

2.1 引言

卫星系统已经成为民用、商业和国防领域基础建设的关键部分。在民用方面，政府机构和研究机构利用卫星观测来提升我们对空间环境和陆地环境的了解。在商业方面，商业机构也非常依赖卫星来提供全球通信，甚至实现电子货币交易。在国防方面，军队通过卫星实现通信、远程遥控、全球定位、情报侦察和环境监测。大量的需求推动了卫星应用的快速发展。自21世纪以来，全球范围卫星及应用产业发展迅速，呈现快速增长的态势。据美国卫星产业协会（SIA）统计数据显示，2018年全球发射卫星总量超过300颗[1]。截至2019年9月30日，目前在轨卫星数量达到2 218颗，其中，美国1 007颗，我国紧随其后，拥有在轨卫星323颗，俄罗斯164颗[2]。

现代社会对卫星的需求和依赖日益增长，因此，卫星系统的安全性和可靠性就变得极其重要。卫星发射后能否顺利完成任务主要取决于两个因素：一是卫星是否运行在预期的轨道上；二是卫星是否正常工作。这两方面又取决于各分系统的在轨运行情况。在轨卫星一旦发生故障，其损失是不可低估的[3]。例如2016年1月27日发射的 Intelsat‐29E 通信卫星，在发射3个月后，由于推进剂泄漏直接导致卫星发生爆炸而解体。又如，2017年11月28日俄罗斯发射的 Meteor‐M 气象卫星由于坐标输入错误，导致卫星没有进入预定轨道而坠落大西洋。可见，由于主观或客观原因所导致的卫星故障或失败会造成巨大的经济损失。因此，对航天器各分系统的在轨故障分析与研究已经成为航天器总体设计人员最关注的重点之一[4]。

通过统计分析航天器的在轨故障，可以进一步了解故障的发生原因和规律，从而采取一定的措施，以减少或避免卫星出现重大损失[5-12]。

本书搜集了 2003—2020 年 90 余颗国外卫星在轨典型故障案例，从不同的维度对卫星故障进行统计分析和相关性分析，包括分系统故障统计、故障平台统计、故障卫星在轨时间统计、分系统和故障时间相关性分析等，旨在为卫星设计和在轨维护方面提供有价值的启示和借鉴。

2.2　2003—2020 年国外卫星典型故障案例

本章对 2003—2020 年 3 月国外公开的卫星典型故障案例进行调研，案例按故障时间分组排序。对每颗故障卫星给出了运营商、制造商、平台型号、发射日期、轨道信息，以及发生故障的详细介绍。本章资料来源见参考文献［13 - 25］。所有卫星的详细信息详见2.2.19 节，信息来源见参考文献［26］。

2.2.1　2020 年卫星在轨故障案例

（1）Spaceway - 1
• 运营商：DirecTV
• 制造商：波音公司（Boeing）
• 平台型号：BSS - 702
• 发射日期：2005.4.26
• 轨道：地球同步轨道（GEO）
• 故障原因：电池损坏

2019 年 12 月，波音公司制造的 Spaceway - 1 卫星（图 2 - 1）发生了一次重大故障，导致其电池产生不可逆转的热损坏。但Spaceway - 1 进入地影期后，不得不使用蓄电池进行供电。地影期将于 2020 年 2 月 25 日开始，损坏的蓄电池可能会在激活时爆炸，从而摧毁卫星并使附近的其他卫星处于危险之中。由于卫星的轨道位置较高,因此,使卫星向地球方向飞行,以使其最终在大气层中燃烧的方案并不可行,因为卫星会经过其他卫星所在的轨道并有可能产生碰撞。2020 年 1 月 19 日,Spaceway - 1 被转移到墓地轨道,该轨道比其当前路径高约 185 mile (300 km)。

图 2 - 1　Spaceway - 1 卫星示意图

(2) Zafar 1

· 运营商:伊朗国家航天局

· 制造商:伊朗科技大学

· 平台型号:未知

· 发射日期:2020.2.9

· 轨道:530 km

· 故障原因:推进系统故障

2020 年 2 月 9 日,伊朗 Zafar 1 通信卫星 (图 2 - 2) 从伊朗北部的伊玛目霍梅尼航天中心发射,但是 Zafar 1 并没有进入轨道。运载火箭的第一阶段和第二阶段的电动机工作正常,卫星成功与运载火箭分离,但是由于卫星推进系统故障,它没有达到进入轨道所需的速度。

　　伊朗于 2019 年 1 月遭遇 Simorgh 火箭发射失败，一个月后另一枚运载火箭 Safir 也同样发射失败。2019 年 8 月，一枚火箭在伊玛目霍梅尼航天中心的上空爆炸。2018 年 1 月，伊朗发射国产遥感卫星 Payam，但同样由于火箭未能达到必要的速度，致使卫星发射失败。2018 年 2 月，伊朗发射国产遥感卫星 Doosti，伊朗方面自称卫星成功入轨。但据 ABC 报道，Doosti 卫星发射失败。

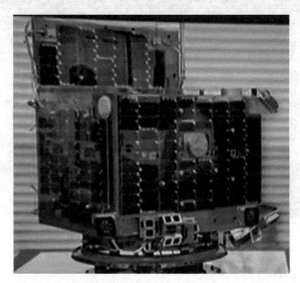

图 2 - 2　　Zafar 1 卫星

2.2.2　2019 年卫星在轨故障案例

（1）Eutelsat 5 West B

· 运营商：欧洲通信卫星公司（Eutelsat）

· 制造商：诺斯罗普·格鲁曼公司（Northrop Grumman Innovation Systems，NGIS）

· 平台型号：GEOStar - 2e

· 发射日期：2019.10.9

· 轨道：GEO

• 故障原因：太阳电池阵列故障

2019 年 10 月 9 日，欧洲通信卫星公司的通信卫星 Eutelsat 5 West B 的太阳电池阵列发生异常，原因是太阳电池阵列驱动组件故障停止工作，该组件用于控制太阳电池阵列的朝向。故障导致其两个太阳电池阵列之一无法使用，从而降低了卫星通信服务的功率。

Eutelsat 5 West B 卫星（图 2 - 3）由诺斯罗普·格鲁曼公司建造，旨在为法国、意大利、阿尔及利亚和邻国地区提供至少 15 年的电视广播服务。Eutelsat 5 West B 载有 35 路 Ku 波段转发器，由空中客车防务与航天公司（Airbus Defense and Space）提供其通信有效载荷。该卫星还为欧洲对地静止导航叠加系统（EGNOS）托管了一个对地静止轨道节点，以发射 GPS 和伽利略导航增强信号，提高定位精度和可靠性。EGNOS 信号提供了额外的导航数据，供飞行员在关键的飞行阶段使用。

图 2 - 3　Eutelsat 5 West B 卫星示意图

（2）WorldView - 4

• 运营商：DigitalGlobe

• 制造商：**洛克希德·马丁公司**（Lockheed Martin）

- 平台型号：LM-900（LMx small）
- 发射日期：2016.11.11
- 轨道：610 km×613 km，97.97°
- 故障原因：控制力矩陀螺仪失效

2019 年 1 月初，世界上最先进的两颗 30 cm 分辨率商业卫星之一，DigitalGlobe 旗下的 WorldView-4 卫星（图 2-4）由于控制力矩陀螺仪出现故障，导致卫星失去稳定轴而无法收集图像。之后，WorldView-4 卫星进入安全模式。DigitalGlobe 与供应商一直尝试恢复卫星功能，但迄今为止都没有成功。卫星的陀螺仪由霍尼韦尔公司提供。

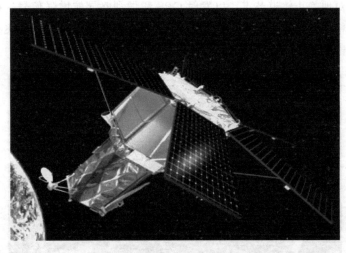

图 2-4　WorldView-4 卫星示意图

（3）GOES-17
- 运营商：美国国家海洋和大气管理局（NOAA）
- 制造商：洛克希德·马丁公司
- 平台型号：A2100A
- 发射日期：2018.1.3
- 轨道：GEO

· 故障原因：**热控系统无法散热**

2019 年 8 月 1 日，美国国家海洋和大气管理局的 GOES - 17 气象卫星（图 2 - 5）高级基线成像仪出现故障，原因是仪器冷却系统中发生堵塞。美国国家航空航天局和美国国家海洋与大气管理局发布的报告显示，GOES - 17 卫星上的高级基线成像仪的散热器和环路热管系统出现故障，导致其无法对仪器进行冷却。环路热管系统需要承受 390 W 的热负荷，但最初携带 60 W，后来降至 10～20 W。由于仪器的数据有限，无法确定环路热管性能下降的根本原因。从可用数据来看，对 GOES - 17 环路热管失效的最可能的技术解释是，工作流体中所含的微粒阻塞了环路热管组件。

图 2 - 5　GOES - 17 卫星示意图

（4）BlueWalker 1

· 运营商：NanoAvionics，AST & Science

· 制造商：NanoAvionics

· 平台型号：CubeSat（6U）

· 发射日期：2019.1.4

· 轨道：434 km×515 km，97.5°

· 故障原因：其他

立陶宛公司 NanoAvionics 的 BlueWalker 1 卫星（图 2 - 6）由于延迟部署，卫星被释放到低于计划的轨道，从而略微缩短了卫星的工作寿命。

图 2 - 6　BlueWalker 1 卫星

2.2.3　2018 年卫星在轨故障案例

（1）Al Yah 3

· 运营商：Al Yah 卫星通信公司

· 制造商：OSC

· 平台型号：GEOStar - 3

· 发射日期：2018.1.25

· 轨道：GEO

· 故障原因：人员操作不当

2018 年 1 月，由于火箭数据输入错误，Al Yah 卫星通信公司的 Al Yah 3 通信卫星（图 2 - 7）被错误地以 20.6°（计划 3°）的倾角发射上天，目前尚不清楚对 Al Yah 3 寿命的影响。Al Yah 3 卫星是由 Orbital 基于新型 GEOStar - 3 平台制造的。它的发射质量为 3 500 kg，有效载荷由 58 个 Ka 波段点波束组成。该卫星位于西经 20°，为非洲和巴西提供服务。

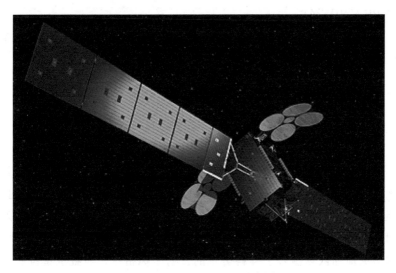

图 2 - 7　Al Yah 3 卫星示意图

（2）Zuma

· 运营商、制造商、平台型号：未知

· 发射日期：2018.1.8

· 轨道：1 000 km×1 000 km，50.0°（估计值）

· 故障原因：星箭分离失败

Zuma 卫星发射任务失败的原因是有效载荷适配器（一种用于将卫星固定在其运载火箭上的结构）无法正常工作，导致 Zuma 卫星进入轨道后未能与猎鹰 9 号二级火箭分离。按照预编程的指令，猎鹰 9 号的第二级发动机再次引燃，脱离轨道，在印度洋上空的地球大气层中烧毁，而此时 Zuma 卫星仍固定在火箭上。Zuma 卫星是美国最高机密的卫星发射任务，关于神秘的 Zuma 卫星任务知之甚少，没有政府机构声称执行了此次任务。

2.2.4 2017 年卫星在轨故障案例

（1）Meteor – M No.2 – 1

· 运营商：俄罗斯空间监控系统、信息和控制及机电综合体（NPP VNIIEM）

· 制造商：俄罗斯空间监控系统、信息和控制及机电综合体（NPP VNIIEM）

· 平台型号：未知

· 发射日期：2017.11.28

· 轨道：788 km×829 km，98.57°

· 故障原因：坐标输入错误

据 2017 年 11 月报道，Meteor – M 气象卫星发射失败，原因是坐标输入错误。Meteor – M 本来计划从哈萨克斯坦的拜科努尔发射，但最后选择的是俄罗斯东方港基地，后者是俄罗斯首个民用火箭发射场，2017 年 4 月才第一次启用，且第一次也失败了。负责运载的联盟火箭却依然输入了拜科努尔的发射坐标指令，导致卫星没有进入预定轨道，坠落大西洋。这次发射失败的不仅是 Meteor – M 一颗卫星，还有其他 18 颗卫星，分别用于科学研究和商业活动等，这些卫星来自挪威、瑞典、美国、日本、加拿大和德国。

（2）AngoSat – 1

· 运营商：AngoSat

· 制造商：科罗廖夫能源火箭航天公司（RKK Energiya），Airbus Defence & Space

· 平台型号：USP Bus

· 发射日期：2017.12.26

· 轨道：GEO

· 故障原因：电力系统故障

2017 年 12 月 27 日，俄罗斯科罗廖夫能源火箭航天公司研制的安哥拉首枚国家卫星 AngoSat – 1 失联。AngoSat – 1 卫星（图 2 – 8）

在预定时间内进入预定轨道并发出遥测信号，但一段时间后遥测信号中断，原因是 AngoSat - 1 卫星的电力系统出现了问题。由于漂移，AngoSat - 1 卫星离开了测控中心的通信范围。测控中心试图在 2018 年 4 月卫星重新进入通信范围时尝试与卫星通信，并将其稳定在其预定的轨道位置，但卫星没有响应。

AngoSat - 1 卫星是安哥拉的第一颗通信卫星。AngoSat - 1 卫星由安哥拉电信与信息技术部定制、俄罗斯科罗廖夫能源火箭航天公司负责生产，计划用于安哥拉境内和整个非洲大陆上 C 频段和 Ku 频段的卫星转播。

图 2 - 8　　AngoSat - 1 卫星示意图

（3）伽利略导航卫星

• 运营商：欧洲空间局（European Space Agency，ESA）

• 制造商：OHB - System GmbH 和 SSTL

• 平台型号：未知

• 发射日期：2014.8.22

• 轨道：56°

• 故障原因：短路

2017 年 7 月 3 日，欧洲空间局的伽利略卫星导航系统部分星上原子钟失效。原因是星上的伽钟有一个部件存在缺陷，会造成短路。

伽利略系统迄今已有 18 颗卫星在轨，但部分卫星星钟出现了故障。每颗伽利略卫星上设有 4 台超高精度的原子钟，其中两台为铷钟，另外两台为氢脉泽钟。每颗卫星只需有 1 台时钟工作即可，另外 3 台作为备份。目前该系统已有 3 台铷钟和 6 台氢脉泽钟不能工作，有一颗卫星已有两台时钟失效。

（4）AMC-9

- 运营商：SES Americom
- 制造商：法国阿尔卡特空间公司
- 平台型号：Spacebus 3000B3
- 发射日期：2003.6.6
- 轨道：GEO
- 故障原因：未知

2017 年 7 月，AMC-9 卫星发生解体。利用遍布全球的 165 个光学望远镜网络监视地球静止轨道物体的 ExoAnalytic 公司称他们观察到了多个碎片。该公司跟踪了约 2 000 个地球静止轨道物体，最小的只有 20 cm 长。目前不清楚是什么导致了 AMC-9 卫星的解体，一种可能性是卫星被太空碎片撞了，或者是太空天气问题导致的。AMC-9 卫星（图 2-9）于 2003 年发射，预期服役寿命 15 年，它已经超出了预期寿命。

图 2-9　AMC-9 卫星示意图

（5）IRNSS - 1H

• 运营商：印度空间研究组织（Indian Space Research Organization，ISRO）

• 制造商：印度空间研究组织（Indian Space Research Organization，ISRO）

• 平台型号：I - 1K（I - 1000）

• 发射日期：2017.8.31

• 轨道：GEO

• 故障原因：星箭分离失败

2017 年 9 月 1 日，印度区域导航卫星 IRNSS - 1H 发射失败。据悉，此次发射失败并非发动机问题，而是卫星整流罩在上升过程中分离失败，导致卫星被封闭在整流罩内无法释放到轨道中。

IRNSS - 1H 卫星是印度区域导航卫星系统中的重要一员，是首颗由 ISRO 制造的定位导航卫星，原本用于取代印度此前发射的一枚定位卫星。印度区域导航卫星系统（IRNSS，图 2 - 10）是印度研发的区域型卫星导航系统，可视作印度版的北斗导航系统。该系统主要提供两种服务，包括民用的标准定位和军用的限制性服务，一共包括 7 颗卫星，号称能够对印度及其周边 1 500 km 范围内的用户进行精确导航和定位授时。据报道，在印度的定位精度为 10 m 以内，其他区域的定位则是 20 m 以内。

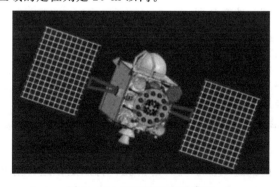

图 2 - 10　IRNSS 卫星示意图

（6）EchoStar Ⅲ

- 运营商：美国回声星通信公司（EchoStar）
- 制造商：洛克希德·马丁公司
- 平台型号：A2100AX
- 发射日期：1997.10.5
- 轨道：GEO
- 故障原因：未知

2017 年 8 月 2 日，美国回声星通信公司的 EchoStar Ⅲ 卫星经历了一个未知来源的异常，导致与卫星的通信中断。尽管存在异常，但当前的 EchoStar Ⅲ 卫星轨道不会对地球静止轨道中正在运行的其他卫星构成重大风险。EchoStar Ⅲ 卫星于 1997 年发射升空，服务期已超过其 15 年的设计寿命，EchoStar Ⅲ 卫星已经在倾斜轨道上运行了 3 年多。

EchoStar Ⅲ 卫星采用 Ku 波段覆盖了整个美国。该卫星由洛克希德·马丁公司制造，于 1997 年发射升空。ComSpOC 是由宾夕法尼亚州埃克斯顿市的 Analytical Graphics Inc. 运营的商业空间态势感知设施，它一直在追踪 EchoStar Ⅲ 卫星沿地球静止弧向西漂移的速率，EchoStar Ⅲ 卫星每天从西经 87.2°向西漂移 0.1°。

（7）Intelsat – 33E

- 运营商：国际通信卫星（Intelsat）
- 制造商：波音公司
- 平台型号：BSS – 702MP
- 发射日期：2016.8.24
- 轨道：GEO
- 故障原因：推进问题

2017 年 2 月，在 Intelsat – 33E 卫星（图 2 – 11）于 2016 年 8 月成功发射升空后，发生推力器故障。Intelsat – 33E 卫星在轨机动时被发现使用的推进剂多于应有的情况，特别是在进行南北位置保持时，原因是电推力器和太阳能电池组之间的干扰转矩高于预期。不久之后，当国际通信卫星公司启动在轨测试时，又出现了第二个推进问题。这两个独立的推进问题将使 Intelsat - 33E 卫星的预期寿命缩短约 3.5 年。

图 2 - 11　Intelsat - 33E 卫星

　　Intelsat - 33E 是国际通信卫星的新一代卫星"EPIC NG 系列"的第 2 颗卫星，旨在增强国际通信卫星公司的卫星在 C 波段和 Ku 波段对以下地区的高通量覆盖，包括美洲、欧洲、中东、非洲、亚太地区、地中海和印度洋地区等。此外，Intelsat - 33E 卫星将为航空和海上移动服务供应商和用户提供企业级宽带服务。Intelsat - 33E 卫星由美国波音公司制造，质量约 6.6 t，携带 C 波段、Ku 波段和 Ka 波段转发器，预期工作寿命超过 15 年，设计位于东经 60°。

2.2.5　2016 年卫星在轨故障案例

（1）Intelsat - 29E
- 运营商：国际通信卫星（Intelsat）
- 制造商：波音公司
- 平台型号：BSS - 702MP
- 发射日期：2016.1.27

• 轨道：GEO

• 故障原因：推进系统受损，导致星上推进剂泄漏

2016 年 4 月 18 日，国际通信卫星公司 Intelsat - 29E 通信卫星发生在轨故障并解体。故障原因是卫星推力器贮箱外壁出现破损，卫星推进剂发生了泄漏，推进剂随即喷出。这样的反作用力直接导致卫星加速旋转，而卫星中的很多构件也由于离心力的作用被甩入太空中。更为严重的是，这些泄漏的推进剂在遇到电火花时发生了爆炸，直接导致卫星解体。至于 Intelsat - 29E 卫星外壁破损的原因，美国专家给出的解释是，该卫星位于微陨石较为繁多的区域，极有可能是由于微陨石撞击了该卫星，导致卫星推进剂贮箱被击穿。

根据俄罗斯国际科学光学监测网（ISON）的记录，已监测到的 Intelsat - 29E 通信卫星（图 2 - 12）碎片多达 13 块，Intelsat - 29E 继续在 GEO 上失控漂移，对其他卫星产生威胁。这些碎片极有可能会飞行到其他的卫星轨道上，卫星一旦与其相撞，在发生损坏的同时必将出现更多的碎片，发生恶性循环。众所周知，这些在太空中飞行的碎片，若是没有人为进行移除，必然会一直存在。

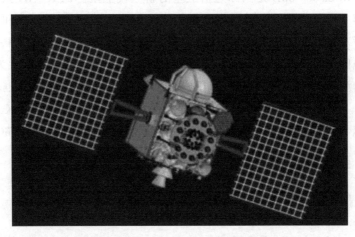

图 2 - 12　Intelsat - 29E 卫星示意图

（2）MUOS-5

· 运营商：美国海军（US Navy）

· 制造商：洛克希德·马丁公司、波音公司

· 平台型号：未知

· 发射日期：2016.6.24

· 轨道：GEO

· 故障原因：推进系统故障

2016 年 8 月 2 日，美国海军的通信卫星 MUOS-5（图 2-13）主推力器发生故障，使该卫星未能到达目标轨道。2016 年 6 月 29 日，美国海军的 MUOS-5 通信卫星在轨道转移过程中，出现了推力器喷口故障。

MUOS-5 通信卫星是美国海军下一代窄带通信卫星系统的备份卫星。该系统可为移动中的士兵提供类似智能手机的通信服务，速率达到传统"特高频后继"系统的 10 倍。MUOS 项目成本为 77 亿美元，主承包商为洛克希德·马丁公司。

图 2-13　MUOS-5 卫星示意图

（3）Hitomi

· 运营商：日本宇宙航空研究开发机构（Japan Aerospace

Exploration Agency，JAXA）

- 制造商：日本宇宙航空研究开发机构、美国国家航空航天局
- 平台型号：未知
- 发射日期：2016.2.17
- 轨道：565 km×580 km，31.01°
- 故障原因：控制系统故障

2016 年 3 月 26 日，日本的 Hitomi 卫星（也称为 Astro-H）姿轨控系统出现故障，导致卫星失控和太阳能电池板的脱落。Hitomi 卫星（图 2-14）的姿态控制系统利用反作用轮通过快速旋转来控制卫星的指向，以抵消旋转。反作用轮系统内部积聚了动量，卫星上的电磁扭矩器无法卸载这些动量，导致动量接近反作用轮的设计极限。Hitomi 卫星的计算机识别出危险情况，并在数小时后将卫星置于安全模式。

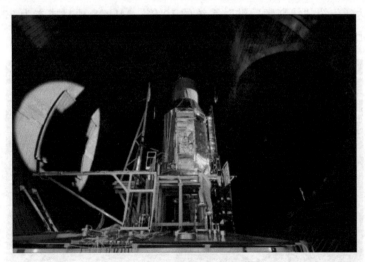

图 2-14　Hitomi 卫星在发射场

（4）Hitomi

- 运营商：日本宇宙航空研究开发机构
- 制造商：日本宇宙航空研究开发机构、美国国家航空航天局

- 平台型号：未知
- 发射日期：2016.2.17
- 轨道：565 km×580 km，31.01°
- 故障原因：人为操作失误

2016 年 5 月 31 日，日本宇宙航空研究开发机构的 X 射线天文卫星 Hitomi（图 2 - 15）在正式执行观测任务前出现故障，原因是数据输入错误。日本宇宙航空研究开发机构在当天向文部科学省提交的报告书中还承认了在开发、运用体制上存在的基本问题，如他们未与负责设计的供应商明确应承担的任务范围和责任关系，就进行了开发。根据日本宇宙航空研究开发机构的说明，卫星的重心位置和惯性力矩的初始数据输入错误。卫星在轨道上展开的时候需要改写这部分数据。但是由于初始数据输入错误，一部分验证作业未实施，从而导致卫星出现旋转加速的异常状态。

图 2-15 Hitomi 卫星在测试间

(5) DMSP - F19

- 运营商：美国空军（US Air Force）
- 制造商：洛克希德·马丁公司
- 平台型号：TIROS - N
- 发射日期：2014.4.3
- 轨道：太阳同步轨道（SSO）
- 故障原因：供电系统故障

2016 年 7 月 25 日，美国空军的 DMSP - F19 国防气象卫星控制系统内部发生了供电系统故障，影响了机上加密设备，导致指令无法到达指令处理器。指令和控制系统的 A 份和 B 份都发生了故障，因此无法通过备份的方式再给卫星发送指令。尽管卫星可以继续提供一些实时战术气象数据，但是随着卫星指向精度的降低，气象数据的质量会降低，并且最终将变得无法使用。

DMSP - F19 由洛克希德·马丁公司建造并于 2014 年 4 月发射，帮助天气预报员预测可能对军事行动产生影响的大雾、雷暴和飓风。该卫星是空军最新的在轨气象卫星，设计寿命为 5 年。

(6) Anik F2

- 运营商：加拿大电信卫星公司（Telesat）
- 制造商：波音公司
- 平台型号：BSS - 702
- 发射日期：2004.7.18
- 轨道：GEO
- 故障原因：软件错误

2016 年 10 月 2 日，加拿大电信卫星公司的 Anik F2 卫星（图 2 - 16）发生故障，导致其服务地区通信中断：飞机停飞，ATM 机停止工作，手机不能通信，居民收不到有线电视频道，基于卫星的互联网和数据服务也都受到影响。故障原因是星上软件出现错误导致卫星停止工作。故障发生时，卫星正进行例行的轨道机动，软件错误导致姿态控制异常，使卫星脱离了原来锁定的地球轨道，卫星随后进入了安全模式并进行太阳捕获。

图 2-16　Anik F2 卫星示意图

Anik F2 由波音公司制造，于 2004 年 10 月投入使用，主要覆盖北美地区。该卫星载有用于宽带和卫星集群的 24 个 C 波段应答器，用于企业和政府移动应用的 35 个 Ku 波段波束以及用于高级消费宽带服务的 45 个 Ka 波段点波束。

2.2.6　2015 年卫星在轨故障案例

（1）AeroCube-7A

· 运营商：Aerospace Corporation

· 制造商：Aerospace Corporation

· 平台型号：CubeSat（1.5U）

· 发射日期：2015.10.8

· 轨道：500 km×802 km，64.78°

· 故障原因：控制系统故障

2015 年 10 月 14 日，美国国家航空航天局的"光通信和传感演示"立方体试验卫星 AeroCube-7A（也称为 OCSD-A）的姿态控制系统发生故障。尽管地面系统和卫星可以通信，但由于卫星姿态异常，导致无法对星上的激光通信载荷进行测试。

AeroCube - 7A 卫星由美国国家航空航天局和美国航空航天公司联合研制，其中，美国国家航空航天局"小卫星技术计划"为之投资，美国航空航天公司负责制造，旨在演示在微小型卫星上通过激光通信提供高速率数据通信服务的能力。该卫星是 1.5 单元的立方体卫星，尺寸为 10 cm×10 cm×15 cm，具备以每秒 5～50 兆字节的速率向地面接收站发送数据的激光通信能力。

（2）Kanopus - ST

• 运营商：俄罗斯航天局（Roskosmos）

• 制造商：NPO VNIIEM

• 平台型号：Kanopus

• 发射日期：2015.12.5

• 轨道：670 km×830 km，98.7°

• 故障原因：星箭分离失败

2015 年 12 月 7 日，在从俄罗斯西北部的普列谢茨克航天发射场发射升空的 Kanopus - ST 国防遥感卫星（图 2 - 17）未能按计划与联盟号 2 - 1v 火箭分离，原因是固定在卫星上的 4 个锁之一发生故障。Kanopus - ST 卫星脱离轨道并坠入海洋。Kanopus - ST 是一种实验性卫星，旨在测试追踪敌方潜艇的能力。

图 2 - 17　Kanopus - ST 卫星示意图

（3）SAC - D

• 运营商：美国国家航空航天局、阿根廷航天局（CONAE）
• 制造商：美国国家航空航天局、阿根廷卫星制造商 INVAP
• 平台型号：未知
• 发射日期：2012.6.10
• 轨道：657 km×657 km，98°
• 故障原因：控制系统故障

2015 年 6 月，一颗载有 NASA 传感器的旨在测量地球海洋咸度的阿根廷卫星 SAC - D（图 2 - 18）在轨道运行了 4 年之后在轨失效，原因是其动力和姿态控制系统出现了故障。NASA 称，SAC - D 卫星的遥测表明某个远程终端单元的硬件组件于 6 月 8 日关闭，该故障造成了机载功率调节和卫星姿态稳定控制方面的异常。

图 2 - 18　SAC - D 卫星示意图

SAC - D 卫星设计寿命 5 年，提前 1 年退役。但科学家表示，它的主要仪器，由美国国家航空航天局建造的 Aquarius 海洋盐度和土壤湿度传感器实现了其所有目标。

（4）SMAP

• 运营商：美国国家航空航天局喷气推进实验室（NASA Jet

Propulsion Laboratory）

· 制造商：美国国家航空航天局喷气推进实验室（NASA Jet Propulsion Laboratory）

· 平台型号：未知

· 发射日期：2015.1.31

· 轨道：660 km×685 km，98.13°

· 故障原因：电源故障

2015 年 7 月 7 日，美国国家航空航天局的 SMAP 卫星（图 2 - 19）雷达发生异常并停止工作，原因是雷达的高功率放大器的低压电源出现故障，该组件在 SMAP 卫星上没有备用组件。

图 2 - 19　SMAP 卫星示意图

有源 L 波段合成孔径雷达的工作原理是向地球发射雷达波束，并收集从地球表面散射的反射。高功率放大器增加了雷达波中的能量，从而使卫星上的接收器能够收集从地面反弹的脉冲，其中，雷达脉冲会渗透到土壤中几英寸，并返回带有泥土湿度信息的信号。SMAP 卫星造价高达 9.16 亿美元，目前，星上的一个旋转天线和一个无源辐射计传感器仍继续工作，收集土壤水分的粗略测量值和来自地球表面的自然微波辐射。

（5）DMSP F13

- 运营商：美国空军
- 制造商：洛克希德·马丁公司
- 平台型号：TIROS - N
- 发射日期：1995.3.24
- 轨道：SSO
- 故障原因：电池故障

2015 年 2 月 3 日，美国空军气象卫星 DMSP F13 在太空中解体，原因是电池充电器内部的线束损坏，且在轨的其他 6 颗 DMSP 卫星也可能发生相同的故障。专家称，电池线束退化导致的电气短路，其中的一个线束由于长时间的压缩而失去功能。线束受损，裸露的电线可能会导致电池电量不足，从而导致过度充电，并最终导致电池破裂。卫星解体产生了超过 50 000 片大于 1 mm 的碎片，其中许多碎片将在轨道上保留数十年。

DMSP F13 于 1995 年 3 月从加利福尼亚范登堡空军基地由宇宙神火箭发射升空。该卫星由洛克希德·马丁公司建造，在其绕地球 100 000 圈的轨道上解体后，其运行已超过其 4 年的设计寿命。

（6）NOAA 16

- 运营商：美国国家海洋和大气管理局（NOAA）
- 制造商：洛克希德·马丁公司
- 平台型号：TIROS - N
- 发射日期：2000.9.21
- 轨道：SSO
- 故障原因：电池设计缺陷

2015 年 11 月 25 日，NOAA 16 极地轨道环境卫星（图 2 - 20）发生破裂，原因是设计缺陷，卫星中的电池出现破裂。2014 年退役的 NOAA 16 卫星已经遭受明显破坏，这是 NOAA 16 不到 1 年来第二次产生轨道碎片。其他 7 颗 DMSP 卫星也有类似的设计缺陷。NOAA 16 由洛克希德·马丁公司在 1990 年制造，就像 DMSP 系列卫星一样，NOAA 16 可能使用了与 DMSP F13 爆炸有关的易发生故障的电池充电组件。

图 2 - 20　NOAA 16 卫星示意图

2.2.7　2014 年卫星在轨故障案例

（1）Amazonas 4A

- 运营商：西班牙卫星公司（Hispasat）
- 制造商：美国轨道科学公司（Orbital Sciences Corporation）
- 平台型号：GEOStar - 2
- 发射日期：2014.3.22
- 轨道：GEO
- 故障原因：电源故障

2014 年春季末，西班牙卫星公司的 Amazonas 4A 卫星（图 2 - 21）动力子系统出现异常，原因是电源系统故障。该故障很可能会导致卫星在其 15 年工作寿命内的转发器容量降低。

（2）伽利略导航卫星

- 运营商：欧洲空间局（European Space Agency）
- 制造商：OHB - System GmbH

图 2 - 21　Amazonas 4A 卫星示意图

- 平台型号：8×1 N MO NARC - 1
- 发射日期：2014.8.22
- 轨道：23 616 km×23 616 km，56°
- 故障原因：地面授时设施故障

2014 年 7 月 10 日，伽利略导航卫星（图 2 - 22）出现持续 3 h 的导航信号异常，其中广播星历无法正常更新，全部卫星处于一种间断的非正常状态。但导航接收机可利用短期内的老旧星历完成常规导航定位，因此此次异常状态仅对部分高精度导航应用造成了一定影响。但该异常状态迟迟未能解决，之后伽利略导航卫星系统管理局在 7 月 13 日宣布伽利略初始服务完全中断。此次中断故障一直持续到 7 月 18 日，伽利略导航卫星才恢复正常。此次故障主要是由于地面运控系统的两处主控中心站点（位于意大利和德国）中的"精密授时设施"同时发生了设备故障，影响了系统时间生成和卫星星历计算，导致导航信号中断。目前，这两处地面设施同时发生故障的原因尚不清楚。

图 2-22　伽利略导航卫星示意图

（3）Yamal 201

· 运营商：**俄罗斯天然气工业股份公司（Gazprom）**

· 制造商：**俄罗斯科罗廖夫第一试验设计局〔科罗廖夫能源火箭航天公司（RKK Energiya）〕**

· 平台型号：USP

· 发射日期：2003.11.24

· 轨道：GEO

· 故障原因：控制系统和遥控系统故障

2014 年 6 月 5 日，俄罗斯天然气工业股份公司太空服务公司的 Yamal 201 通信卫星（图 2-23）由于控制系统和遥控系统出现故障，导致卫星失去控制。Yamal 201 的 6 个 Ku 波段和 9 个 C 波段应答器全部无法使用。这颗已经失效的卫星将会在太空中翻滚，从其东经 90°的轨道位置缓慢向西滑行。无响应的 Yamal 201 卫星每天漂移约 0.025°，到达临界区大约需要 400 天。这种情况与 2009 年铱星拥有的美国一颗正在运行的人造卫星与失效的俄罗斯军事通信卫星 Cosmos 之间的灾难性的碰撞有些相似。该事件导致两颗卫星被完全摧毁，形成约 1 000 个碎片，以高速绕地球旋转。

图 2 - 23　Yamal 201 卫星示意图

（4）INSAT 3E

· 运营商：印度国家卫星系统（Indian National Satellite System，INSAT）

· 制造商：印度空间研究组织（Indian Space Research Organization，ISRO）

· 平台型号：Insat - 2/- 3

· 发射日期：2003.9.27

· 轨道：GEO

· 故障原因：氧化剂耗尽

2014 年 3 月 26 日，印度空间研究组织的 INSAT 3E 通信卫星（图 2 - 24）在轨发生故障，原因是氧化剂耗尽，卫星无法再进行轨道和位置保持。之后，它被推入更高的轨道，以保护其他正在运行的卫星免受碰撞或破坏。

INSAT 3E 是 2003 年 9 月印度空间研究组织 INSAT - 3 系列发射的第 4 颗卫星，用于提供高速通信，电视，VSAT 和远程教育服务。INSAT 3E 装有 36 个转发器，包括 24 个 C 波段和 12 个扩展的 C 波段转发器。INSAT 3E 在 2009 年就出现了故障，其容量缩减到仅剩 25 个转发器。

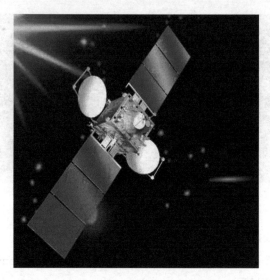

图 2 - 24　INSAT 3E 卫星示意图

2.2.8　2013 年卫星在轨故障案例

（1）Amos - 5

- 运营商：以色列航天通信卫星有限公司（Spacecom Ltd.）
- 制造商：俄罗斯列舍特涅夫公司（ISS Reshetnev and Alcatel）
- 平台型号：Ekspress - 1000N
- 发射日期：2011.12.11
- 轨道：GEO
- 故障原因：能源系统故障

2013 年 10 月 24 日，Amos - 5 通信卫星（图 2 - 25）的能源系统出现问题，导致其对 8 台发动机的控制能力减弱，并导致卫星在轨寿命缩短。Amos - 5 卫星的两个电源先后发生故障，其 1 号电源的能力减半，2 号电源也出现故障，目前卫星只剩下一半的电源提供能量来控制 8 台发动机运行。故障还导致 Amos - 5 卫星的工作寿命缩短 11 个月。

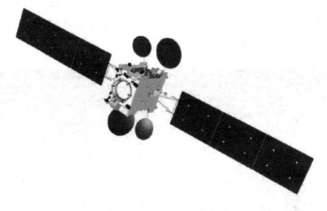

图 2 - 25　Amos - 5 卫星示意图

Amos - 5 通信卫星于 2011 年 12 月 11 日发射升空，2008 年 7 月签署合同，以色列航天通信卫星有限公司出资约 1.57 亿美元，由俄罗斯的列舍特涅夫公司建造，设计寿命为 15 年。

（2）RADARSAT - 1

• 运营商：加拿大航天局（Canadian Space Agency）

• 制造商：Spar Aerospace and Ball Aerospace

• 平台型号：BCP - 4000

• 发射日期：1995.11.4

• 轨道：783 km×787 km，98.6°

• 故障原因：电源故障

2013 年 3 月 29 日，加拿大首颗对地观测卫星 RADARSAT - 1（图 2 - 26）出现了技术故障，地面无法与 RADARSAT - 1 卫星进行通信，初步迹象表明是电源出现问题。之后，运营商在与卫星的通信恢复后，将航天器置于半休眠的安全模式，以节省能源。

RADARSAT - 1 卫星用于检测环境变化和探测行星的自然资源。RADARSAT - 1 卫星是加拿大航天领域的重要技术成就，卫星装配了一个强大的合成孔径雷达，可昼夜、全天候地透过云层对地拍摄图像。早在 1996 年 2 月，该卫星开始向政府、科学家和商业用户提供绘图、冰川研究、观测、水文、海洋地理、农业、林业和灾难管理领域信息。卫星原计划运行 5 年，目前远远超过寿命期，已是运行的第 18 个年头。

图 2 - 26　RADARSAT - 1 卫星示意图

（3）GOES - 13
- 运营商：美国国家海洋和大气管理局
- 制造商：波音公司
- 平台型号：BSS - 601
- 发射日期：2006.5.24
- 轨道：GEO
- 故障原因：微流星撞击

2013 年 5 月 22 日，一颗微流星体撞击了地球静止业务环境卫星 GOES - 13 的太阳电池阵列，使卫星振动并导致卫星关机，于是卫星被置于安全模式。之后 GOES - 14 卫星被激活提供服务，以应对 GOES - 13 卫星故障的紧急情况。GOES - 13 卫星是目前在轨的 3 颗 GOES 卫星之一。来自美国国家航空航天局、美国国家海洋和大气管理局、波音公司和 Excelis 的工程团队确定，碰撞并未损坏 GOES - 13 的仪器或卫星本身。

2. 2. 9　2012 年卫星在轨故障案例

（1）Envisat

- 运营商：欧洲空间局（European Space Agency，ESA）
- 制造商：欧洲宇航防务集团子公司阿斯特里姆
- 平台型号：PPF/SPOT Mk. 2
- 发射日期：2002. 3. 1
- 轨道：784 km×790 km，98. 56°
- 故障原因：电源故障

2012 年 4 月 8 日，Envisat 卫星（图 2 - 27）与地面的通信发生中断，卫星对地面发送的任何指令都没有响应。异常情况是由 Envisat 卫星数据处理系统的电源故障或卫星上其他地方的电气故障引起的。如果 Envisat 卫星在电池耗尽之前进入安全模式，则有机会重新获得对卫星的控制。

Envisat 卫星于 2002 年 3 月发射，距离计划的服务寿命还有 5 年时间。Envisat 是旗舰级卫星，是有史以来最复杂、成本最高的民用地球观测任务之一。

图 2 - 27　Envisat 卫星示意图

（2）AMC - 16

- 运营商：SES Americom
- 制造商：洛克希德·马丁公司
- 平台型号：A2100AXS
- 发射日期：2004.12.17
- 轨道：GEO
- 故障原因：太阳翼电路故障

2012 年 3 月，AMC - 16 卫星上的太阳能电池阵列电路出现了故障。为了节省电力，一些 AMC - 16 的应答器于 3 月份关闭。故障降低了卫星对有效载荷运行的供电能力，致使一部分有效载荷被关闭，该故障不可修复但不会导致卫星失效。

（3）Spaceway - 3

- 运营商：休斯公司（Hughes）
- 制造商：波音公司
- 平台型号：BSS - 702
- 发射日期：2007.8.14
- 轨道：GEO
- 故障原因：太阳耀斑

2012 年 3 月 7 日，太阳耀斑导致休斯公司的 Spaceway - 3 卫星服务中断。耀斑还使得 LightSquared 的 SkyTerra 1 卫星也中断了服务。Spaceway - 3 是一颗通信卫星，是世界上第一个采用机载流量交换和路由功能的系统，用于向北美的企业、政府和消费者客户提供宽带因特网服务。Spaceway - 3 卫星以真正的点对点技术开创了宽带点播卫星服务的新世界。

（4）SkyTerra 1

- 运营商：LightSquared
- 制造商：波音公司
- 平台型号：BSS - 702GEM
- 发射日期：2010.11.14

- 轨道：GEO
- 故障原因：太阳耀斑

2012 年 3 月 7 日，SkyTerra 1 卫星（图 2 - 28）受强烈太阳耀斑的影响而服务中断。太阳耀斑影响了 SkyTerra1 上的姿态传感器，使得该传感器进入了安全模式。之后卫星在全面重启后恢复运行，继续提供服务。

SkyTerra 1 的 L 波段反射器由哈里斯公司（Harris Corp）建造，直径为 72 ft，是有史以来在太空飞行的最大的商用天线反射器。

图 2 - 28　SkyTerra 1 卫星示意图

2.2.10　2011 年卫星在轨故障案例

（1）Ciel - 2
- 运营商：Ciel Satellite（SESAmericom 租用）
- 制造商：泰雷兹·阿莱尼亚空间公司（Thales Alenia Space）
- 平台型号：Spacebus 4000C4
- 发射日期：2008.12.10

· 轨道：GEO

· 故障原因：人为

2011 年 6 月，Ciel - 2 卫星（图 2 - 29）由于地面人工操作错误而出现异常，导致成千上万美国卫星电视服务提供商（DISH Network）客户的高清电视频道服务中断，但卫星的健康状况并不受影响。美国卫星电视服务提供商租用了卫星 Ku 波段，以支持包括 ESPN，TBS，USA Network，天气频道和数百个本地 HD 频道在内的高清国家频道信息。

图 2 - 29　Ciel - 2 卫星示意图

（2）Telstar 14R

· 运营商：加拿大电信卫星公司（Telesat Canada）

· 制造商：劳拉空间通信（Space Systems/Loral）

· 平台型号：SSL - 1300

· 发射日期：2011.5.20

· 轨道：GEO

· 故障原因：北太阳翼未展开

　　加拿大电信卫星公司的 Telstar 14R 卫星（图 2 - 30）在 2011 年 5 月 20 日发射升空，但发生了异常，原因是卫星的北太阳电池阵未能完全展开。但南太阳电池阵成功展开，可以为卫星供电，该卫星稳定并且可以按预期运行。但北太阳电池阵展开失败将导致 Telstar 14R 卫星的性能降低 50%。

　　加拿大电信卫星公司预期 Telstar 14R 卫星的通信能力将是 Telstar 14 卫星的两倍以上。Telstar14R 拥有 46 个 Ku 波段转发器，其覆盖范围将集中在巴西，另外还将覆盖大西洋、安第斯地区和中美洲、南美洲的南部和美国大陆。Telstar 14R 从哈萨克斯坦的拜科努尔发射升空。Telstar 14R 的部分应答器具有在覆盖区域之间切换的能力，从而使加拿大电信卫星公司能够灵活地应对不断变化的市场需求。

图 2 - 30　Telstar 14R 卫星示意图

（3）ALOS

• 运营商：日本宇宙航空研究开发机构

• 制造商：日本国家空间发展局（NASDA）

• 平台型号：未知

• 发射日期：2006.1.24

• 轨道：697 km×697 km，98°

• 故障原因：电源系统故障

2011 年 4 月 22 日，日本宇宙航空研究开发机构宣布，因不可恢复的电力问题决定停止使用 ALOS 卫星。ALOS 卫星（图 2 - 31）已被置为低负载模式，在该模式下卫星的功耗会降到最低，由于发电量减少，所有星载观测设备被关闭。异常是通过数据中继测试卫星 KODAMA 的中继数据检测到的。

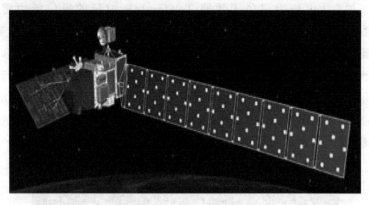

图 2 - 31　ALOS 卫星示意图

自从 2006 年 1 月发射升空以来，ALOS 卫星共服役了 5 年，为人类做出了许多贡献，拍摄了 600 多万张地震、海啸和火山喷发等灾害多发区的图像，记录了不同地区地形和环境的变化。ALOS 卫星载有 3 个传感器：全色遥感立体测绘仪（PRISM），主要用于数字高程模型测绘；先进可见光与近红外辐射计（AVNIR - 2），用于精确陆地观测；相控阵型 L 波段合成孔径雷达（PALSAR），用于全天时全天候陆地观测。

（4）Thaicom 5

• 运营商：泰国西那瓦计算机和通信有限公司 ［Shinawatra Computer and Communications Co. Ltd.（SC&C）］

• 制造商：意大利阿莱尼亚宇航公司（Alcatel Alenia Space）

• 平台型号：Spacebus 3000A

• 发射日期：2006.5.27

- 轨道：GEO
- 故障原因：静电放电

2011 年 4 月 20 日，Thaicom 5 卫星（图 2 - 32）出现异常，其卫星电视服务出现中断，原因是静电放电导致卫星整星掉电，工程师在发生故障 3 h 后解决了这个问题。这些故障在卫星上属于偶然情况，Thaicom 5 卫星仍位于东经 78.5°的轨道位置，并且没有偏离该位置。

图 2 - 32　Thaicom 5 卫星示意图

泰国西那瓦计算机和通信有限公司经营两颗卫星，包括 Thaicom 5 和 IpStar 宽带卫星。两颗卫星都为亚洲、欧洲、澳大利亚和非洲的用户服务。Thaicom 5 卫星于 2006 年 5 月发射，接管了脱离轨道的 Thaicom 3 卫星，该卫星在当年早些时候因其供电系统遭受了类似的技术故障。

2.2.11　2010 年卫星在轨故障案例

（1）Insat - 4B
- 运营商：印度国家卫星系统
- 制造商：印度空间研究组织
- 平台型号：I - 3K（I - 3000）

- 发射日期：2007.3.11
- 轨道：GEO
- 故障原因：太阳帆板异常

2010 年 7 月 7 日晚，印度空间研究组织的 Insat - 4B 通信卫星（图 2 - 33）遭遇电力故障，两个太阳帆板中的一个发生异常，迫使卫星上半数转发器关闭。原因可能是由向卫星提供电源的进口元件 DC - DC 转换器失效，导致其他元件过热而停止工作。印度空间研究组织称故障发生后两种转发器各关闭了 6 台。Insat - 4B 卫星于 2007 年发射，携带了 12 台 Ku 波段转发器和 12 台 C 波段转发器。

图 2 - 33　Insat - 4B 卫星示意图

（2）IGS - 4B

- 运营商：CSICE
- 制造商：Mitsubishi Electric
- 平台型号：未知
- 发射日期：2007.2.24
- 轨道：483 km×495 km，97.4°
- 故障原因：电源子系统故障

2010 年 8 月 23 日，IGS‐4B 雷达侦察卫星出现故障停止工作，卫星失效是由于电源子系统故障引起的。该卫星是信息收集卫星系列的第二颗雷达卫星，详细原因有待于进一步调查。

（3）Aura

• 运营商：美国国家航空航天局

• 制造商：诺斯罗普·格鲁曼公司航天技术公司（Northrop Grumman Space Technology）

• 平台型号：T330（AB‐1200）

• 发射日期：2004.7.15

• 轨道：673 km×682 km，98.22°

• 故障原因：未知

2010 年 3 月 12 日，美国国家航空航天局地球观测系统的 Aura 卫星（图 2‐34）发生故障，太阳电池阵 11 号板出现 53 s 的电流波动，下降了 55%，卫星姿态出现了 875 s（大约 0.25°）的扰动。卫星可能是遭到了空间碎片或微流星体的撞击。

图 2‐34　Aura 卫星示意图

（4）Galaxy 15

• 运营商：美国泛美卫星通信公司（PanAmSat）

• 制造商：美国轨道科学公司（Orbital Sciences Corporation，OSC）

- 平台型号：Star - 2
- 发射日期：2005.10.13
- 轨道：GEO
- 故障原因：太阳活动

2010 年 4 月 5 日，国际通信卫星公司的 Galaxy 15 卫星（图 2 - 35）发生故障，卫星的转发器仍在工作，但卫星已经无法接收指令。原因可能是由 4 月 3 日至 4 月 5 日期间的强太阳风暴引起的。之后花费将近 9 个月的时间，对卫星进行断电和重启。在这段时间里，卫星沿 GEO 弧段漂移，迫使多颗卫星采取规避措施，以避免与之相撞。

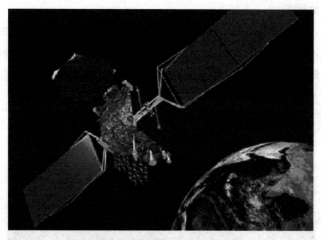

图 2 - 35　Galaxy 15 卫星示意图

（5）GOCE

- 运营商：欧洲空间局
- 制造商：阿莱尼亚航天（Alenia Spazio）、阿斯特里姆、法国阿尔卡特空间公司（Alcatel Space）
- 平台型号：未知
- 发射日期：2009.3.18
- 轨道：GEO

• 故障原因：计算机故障

2010 年 7 月下旬，GOCE 卫星（图 2 - 36）遭遇故障停止传输数据，原因是卫星备份计算机的记录模块发生了故障，计算机处理模块与记录模块的通信接口异常导致数据无法传输，记录模块位于处理板和传输板之间，是在轨数据处理和通信系统的关键部分。备份计算机重启后仍然无法修复该问题。在 2010 年 2 月份，GOCE 卫星计算机主份 A 的一个芯片发生了故障，地面人员切换至备份计算机。

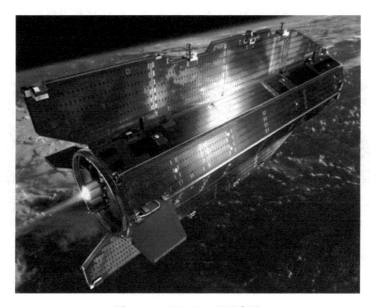

图 2 - 36 GOCE 卫星示意图

（6）W3B

• 运营商：欧洲通信卫星公司（Eutelsat）

• 制造商：泰雷兹·阿莱尼亚宇航公司

• 平台型号：Spacebus 4000C3

• 发射日期：2010.10.28

• 轨道：GEO

• 故障原因：推进系统燃料箱泄漏

2010 年 10 月 28 日，欧洲通信卫星公司的 W3B 人造卫星（图 2-37）因推进系统燃料箱泄漏而发射失败，推进系统能力彻底丧失。故障具体原因是，连接在卫星 1 个推进发动机（共 16 个）上的单独推进器突然发生灾难性的泄漏，推进器破裂是由于推力器装配偏差，卫星组装工艺粗糙，间接地造成了燃料管在低于设计的压力时发生破裂。W3B 卫星排空了剩余液体推进剂，对蓄电池进行了放电，以避免卫星与碎片碰撞后发生爆炸。卫星曾在地面测试过程中就有迹象显示，该管道的耐压性可能不足，但这只在卫星准备工作文件中做了简单记录，未能引起任何的注意。失效的卫星将在太空漂移 20～30 年，直至最终坠入大气层烧毁。

图 2-37　W3B 卫星示意图

（7）Satmex 5（Morelos 3）

• 运营商：Eutelsat Americas

• 制造商：休斯公司

• 平台型号：HS-601HP

• 发射日期：1998.12.6

• 轨道：GEO

• 故障原因：推进系统故障

2010 年 1 月 27 日，Satmex 5 卫星（图 2-38）的主氙离子推进

系统发生故障，已停止工作。之后卫星使用备份推进系统工作。故障导致卫星的剩余寿命将变为 2.7 年，而距离原设计寿命还差 4 年。主氙离子推进系统发生故障的具体原因未知，重启无效。故障并没有影响卫星的服务，目前卫星工作正常。

图 2 - 38　Satmex 5 卫星示意图

（8）AEHF - 1
- 运营商：美国空军
- 制造商：洛克希德·马丁公司、诺斯罗普·格鲁曼公司
- 平台型号：A2100M
- 发射日期：2010.8.14
- 轨道：GEO
- 故障原因：推进系统故障

2010 年 8 月 14 日，AEHF - 1 卫星（图 2 - 39）从卡纳维拉尔角空军基地发射，卫星发射成功后，将卫星推进到中间轨道的远地点液体发动机突然提前关机，第二次尝试也未成功。之后地面控制人员计划利用无水肼推进剂反作用发动机组件替代远地点发动机到达中间轨道。远地点液体发动机详细的故障原因未知。

图 2 - 39　AEHF - 1 卫星示意图

（9）Intelsat - 4（PAS - 4v）

· 运营商：国际通信卫星公司

· 制造商：休斯公司

· 平台型号：HS - 601

· 发射日期：1995.8.3

· 轨道：GEO

· 故障原因：未知

2010 年 2 月 1 日，Intelsat - 4（原称 PAS - 4）卫星出现在轨故障。Intelsat - 4 卫星的有效载荷已被关闭，节省动力以备将来使用。但不久后，卫星彻底失效并被转移到废弃轨道，故障原因未知。Intelsat - 4 卫星先前就遭遇主控制处理器故障，之后一直在备份系统上运行。

Intelsat - 4 是一颗基于波音 HS - 601 平台的卫星，位于东经 72°，为东欧、中东和非洲的客户提供服务。Intelsat - 4 卫星 1995 年 8 月发射，实际在轨工作将近 15 年。

（10）Eutelsat W2

· 运营商：欧洲通信卫星公司

· 制造商：法国阿尔卡特空间公司

· 平台型号：Spacebus 3000B2

· 发射日期：1998.10.5

· 轨道：GEO

· 故障原因：未知

2010 年 1 月 27 日晚，欧洲通信卫星公司的 Eutelsat W2 卫星
（图 2-40）出现未知技术性故障，并进入安全模式。在紧急模式下，
卫星继续接收和发送指令，但无法执行其完整的电信任务。2010 年
3 月，Eutelsat W2 卫星移动至废弃轨道。Eutelsat W2 卫星具有固
定的宽波束，覆盖欧洲、北非和中东。可控波束在印度洋地区向毛
里求斯和留尼汪岛以及非洲东南部的部分地区提供广播。

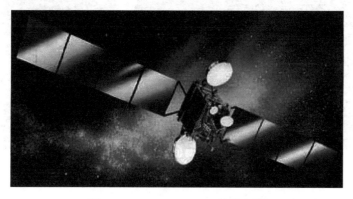

图 2-40　Eutelsat W2 卫星示意图

2.2.12　2009 年卫星在轨故障案例

（1）Astra 5A（Sirius 2，GE 1E）

· 运营商：美国天狼星国际通信卫星公司（SES Sirius AB）

· 制造商：法国国家航空宇航公司（Aerospatiale）［泰雷兹·
阿莱尼亚空间公司（Thales Alenia Space）的一部分］

- 平台型号：Spacebus 3000B2
- 发射日期：1997. 11. 12
- 轨道：GEO
- 故障原因：未知

2009 年 1 月 16 日，Astra 5A 卫星（图 2-41）发生技术异常导致卫星失效，原因是卫星地面操作员发送了错误指令，导致卫星出现故障。在 2009 年 4 月初重新恢复对卫星的控制后，卫星被移入坟墓轨道。卫星在 2008 年 11 月 5 日就已在其 31.5°的轨道上停止了工作。

图 2-41　Astra 5A（Sirius 2，GE 1E）卫星示意图

（2）Eutelsat W2A
- 运营商：欧洲通信卫星公司
- 制造商：意大利阿莱尼亚宇航公司
- 平台型号：Spacebus 4000C4
- 发射日期：2009. 4. 3
- 轨道：GEO
- 故障原因：S 波段天线异常

2009 年 4 月 3 日发射的 Eutelsat W2A 卫星（图 2 - 42）在测试 S 频段通信载荷的过程中出现异常，原因是卫星上的直径为 12 m 的 S 波段天线出现故障。该天线由佛罗里达州墨尔本的哈里斯公司（Harris Corp.）制造，于 2009 年 4 月 9 日在轨成功展开。

Eutelsat W2A 卫星基于意大利阿莱尼亚宇航公司的 Spacebus 4000C4 平台，在 Ku 频段内最多包含 46 个转发器，而 C 频段有效载荷为 10 个转发器。Ku 频段的有效载荷将提供多达 37 个转发器，这些转发器将服务于欧洲、北非和中东。此外，将有多达 12 个 Ku 波段转发器服务于南部非洲和印度洋岛屿。10 个转发器的 C 波段任务将为宽带和电信提供服务。Eutelsat W2A 的设计使用寿命超过 15 年，最大发射质量为 5.7 t，可以提供 11 kW 的有效载荷功率。

图 2 - 42　Eutelsat W2A 卫星示意图

（3）MTSAT - 1R（Himawari 6）

• 运营商：日本民航局和气象局

• 制造商：劳拉空间通信公司

• 平台型号：SSL - 1300

• 发射日期：2005.2.26

- 轨道：GEO
- 故障原因：控制系统失效

2009 年 11 月 11 日，MTSAT - 1R 卫星姿态出现异常，15.5 h 后，卫星恢复正常工作。该星曾在 2006 年 4 月 16 日因为姿态异常停止工作，虽然 4 h 后控制恢复，但是 16 h 后该星才恢复工作，原因是卫星在失去控制的 4 h 里温度大幅上升。

MTSAT - 1R 卫星在 2005 年 9 月 23 号由于气象有效载荷的通信系统出现故障而停止工作 6 h，故障出现在卫星主机与相机的数据传递系统中，工程师们通过启用备份通信系统，使卫星恢复了气象监测。MTSAT - 1R 具有双重使命，一是协助日本交通运输部门提供空间交通控制与导航服务，二是为日本气象部门提供气象服务功能。

（4）Orbcomm CDS

- 运营商：美国轨道通信公司（Orbcomm）
- 制造商：OHB System AG and Orbital Sciences Corp.
- 平台型号：Sterkh Bus
- 发射日期：2008.6.19
- 轨道：661 km×672 km，48.45°
- 故障原因：能源系统异常

在 2009 年 2 月 22 日，Orbcomm CDS 卫星之一（共 6 颗）出现能源异常，导致了美国轨道通信公司的地面控制系统以及提供在轨监测与测试的地面控制系统与卫星失去联系。2009 年 7 月 31 日，Orbcomm CDS 卫星之一网关发送器发生异常，导致卫星与网关地面站失去联系。在 2009 年 8 月 7 日，Orbcomm CDS 卫星之一出现能源异常，导致地面与该卫星失去联系。

（5）Yamal 100/200（图 2 - 43）

- 运营商：Gazprom Space Systems
- 制造商：科罗廖夫能源火箭航天公司（RKK Energiya）
- 平台型号：USP

- 发射日期：1999.9.6
- 轨道：GEO
- 故障原因：软件故障

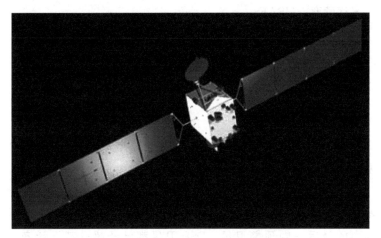

图 2 - 43　Yamal 100/200 卫星示意图

Yamal 系列卫星信息见表 2 - 1。

表 2 - 1　Yamal 系列卫星信息

卫星原名	发射时间	卫星当前名称
Yamal 101	6 Sep 1999	发射后失败
Yamal 102	6 Sep 1999	Yamal 100
Yamal 201	24 Nov 2003	Yamal 202 or Yamal 200 ♯2
Yamal 202	24 Nov 2003	Yamal 201 or Yamal 200 ♯1

　　2009 年 6 月 3 日，Yamal - 202 卫星出现断电故障，原因是卫星控制系统软件发生故障，导致卫星姿态丢失。2007 年 4 月 5 日，Yamal 201 卫星发生 6 h 的断电异常。这两次事故均是由软件错误引起的。Yamal 101 卫星在发射后就发生未知故障，导致卫星没有进入预定轨道。

2.2.13　2008 年卫星在轨故障案例

（1）DSP 23（DSP F23，USA 197）

- 运营商：USAF
- 制造商：诺斯罗普·格鲁曼公司
- 平台型号：未知
- 发射日期：2007.11.11
- 轨道：GEO
- 故障原因：未知

2008 年 9 月，DSP 23 卫星出现未知故障并失去控制。DSP 23 卫星发生故障后，漂移出预定的静止轨道位置，并和数颗正在运行的通信气象卫星擦肩而过，距离最近时仅仅只有 4 km。DSP 23 卫星是诺斯罗普·格鲁曼公司为美国空军和导弹制导中心制造的国防支援计划系列中的最后一颗预警卫星。DSP 卫星都已经超过其设计寿命近 250%。除了 DSP 23 卫星，只有 1 颗 DSP 卫星（DSP 5）提前失效。

（2）EchoStar Ⅱ

- 运营商：美国回声星通信公司（EchoStar）
- 制造商：洛克希德·马丁公司
- 平台型号：AS 7000
- 发射日期：1996.9.11
- 轨道：GEO
- 故障原因：未知

2008 年 7 月 14 日，EchoStar Ⅱ 卫星发生了一次几乎致使整星完全失效的严重故障，但故障原因未知。在 2007 年 2 月，卫星就曾经历过一次南太阳翼停转故障，利用备份系统才使功能得以恢复。EchoStar Ⅱ 之前是运行在西经 148°轨道上的一颗备份星，但是也在为阿拉斯加和其他 6 个小市场提供着地方广播服务。从 1996 年 9 月发射到 2008 年 6 月 30 日失效，EchoStar Ⅱ 卫星共创造了近 640 万美元的收益。

（3）AMC - 4

- 运营商：SES Americom
- 制造商：洛克希德·马丁公司
- 平台型号：A2100AX
- 发射日期：1996.11.13
- 轨道：GEO
- 故障原因：太阳翼故障

由 SES 负责测控的 9 颗洛克希德·马丁公司的 A2100 平台卫星都出现了太阳翼故障。截至 2008 年 8 月，在这 9 颗卫星中有 2 颗（AMC - 4 和 AMC - 16）由于功率损失造成了卫星可用容量的减少。太阳能电池电路在轨故障可能使得太阳翼的功能退化，如果太阳翼功能发生持续性成比例退化，可能需要关掉额外的负载或者提前启用备份星。此外，在 2008 年 10 月，电路故障导致了 AMC - 6 卫星上的 6 路转发器停止工作。

（4）Eutelsat W2M

- 运营商：欧洲通信卫星公司
- 制造商：欧洲宇航防务集团子公司阿斯特里姆
- 平台型号：I - 3K（I - 3000）
- 发射日期：2008.12.20
- 轨道：发生故障时在漂移轨道
- 故障原因：电源分系统故障

2008 年 1 月 28 日，欧洲通信卫星公司的 Eutelsat W2M 卫星（图 2 - 44）出现了能源分系统故障。故障发生在卫星由在轨测试的位置转移至东经 16°的过程中，该卫星用于替换 Eutelsat W2 卫星。Eutelsat W2M 是由欧洲宇航防务集团下的阿斯特里姆公司与 ISRO 的商业分支 Antrix 共同投资制造的第一颗卫星。

（5）Eutelsat W5

- 运营商：欧洲通信卫星公司
- 制造商：泰雷兹·阿莱尼亚空间公司

图 2 - 44　Eutelsat W2M 卫星示意图

- 平台型号：Spacebus 3000B2
- 发射日期：2002.11.20
- 轨道：GEO
- 故障原因：太阳翼驱动故障

　　在 2008 年 6 月 16 日—17 日，Eutelsat W5 卫星（图 2 - 45）发射能源系统异常，原因是太阳翼驱动故障，并导致两个太阳电池阵之一失效。该故障将使卫星计划的 15 年使用寿命减少 1～3 年。采用相同平台（SB3000 平台）的 Thaicom 3 卫星在 2003 年发生了类似的问题。在这两个案例中，均是在发射 6 年之后发动机失效。Eutelsat W5 卫星携带 24 个转发器，其中 4 个已经停止使用。

　　（6）Galaxy 26（Intelsat Americas 6，IA - 6，Telstar 6）

- 运营商：国际通信卫星公司
- 制造商：劳拉空间通信公司
- 平台型号：SSL - 1300
- 发射日期：1999.2.15

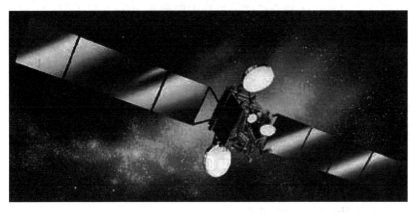

图 2 - 45　Eutelsat W5 卫星示意图

- 轨道：GEO
- 故障原因：能源系统故障

2008 年 6 月 26 日，Galaxy 26 卫星出现了能源系统故障，导致卫星功率损失一半以上。2002 年 4 月 11 日，Galaxy 26 卫星经历了一次不明原因的能源中断，当日卫星恢复正常，中断原因可能是卫星被高速的漂浮物体撞击，也可能是流星体或太空垃圾。2001 年 4 月 22 日，Galaxy 26 卫星在其主份 CPU（中央处理器）发生故障后失效，卫星切换到备份 CPU 后恢复正常。

（7）GOES - 12（GOES - M）

- 运营商：美国国家海洋和大气管理局
- 制造商：劳拉空间通信公司
- 平台型号：SSL - 1300
- 发射日期：2001.7.23
- 轨道：GEO
- 故障原因：推进剂泄漏、X 射线配置电路盒异常

2008 年 12 月 14 日，GOES - 12 卫星推进剂发生泄漏，泄漏影响了卫星的 12 个推力器。由于卫星推力器异常，GOES - 12 卫星向东漂移。在 2009 年 1 月 6 日，GOES - 12 卫星恢复正常。在该

事件之后卫星进入安全模式，进行太阳捕获。2007 年 12 月 17 日，它机动回至西经 75°并开始正常运转。2007 年 4 月 16 日，X 射线配置电路盒发生异常，导致卫星不能将太阳 X 射线敏感器以及太阳敏感器图像处理器指向太阳，也不能处理相应的太阳敏感器数据。

（8）KazSat 1

- 运营商：JSC KazSat
- 制造商：Khrunichev
- 平台型号：Yakhta（mod.）
- 发射日期：2006.6.17
- 轨道：GEO
- 故障原因：星载计算机系统崩溃

2008 年 6 月 8 日，哈萨克斯坦的 KazSat 1 通信卫星（图 2 - 46）由于星载计算机故障而失去控制，卫星对控制遥控指令没有任何响应。10 月问题得到解决，但是 12 月卫星又失去了控制，而这次是永久失去控制。KazSat 1 卫星突然失控的主要原因是由于星载数字计

图 2 - 46　KazSat 1 卫星示意图

算机系统崩溃，问题的根源在于星上用的 Yakhta 平台还处于实验阶段，选用这个平台时并没有当地的专家参与。之后，卫星转交给俄罗斯空间通信公司（RSCC）进行控制。他们尝试重启卫星，但是当时并没有成功。KazSat 1 卫星控制系统曾在 2008 年 1 月 9 日出现故障，导致卫星数小时不能工作。

（9）RASCOM - QAF1

- 运营商：RascomStar - QAF
- 制造商：意大利阿莱尼亚宇航公司
- 平台型号：Spacebus 4000B3
- 发射日期：2007. 12. 21
- 轨道：GEO
- 故障原因：氦气泄漏

2008 年 1 月初，RASCOM - QAF1 卫星（图 2 - 47）发射后完成第一次轨道转移后，发生氦气泄漏，之后停止了对卫星的所有操作。2008 年 1 月底，该卫星在发生事故 4 个星期之后进入同步轨道，并定点于东经 2.85°。在这次过程中，首先用远地点发动机点火完成一次远地点变轨，然后通过推力器完成了 18 次额外的远地点操作。该故障导致该卫星的寿命缩短至 2 年。

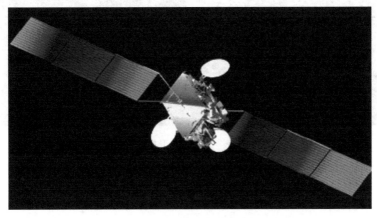

图 2 - 47   RASCOM - QAF1 卫星示意图

2.2.14　2007年卫星在轨故障案例

（1）Anik F3

- 运营商：加拿大电信卫星公司（Telesat）
- 制造商：欧洲宇航防务集团子公司阿斯特里姆
- 平台型号：Eurostar 3000S
- 发射日期：2007.4.9
- 轨道：GEO
- 故障原因：载荷异常

2007年8月，加拿大电信卫星公司的 Anik F3 卫星（图2-48）出现了一次 Ka 波段载荷异常，并且无法恢复正常工作。Anik F3 提供覆盖整个北美的 C，Ku 和 Ka 频段的卫星通信服务。Anik F3 的发射质量为 4.6 t，太阳能阵列翼展为 35 m，卫星的功率为 10 kW。

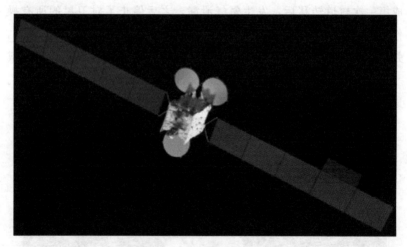

图2-48　Anik F3 卫星示意图

（2）EchoStar V

- 运营商：美国回声星通信公司
- 制造商：劳拉空间通信公司

• 平台型号：SSL - 1300

• 发射日期：1999.9.23

• 轨道：GEO

• 故障原因：动量轮故障、推力器异常、行波管放大器异常、太阳翼故障、不能接收遥测信号

动量轮：2001 年 7 月，EchoStar V 卫星 3 个动量轮中的 1 个发生故障失效。剩下 2 个动量轮仍然正常运行，同时启动了备用动量轮。2003 年 12 月，第 2 个动量轮发生异常关闭，卫星只能利用推力器进行姿态修正。这样的方法虽然足够对姿态进行修正，但是导致了卫星推进剂的损耗和卫星寿命的缩短。

推力器：2001 年 8 月，EchoStar V 的 1 个推力器发生异常，导致卫星服务中断。

行波管放大器：2001 年 9 月，EchoStar V 卫星的 1 副行波管放大器又发生异常警报，之后异常的行波管放大器被切换到备份。EchoStar V 卫星装备了 48 副行波管放大器，其中包含 16 副备份。

太阳翼：截至 2007 年年初，EchoStar V 卫星由于故障共导致 7 个太阳电池阵失效。2007 年 6 月，EchoStar V 卫星上又有一列太阳电池阵损坏。EchoStar V 卫星装备了 96 个太阳电池分阵。

遥测：2003 年 1 月，EchoStar V 卫星星上电子元器件异常导致星上某些元器件不能正常接收到遥测信号。

（3）Hot Bird 2

• 运营商：欧洲通信卫星公司

• 制造商：欧洲宇航防务集团子公司阿斯特里姆

• 平台型号：Eurostar 2000＋

• 发射日期：1996.11.21

• 轨道：GEO

• 故障原因：太阳耀斑

2007 年 5 月 14 日，由于太阳耀斑导致 Hot Bird 2 卫星（图 2 -

49) 的电源子系统出现故障。Hot Bird 2 卫星的所有通信都切换到 Hot Bird 8 卫星上进行。之后虽然该星已经完全恢复了正常工作，但是为了以防万一，该星直到 2007 年秋季经过地影期后才重新启用。

2000 年 5 月 21 日，Hot Bird 2 卫星出现暂时中断，9 h 后服务恢复。在终止工作期间，该星按照计划进入安全模式，原因是推力器泄漏。

图 2-49　Hot Bird 2 卫星示意图

(4) Meteosat-8 (MSG-1)

• 运营商：欧洲气象卫星组织
• 制造商：泰雷兹·阿莱尼亚宇航公司
• 平台型号：未知
• 发射日期：2002.8.28
• 轨道：GEO
• 故障原因：陨石或空间碎片、单粒子翻转

2007 年 5 月 22 日，Meteosat-8 气象卫星在没有收到指令的情况下，进行了一次意外轨道变化，这次轨道变化包括自旋速度下降、姿态改变，卫星章动，推力器和燃料温度变化以及太阳电池阵功率

的小额下降，故障原因是一对径向推力器受到了碰撞，可能是一个微型陨石或空间碎片颗粒。故障使得推进系统、热控系统和电源系统都受到了一定程度的影响。特别是其中一个用于东西位保的推力器有可能报废，但备份推力器性能正常。卫星的外表面受到了损伤，导致卫星内部器件直接暴露在寒冷的空间环境中，并且受到太阳光照辐射。这造成了卫星需要重新进行热平衡配置，以减少在月食期间这次事故对卫星的影响。

2006 年 9 月 23 日，Meteosat - 8 气象卫星意外进入安全模式，通过对遥测数据的分析，发现此次异常是由于单粒子翻转造成的。同样的事故也发生在 MSG 在轨卫星上，并把它归因于特定电路（LM139）对太阳质子和重离子宇宙辐射的敏感性。

（5）Nahuel 1

• 运营商：Nahuelsat

• 制造商：Dornier Satelliten Systeme、法国国家航空宇航公司（Aerospatiale）

• 平台型号：Spacebus 2000

• 发射日期：1997. 1. 30

• 轨道：GEO

• 故障原因：推力器失效

2007 年 8 月 15 日，Nahuel 1 卫星（图 2 - 50）推力器在轨发生故障，卫星上一多半的推力器都已经失效，导致无法进行南北位保。截至 2008 年 11 月底，卫星轨道的倾斜角已达 1.2°。

除了半球波束，Nahuel 1 卫星有两个区域波束，一个覆盖阿根廷、智利、巴拉圭和乌拉圭。另外一个覆盖巴西。此次轨道倾斜角度增加，会导致服务区内一些应用服务性能的降低。该卫星装备有 18 个 Ku 波段转发器，设计寿命为 12 年，即 2009 年 7 月卫星设计寿命到期。

图 2 - 50　Nahuel 1 卫星示意图

2.2.15　2006 年卫星在轨故障案例

（1）Ekspress - AM11（Express - AM11）

· 运营商：RSCC（Kosmicheskiya Svyaz）

· 制造商：NPO Prikladnoi Mekhaniki（NPO PM），Alcatel

· 平台型号：MSS - 2500 - GSO（MSS - 767）

· 发射日期：2004.4.26

· 轨道：GEO

· 故障原因：空间碎片

2006 年 3 月 28 日，Ekspress - AM11 卫星（图 2 - 51）因空间碎片碰撞失效，碰撞瞬间破坏了卫星热控分系统，冷却液高速喷出，产生一个转矩使卫星发生自旋。该事件在短时间内中断了俄罗斯远东地区的广播。故障后虽然恢复了对卫星的控制，但是由于失去了冷却系统，卫星温度不断升高。之后卫星紧急被送离同步轨道，以防止高温破坏控制系统。Ekspress - AM11 装有 30 个转发器，总容量为 2 000 W，该卫星已移至处置轨道。

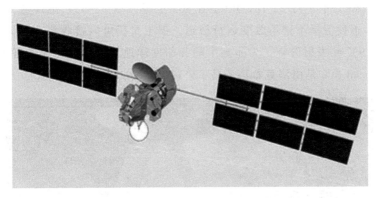

图 2 - 51　Ekspress - AM11 卫星示意图

（2）Eurobird 4（Eurobird 10，Hotbird 3）

- 运营商：欧洲通信卫星公司
- 制造商：欧洲宇航防务集团子公司阿斯特里姆
- 平台型号：Eurostar 2000＋
- 发射日期：1998.2.27
- 轨道：GEO
- 故障原因：太阳帆板损坏

2006 年 10 月 3 日—4 日，在日食末期 Eurobird 4 卫星发生异常，导致卫星太阳帆板的损坏，卫星所能提供的总功率受损。在失效前不久，Eurobird 4 卫星正由东经 13°向东经 10°移动，以实现与 Eutelsa W1 卫星的共位。

（3）Intelsat 802（IS - 802）

- 运营商：国际通信卫星公司
- 制造商：洛克希德·马丁公司
- 平台型号：AS 7000
- 发射日期：1997.6.25
- 轨道：GEO
- 故障原因：未知

2006 年 9 月 22 日，Intelsat 802 卫星（图 2 - 52）出现意外故障，迫使卫星不得不改变运行轨道，但卫星仍可以接收指令。该星于 1997 年发射升空，为非洲大陆和印度洋地区提供远程通信服务。Intelsat 802 是由洛克希德·马丁公司制造的 7000 系列卫星。

图 2 - 52　Intelsat 802（IS - 802）卫星示意图

（4）Optus B1

· 运营商：Optus Communications Pty，Ltd.

· 制造商：休斯公司

· 平台型号：HS - 601

· 发射日期：1992. 8. 13

· 轨道：GEO

· 故障原因：推进剂供给异常

2006 年 3 月 30 日，Optus B1 卫星（图 2 - 53）在为推力器供给燃料时发生异常，导致卫星停机，但卫星通信正常。故障导致澳大利亚和新西兰广播和电视卫星服务中断。Optus 公司在停机过程中一直保持着与卫星的联系。之后卫星指向得到恢复并且应用服务恢复正常。Optus B1 卫星曾于 2005 年 5 月 21 日主份控制处理器失效，之后该卫星出现了一次短暂的停机，切换到备份控制处理器后卫星功能恢复。

图 2-53　Optus B1 卫星示意图

（5）PAS-6B

· 运营商：美国泛美卫星通信公司

· 制造商：波音公司

· 平台型号：HS-601HP

· 发射日期：1998.12.22

· 轨道：GEO

· 故障原因：未知

2006 年 10 月 26 日，PAS-6B 卫星（图 2-54）在完成了一次例行操作之后出现异常，导致卫星通信中断，故障原因未知。26 日下午所有服务恢复正常，转发器可以正常工作。该卫星主要用于巴西电视广播服务。

PAS-6B 卫星上搭载了最新的技术：双结砷化镓太阳电池和氙离子推进系统。PAS-6B 上的太阳电池板可产生 8 kW 的功率。卫星载荷包括 32 个 Ku 波段应答器，由 105 W 和 140 W 行波管放大器组合供电。PAS-6B 旨在提供至少 15 年的服务，是为美国泛美卫星通信公司服务的第 4 颗基于 HS-601HP 平台的卫星。

（6）Sicral 1

· 运营商：Italian Ministry of Defense

图 2-54　PAS-6B 卫星示意图

- 制造商：阿莱尼亚航天（Alenia Spazio）
- 平台型号：GeoBus（Italsat-3000）
- 发射日期：2001.2.7
- 轨道：GEO
- 故障原因：太阳活动

2006 年 10 月，Sicral 1 通信卫星（图 2-55）突然出现故障失去控制，故障是由剧烈的太阳活动导致的，同时还导致卫星发动机性能降低。该卫星是意大利第一颗国防卫星，点定于东经 16.2°。

（7）Thaicom 3

- 运营商：Shinawatra Computer and Communications Co. Ltd. (SC&C)
- 制造商：意大利阿莱尼亚宇航公司
- 平台型号：Spacebus 3000A
- 发射日期：1997.4.16
- 轨道：GEO

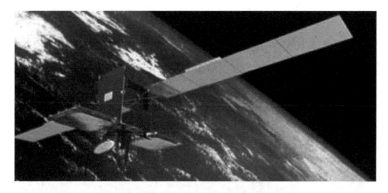

图 2 - 55　Sicral 1 卫星示意图

● 故障原因：能源系统故障

2006 年 8 月，Thaicom 3 卫星在迁移到新的轨道位置后，由于能源系统故障服务中断。之后卫星姿态丢失，被置于安全模式。早在 2003 年 2 月 7 日，Thaicom 3 卫星就因卫星太阳翼驱动 SADAM 短路而中断服务，Thaicom 3 卫星的 14 个 Ku 波段转发器只有 4 个在断电之后正常工作。2004 年 9 月 12 日，Thaicom 3 卫星也经历了一次长达 12 h 的断电，当时星上的转发器均被关闭，以保证能源供应。

（8）Kiku 8（ETS - Ⅷ）

● 运营商：日本宇宙开发事业集团（NASDA）

● 制造商：三菱电机（Mitsubishi Electric）

● 平台型号：ETS - 8

● 发射日期：2006.12.18

● 轨道：GEO

● 故障原因：接收天线故障

2006 年 12 月，工程试验卫星 Kiku 8（图 2 - 56）上的一个通信系统在在轨测试中失效，原因是一个连接卫星接收天线的仪器发生故障，导致卫星上的一个最重要的实验（两个手机大小的移动终端通信）被取消。

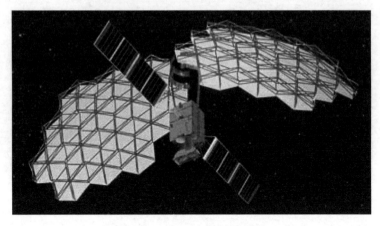

图 2 - 56　Kiku 8 卫星示意图

2. 2. 16　2005 年卫星在轨故障案例

（1）Eutelsat W1（W1R，Ⅲ - F1，Ⅲ - F1R）

- 运营商：欧洲通信卫星公司
- 制造商：欧洲宇航防务集团子公司阿斯特里姆
- 平台型号：Eurostar 2000＋
- 发射日期：2000. 9. 6
- 轨道：GEO
- 故障原因：能源系统故障

2005 年 8 月 10 日，Eutelsat W1 卫星（图 2 - 57）发生了指向丢失，异常是由能源分系统故障引起的，故障还导致了卫星的两个转发器失效。在确认发生异常之后的 9 h 后，卫星逐渐恢复。

（2）Intelsat 804（IS - 804）

- 运营商：国际通信卫星公司
- 制造商：洛克希德·马丁公司
- 平台型号：AS 7000
- 发射日期：1997. 12. 22
- 轨道：GEO

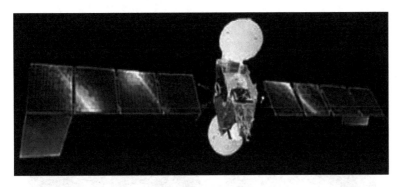

图 2 - 57　Eutelsat W1（W1R，Ⅲ - F1，Ⅲ - F1R）卫星示意图

• 故障原因：电池线圈大电流

2005 年 1 月 14 日，Intelsat 804 卫星突然出现电力系统故障，导致卫星彻底失控。故障原因是静电放电造成的电池线圈大电流，从而导致了卫星高压电系统故障。洛克希德 • 马丁公司之后承认，在特定的外部环境及操作环境下，7000 系列的卫星可能出现致命故障，这一系列的卫星，国际通信卫星公司还经营着另外 3 颗，分别是 Intelsat 801，Intelsat 802 和 Intelsat 805。

（3）JCSat - 1B（JCSat 5）

• 运营商：JSAT 公司

• 制造商：休斯公司

• 平台型号：HS - 601

• 发射日期：1997.12.2

• 轨道：GEO

• 故障原因：推进系统故障

2005 年 7 月，JCSat - 1B 通信卫星（图 2 - 58）出现了姿态异常，在一次机动过程中姿态丢失，异常导致卫星提供的所有通信服务中断。异常原因是卫星推进子系统存在故障。2005 年 1 月，JCSat - 1B 上的 1 个推力器就曾出现故障，导致卫星提供的通信服务出现间歇性中断。尚不清楚卫星姿态异常是否与之前的推力器故障有关。

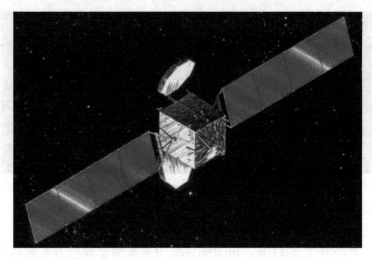

图 2 - 58　JCSat - 1B（JCSat 5）卫星示意图

2.2.17　2004 年卫星在轨故障案例

（1）Amazonas（Amazonas 1）

- 运营商：西班牙卫星公司（Hispasat）
- 制造商：欧洲宇航防务集团子公司阿斯特里姆
- 平台型号：Eurostar 3000S
- 发射日期：2004.8.4
- 轨道：GEO
- 故障原因：电爆阀缺陷

2004 年 8 月 16 日，Amazonas 卫星（图 2 - 59）在轨测试中出现压力异常，原因是美国 Conax 公司提供的电爆阀缺陷造成氧气箱轻微泄漏而导致压力异常。Amazonas 卫星是基于欧洲宇航防务集团（EADS）的 Astrium's Eurostar 3000 平台的卫星，设计寿命 15 年，故障导致卫星的实际有效寿命减少到 10 年。

（2）EchoStar Ⅲ

- 运营商：美国回声星通信公司
- 制造商：洛克希德·马丁公司

图 2-59　Amazonas（Amazonas 1）卫星示意图

- 平台型号：A2100AX
- 发射日期：1997.10.5
- 轨道：GEO
- 故障原因：整流器温度过高，行波管放大器故障

2004 年 1 月，EchoStar Ⅲ 卫星的电力整流器在运行中被发现温度过高。整流器的高温导致 EchoStar Ⅲ 卫星的某些转发器不得不在夏至到冬至期间停机数周，来避免高温对卫星带来的损害。因此，卫星只能保持每个频段 120 W 的功率，以使美国大陆方向的 42 cm 波束天线正常工作。如果卫星每个频段以 230 W 的功率超常运行，在卫星寿命末期的夏至至冬至间其转发器 16 个频段中的近一半将会失效。

2004 年 2 月，EchoStar Ⅲ 卫星的 1 副行波管放大器出现故障，导致其一路转发器失效。而此类故障已导致 16 副星上行波管放大器失效。按照原先的设计，卫星在任何特定的时段都要可以最多 32 路转发器同时工作，因此卫星装备了 44 副行波管放大器，保证足够的冗余。但 EchoStar Ⅲ 卫星现在最多只能 28 路转发器同时运行。

（3）Telstar 14（Estrela do Sul 1）

- 运营商：加拿大电信卫星公司
- 制造商：劳拉空间通信公司
- 平台型号：SSL - 1300
- 发射日期：2004.1.10
- 轨道：GEO
- 故障原因：北太阳电池板部分未展开

2004 年 3 月，Telstar 14 卫星（图 2 - 60）的南太阳电池板完全展开，但是其北太阳电池板仅部分展开。Telstar 14 卫星上一共装备了 41 路 Ku 波段转发器，故障导致卫星只能为其中的 17 路转发器提供充足的能源。

图 2 - 60　　Telstar 14（Estrela do Sul 1）卫星示意图

（4）Galaxy 10R

- 运营商：美国泛美卫星通信公司
- 制造商：休斯公司
- 平台型号：HS - 601HP
- 发射日期：2000.1.25

· 轨道：GEO

· 故障原因：推进系统失效

2004 年 8 月 3 日，Galaxy 10R 卫星（图 2 - 61）的备份氙离子推进系统发生非预期关机，且无法重启。故障导致备份氙离子推进系统永久失效，而该卫星的主份氙离子推进系统在之前已经失效了，卫星正利用备份的双组元推进系统继续运行。在缺少备份氙离子推进系统的情况下，可用的双组元推进系统能够正常运行超过 3 年以上。

图 2 - 61　Galaxy 10R 卫星示意图

（5）Galaxy 27（Intelsat Americas 7，IA - 7，Telstar 7）

· 运营商：国际通信卫星公司

· 制造商：劳拉空间通信公司

· 平台型号：SSL - 1300

· 发射日期：1999.9.25

· 轨道：GEO

· 故障原因：能源系统故障

2004 年 11 月 28 日，Galaxy 27 卫星突然出现能源系统故障，原因是系统中的一个设计缺陷。故障导致卫星的功率损失近一半。其他 LS-1300 系列卫星也遇到类似的能源问题而导致功率损失：PAS-6（2004 年功率完全损失）、PAS-7（2001 年总功率损失了 25%）、Galaxy 26/IA-6/Telstar 6（2001 年功率损失一半），这和 Galaxy 27 遇到的问题很相近。Galaxy 27 卫星定位于西经 129°，能够覆盖美国大陆、阿拉斯加州、夏威夷州、加拿大、中美地区以及部分南美。星上配有 24 台 ku 频段转发器，总射频功率为 3 200 W。

（6）PAS-6

• 运营商：美国泛美卫星通信公司

• 制造商：劳拉空间通信公司

• 平台型号：SSL-1300

• 发射日期：1997.8.8

• 轨道：GEO

• 故障原因：能源系统故障

2004 年 3 月 17 日，PAS-6 卫星（图 2-62）遭受到了一次异常的能源故障。故障之后，PAS-6 卫星被移动到储存轨道。2004 年 4 月 1 日，该卫星经历了又一次更加严重的能源损失故障，导致卫星偏离轨道，完全失效。

图 2-62　PAS-6 卫星示意图

　（7）Superbird A2（Superbird 6）

　• 运营商：日本空间通信公司

　• 制造商：波音公司

　• 平台型号：BSS - 601

　• 发射日期：2004. 4. 16

　• 轨道：GEO

　• 故障原因：推进剂贮箱丢失压力

2004 年 11 月 28 日，Superbird A2 卫星（图 2 - 63）其中一个推进剂贮箱失去压力，导致卫星姿态丢失。这次事故严重地影响了该卫星的寿命。Superbird A2 卫星星箭分离后并没有进入预定轨道，这导致卫星使用了更多的推进剂。此外，由于太阳电池板暴露在大气空间中，导致太阳帆板受到了轻微的损害。

图 2 - 63　Superbird A2（Superbird 6）卫星示意图

2.2.18　2003 年卫星在轨故障案例

　（1）AsiaSat 2

　• 运营商：亚洲卫星通信公司（Asia Satellite Telecommunications Company）

- 制造商：洛克希德·马丁公司
- 平台型号：AS 7000
- 发射日期：1995.11.28
- 轨道：GEO
- 故障原因：姿态异常

2003 年 12 月 24 日和 12 月 26 日凌晨，亚洲卫星通信公司的 AsiaSat 2 卫星出现两次短时服务中断，这次服务中断没有对卫星带来任何损害。亚洲卫星通信公司的测控和技术人员对故障可能原因进行推断之后，得出以下几点结论：

1）在这次事故发生前、事故中、事故后，AsiaSat 2 的平台系统（如太阳电池阵、放大器等）都正常工作。

2）一次姿态章动导致了这次服务中断，卫星不能正确地指向地球，对用户来讲就是卫星不能转发收到的信号。

3）亚洲卫星通信公司在服务中断过程中也能保持和卫星的正常通信。

4）当亚洲卫星通信公司的测控人员将卫星姿态调整为背对地球后故障修复。

5）这次姿态修正耗费了卫星不到一周的推进剂。因此，此次故障并没有很大程度地缩短卫星的寿命。

6）这次故障以后，该卫星一直运行正常。

（2）Kosmos 2397

- 运营商：日本宇宙开发事业集团（NASDA）
- 制造商：三菱电机
- 平台型号：未知
- 发射日期：2003.4.23
- 轨道：故障后为近同步轨道
- 故障原因：燃料箱压力系统气体泄漏

2003 年 4 月，Kosmos 2397 卫星的燃料箱压力系统发生了一处气体泄漏，卫星很快地停止了工作。2003 年 6 月，通过地面测控，失效的卫星在到达预定的同步轨道前被推送离轨。

（3）Kodama［Data Relay Test Satellite（DRTS）］

- 运营商：日本宇宙开发事业集团
- 制造商：三菱电机
- 平台型号：DRTS
- 发射日期：2002.9.10
- 轨道：GEO
- 故障原因：太阳粒子干扰

2003 年 11 月 7 日，由于太阳活动加剧，Kodama 卫星的地球敏感器信号受到粒子流干扰。之后，卫星临时进入安全模式。太阳活动减缓后，卫星从安全模式转入地球捕获模式，最后进入正常运行模式。此后卫星活动正常，姿态稳定度达到正常水平。

（4）Telstar 4（Telstar 402R）

- 运营商：美国劳拉天网公司（Loral Skynet）
- 制造商：洛克希德·马丁公司
- 平台型号：AS 7000
- 发射日期：1995.9.24
- 轨道：GEO
- 故障原因：母线短路

2003 年 9 月 19 日，Telstar 4 卫星母线上的电路发生短路，导致卫星完全失效，劳拉天网公司与卫星的通信完全中断。Telstar 4 卫星的服务覆盖范围包括美国大陆、阿拉斯加、夏威夷、波多黎各、美属维尔京群岛和加拿大南部。

2.2.19 卫星信息汇总表

本文所涉及的卫星详细信息汇总见表 2-2。

表 2 - 2 本文所涉及的卫星详细信息汇总

序号	卫星	发射时间	卫星属国	轨道	平台	质量/kg	寿命（年）	推进	故障位置/原因
1	Spaceway - 1	2005.4.26	美国	GEO	BSS - 702	6 080	13	R - 4D,4×XIPS - 25 Ion engines	电池损坏
2	Zafar 1	2020.2.9	伊朗	530km		113		Simorgh	推进系统故障
3	WorldView - 4	2016.11.11	美国	610 km×613 km, 97.97°	LM - 900 (LMx small)	2 600	12		控制分系统，陀螺仪失效
4	GOES - 17	2018.1.3	美国	GEO	A2100A	5 192	15	LEROS - 1c	热控分系统
5	BlueWalker 1	2019.1.4	美国	434 km×515 km, 97.5°	CubeSat (6U)				其他
6	Eutelsat 5 West B	2019.10.9	国际	GEO	GEOStar - 2e	3 000	15	IHI BT - 4,4× XR - 5 Hall Current Thrusters	太阳能电池阵列故障
7	Al Yah 3	2018.1.25	阿拉伯联合酋长国	GEO	GEOStar - 3	3 795	15	IHI BT - 4,4× XR - 5 Hall Current Thrusters	人员操作不当
8	Meteor - M No.2 - 1	2017.11.28	俄罗斯	788 km×829 km, 98.57°			5		坐标输入错误
9	AngoSat - 1	2017.12.26	安哥拉	GEO	USP	1 647	15	8×SPT - 70 Stationary Plasma Thrusters	电力系统故障

续表

序号	卫星	发射时间	卫星属国	轨道	平台	质量/kg	寿命(年)	推进	故障位置/原因
10	伽利略导航卫星	2014.8.22	欧洲	56°	8 × 1 N MO NARC-1 hydrazine thrusters	733	12	8×1 N MO NARC-1 hydrazine thrusters	短路
11	伽利略导航卫星	2014.8.22	欧洲	23 616 km×23 616 km,56°		733	12		地面授时设施故障
12	AMC-9	2003.6.6	美国	GEO	Spacebus 3000B3	4 100	15	S400	—
13	IRNSS-1H	2017.8.31	印度	GEO	I-1K (I-1000)	1 425	12	LAM engine	星箭分离失败
14	EchoStar Ⅲ	1997.10.5	美国	GEO	A2100AX	3 674	12	LEROS-1c	—
15	Intelsat-29E	2016.1.27	美国	GEO	BSS-702MP	6 552	15	LEROS-1c	推进系统受损,导致星上推进剂泄漏
16	Intelsat-33E	2016.8.24	美国	GEO	BSS-702MP	6 600	15	LEROS-1c	推进问题
17	MUOS-5	2016.6.24	美国	GEO		6 740	15	IHI BT-4	推进系统故障
18	Hitomi	2016.2.17	日本	565 km×580 km,31.01°		2 700	3		人为操作
19	AeroCube-7A	2015.10.8	美国	500 km×802 km,64.78°	CubeSat (1.5U)	3	2	Cold gas	控制系统故障

续表

序号	卫星	发射时间	卫星属国	轨道	平台	质量/kg	寿命（年）	推进	故障位置/原因
20	Kanopus - ST	2015.12.5	俄罗斯	670 km×830 km，98.7°	Kanopus	441			星箭分离失败
21	SAC - D	2012.6.10	美国	657 km×657 km，98°		1 350	3		控制系统故障
22	Hitomi	2016.2.17	日本	565 km×580 km，31.01°		2 700	3		控制系统故障
23	DMSP - F19	2014.4.3	美国	SSO	TIROS - N	1 200	5	ISS	供电系统故障
24	Anik F2	2004.7.18	加拿大	GEO	BSS - 702	5 950	15	R - 4D,4×XIPS - 25 ion engines	软件错误
25	SMAP	2015.1.31	美国	660 km×685 km，98.13°		944	3		电源故障
26	NOAA 16	2000.9.21	美国	SSO	TIROS - N	2 232	2	Star - 37XFP / ISS	电池设计缺陷
27	DMSP - F19	2014.4.3	美国	SSO	TIROS - N	1 200	5	ISS	供电系统故障
28	DMSP F13	1995.3.24	美国	SSO	TIROS - N		5	Star - 37S / ISS	电池故障
29	Amazonas 4A	2014.3.22	西班牙	GEO	GEOStar - 2	2 938	15	IHI BT - 4	电源故障
30	Yamal 201	2003.11.24	俄罗斯	GEO	USP	1360		8×SPT - 70 Stationary Plasma Thrusters	控制系统和遥控系统故障

续表

序号	卫星	发射时间	卫星属国	轨道	平台	质量/kg	寿命(年)	推进	故障位置/原因
31	INSAT 3E	2003.9.27	印度	GEO	Insat-2/-3	2 750	15	440 Newton thrust liquid apogee motor	氧化剂耗尽
32	Amos-5	2011.12.11	以色列	GEO	Ekspress-1000N	1 972	15		能源系统故障
33	RADARSAT-1	1995.11.4	加拿大	783 km×787 km, 98.6°	BCP-4000	2 750	5		电源故障
34	GOES-13	2006.5.24	美国	GEO	BSS-601	3 133	10		流星撞击
35	Envisat	2002.3.1	欧洲	784 km×790 km, 98.56°	PPF/SPOT Mk.2	8 211	5		电源故障
36	AMC-16	2004.12.17	美国	GEO	A2100AXS	4 021	15	LEROS-1c	太阳翼电路故障
37	Spaceway-3	2007.8.14	美国	GEO	BSS-702	6075	13	R-4D,4×XIPS-25 Ion engines	太阳耀斑
38	SkyTerra 1	2010.11.14	加拿大、美国	GEO	BSS-702GEM (Geomobile)	5390	15	R-4D	太阳耀斑
39	Ciel-2	2008.12.10	加拿大	GEO	Spacebus 4000C4	5 575	16	S400,4×SPT-100 plasma thrusters	人为
40	Telstar 14R	2004.1.10	加拿大	GEO	SSL-1300	4 970	15	R-4D-11	北太阳翼未展开

续表

序号	卫星	发射时间	卫星属国	轨道	平台	质量/kg	寿命（年）	推进	故障位置/原因
41	ALOS	2006.1.24	日本	697 km×697 km, 98°		4 000	5		电源系统故障
42	Thaicom 5	2006.5.27	泰国	GEO	Spacebus 3000A	2 652	14	SO	静电放电
43	Amazonas	2004.8.4	西班牙	GEO	Eurostar 3000S	4 545	15		电爆阀缺陷
44	Anik f3	2007.4.9	加拿大	GEO	Eurostar 3000S	4 600	15		载荷异常
45	EchoStar V	1999.9.23	美国	GEO	SSL-1300	3 602	12		动量轮故障、推力器异常、行波管放大器异常，太阳翼故障，不能接收遥测信号
46	Astra 5A	1997.11.12	美国	GEO	Spacebus 3000B2	2 930	15	S400	—
47	Kosmos 2397	2003.4.23	日本	故障后为近同步轨道					燃料箱压力系统气体泄漏
48	Kodama[Data Relay Test satellite (DRTS)]	2002.9.10	日本	GEO	DRTS bus	2 800		IHI BT-4,DC arc jet thrusters, and hydrazine thrusters	太阳粒子干扰
49	DSP 23	2007.11.11	美国	GEO		2 386			—
50	EchoStar II	1996.9.11	美国	GEO	AS 7000	3 287		2×LEROS-1b	—

续表

序号	卫星	发射时间	卫星属国	轨道	平台	质量/kg	寿命(年)	推进	故障位置/原因
51	AMC-4	1996.11.13	美国	GEO	A2100AX	3 895	15	LEROS-1c	太阳翼故障
52	EchoStar Ⅲ	1997.10.5	美国	GEO		3 674	12	LEROS-1c	整流器温度过高,行波管放大器故障
53	Ekspress-AM11	2004.4.26	俄罗斯	GEO	MSS-2500-GSO (MSS-767)	2 542		8×SPT-100 Stationary Plasma Thrusters	空间碎片
54	Telstar 14	2004.1.10	加拿大	GEO	SSL-1300	4 694	12		北太阳电池板部分未展开
55	Kiku 8	2006.12.18	日本	GEO	ETS-8	5800	10	R-4D,4×ion thrusters	接收天线故障
56	Eurobird 4	1998.2.27	国际	GEO	Eurostar 2000+	2 900		R-4D-11-300	太阳帆板损坏
57	Eutelsat W1	2000.9.6	国际	GEO	Eurostar 2000+	3 250	12	R-4D	能源系统故障
58	Eutelsat W2A	2009.4.3	国际	GEO	Spacebus 4000C4	5 900	15	S400,4×SPT-100 plasma thrusters	S 波段天线异常
59	Eutelsat W2M	2008.12.20	国际和阿富汗	GEO	I-3K (I-3000)	3 460	15	440 Newton thrust liquid apogee motor	电源分系统故障
60	Eutelsat W5	2002.11.20	国际	GEO	Spacebus 3000B2	2 965	12	S400	太阳翼驱动故障

续表

序号	卫星	发射时间	卫星属国	轨道	平台	质量/kg	寿命（年）	推进	故障位置/原因
61	Galaxy 10R	2000.1.25	美国	GEO	HS‑601HP	3 668	15	R‑4D,4×XIPS‑13 ion engines	推进系统失效
62	Galaxy 26	1999.2.15	美国	GEO	SSL‑1300	3 600	12	R‑4D‑11	能源系统故障
63	GOES‑12	2001.7.23	美国	GEO	SSL‑1300	2 105		R‑4D‑11	推进剂泄漏，X射线线配置电器盒异常
64	MTSAT‑1R (Himawari 6)	2005.2.26	日本	GEO	SSL‑1300	2900	10		控制系统失效
65	Hot Bird 2	1996.11.21	国际	GEO	Eurostar 2000+	2 900		R‑4D‑11‑300	太阳耀斑
66	Galaxy 27	1999.9.25	美国	GEO	SSL‑1300	3 600	12	R‑4D‑11	电力系统（设计缺陷）
67	Intelsat 802	1997.6.25	国际/荷兰	GEO	AS 7000	3 245	17	2×LEROS‑1b	—
68	Intelsat 804	1997.12.22	国际/荷兰	GEO	AS 7000	3 245	17	2×LEROS‑1b	电池线圈大电流
69	JCSat 1B	1997.12.2	日本	GEO	HS‑601	2 982		R‑4D‑11	推进系统故障
70	KazSat 1	2006.6.17	哈萨克斯坦	GEO	Yakhta (mod.)	1 092	10	SPT‑70 Stationary Plasma Thrusters; K10K‑engine	星载计算机系统崩溃

续表

序号	卫星	发射时间	卫星属国	轨道	平台	质量/kg	寿命(年)	推进	故障位置/原因
71	Meteosat – 8	2002.8.28	欧洲	GEO					陨石或空间碎片,单粒子翻转
72	Nahuel 1	1997.1.30	阿根廷	GEO	Spacebus 2000	1 790	12	S400	推力器失效
73	Optus B1	1992.8.13	澳大利亚	GEO	HS – 601	2 858	10	R – 4D – 11	推力器燃料供给异常
74	Orbcomm CDS	2008.6.19	美国	661 km×672 km, 48.45°	Sterkh				能源系统异常
75	PAS – 6	1997.8.8	美国	GEO	SSL – 1300	3 420		R – 4D – 11	能源系统故障
76	PAS – 6B	1998.12.22	美国	GEO	HS – 601HP	3 470	15	R – 4D – 11 – 300, 4×XIPS – 13 ion engines	—
77	RASCOM – QAF1	2007.12.21	国际	GEO	Spacebus 4000B3	3 160	15	S400	氢气泄漏
78	Sicral 1	2001.2.7	意大利	GEO	GeoBus (Italsat – 3000)	2 596	10	S400	太阳活动
79	Superbird A2	2004.4.16	日本	GEO	BSS – 601	3 100	13		推进剂贮箱丢失压力
80	Telstar 4	1995.9.24	美国	GEO	AS 7000	3 775		2×LEROS – 1b	母线短路
81	Thaicom 3	1997.4.16	泰国	GEO	Spacebus 3000A	2 652	12	S400	能源系统故障

续表

序号	卫星	发射时间	卫星属国	轨道	平台	质量/kg	寿命(年)	推进	故障位置/原因
82	Yamal 100/200	1999.9.6	俄罗斯	GEO	USP	1360		8×SPT-70 Stationary Plasma Thrusters	软件故障
83	Insat-4B	2007.3.11	印度	GEO	I-3K(I-3000)	3 081	12	440 Newton thrust liquidapogee motor	太阳翼帆板异常
84	IGS-4B	2007.2.24	日本	483 km×495 km, 97.4°					电源子系统故障
85	Aura	2004.7.15	美国	673 km×682 km, 98.22°	T330 (AB-1200)	2 967			—
86	Galaxy 15	2005.10.13	美国	GEO	Star-2	2 033	15	IHI BT-4	太阳活动
87	GOCE	2009.3.18	欧洲	GEO		1050	2	2×20mN RF-ion thrusters,1mN proportional micro-thrusters (2×4 pods)	计算机故障
88	W3B	2010.10.28	国际	GEO	Spacebus 4000C3	5 370	15	S400	推进系统燃料箱泄漏
89	Satmex 5 (Morelos 3)	1998.12.6	墨西哥	GEO	HS-601HP	4 135	15	R-4D,4×XIPS-13 ion engines	推进系统故障

续表

序号	卫星	发射时间	卫星属国	轨道	平台	质量/kg	寿命（年）	推进	故障位置/原因
90	AEHF－1	2010.8.14	美国	GEO	A2100M	6 168	14	IHI BT－4，4× XR－5 Hall Current Thrusters	推进系统故障
91	Intelsat－4 （PAS－4v）	1995.8.3	美国	GEO	HS－601	2 920	15	R－4D－11－300	—
92	Eutelsat W2	1998.10.5	国际	GEO	Spacebus 3000B2	2 965	12	S400	—

2.3　故障统计与分析

2.3.1　故障卫星采用的平台统计

卫星平台故障数统计如图 2-64 所示。其中，美国休斯公司的 HS-601 系列存在推进系统故障，其发射的 Galaxy 10R，JCSat 1B，Optus B1，Satmex 5 卫星均出现推进系统故障。洛克希德·马丁公司的 TIROS-N 平台存在电池故障，其发射的 NOAA 16，DMSP 系列卫星均存在电池设计缺陷。

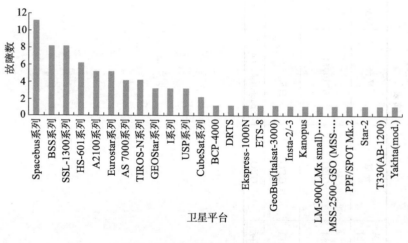

图 2-64　卫星平台故障数统计

2.3.2　分系统故障统计

图 2-65 展示了卫星分系统故障数的统计结果。可以看到，供配电分系统出现的故障在所有分系统中最高，达到了 44%。其次是推进分系统和控制分系统，分别达到了 26% 和 16%。在推进分系统中，LEROS 系列、S400 推力器多次发生故障。

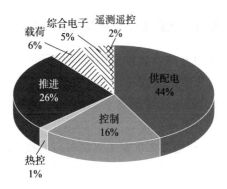

图 2-65　卫星分系统故障数的统计结果

2.3.3　卫星故障时已在轨时长统计

图 2-66 展示了卫星故障时间的统计。可以看到，在卫星刚发射后就出现故障的案例最多，达到了 26 个。同时，在卫星在轨的前 5 年的故障率也明显高于 5 年之后的故障率。例如，第 3 年和第 5 年发生故障的卫星数量分别是 7 和 8，而在 5 年后出现卫星故障最多的一年（第 8 年）也只有 6 颗卫星。由此可知，发射初期的卫星故障率最高，应对发射初期的卫星进行重点检查和监视。

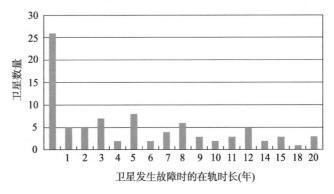

图 2-66　卫星故障时间的统计

2.3.4 分系统与卫星故障发生时间的相关性分析

图 2-67 对不同分系统故障发生时间进行了统计分析，从图中可以得出以下结论：

1）卫星在发射初期，供配电和推进分系统故障最多，均达到了 36％。

2）供配电分系统的故障贯穿于卫星寿命的整个阶段。

3）推进分系统故障贯穿于卫星寿命的整个阶段，推进分系统故障在卫星发射的初期和寿命末期尤为严重。在卫星发射的初期，一些卫星由于推进分系统故障，导致在星箭分离后无法到达预定轨道。例如，2016 年美国发射的 MUOS-5 卫星和 2010 年发射的 AEHF-1 卫星，均因推进分系统故障未到达预定轨道。

4）热控、载荷、遥测遥控和综合电子分系统故障总体较少，且卫星在工作 5 年以上出现这 4 个分系统故障的概率小于前 5 年。

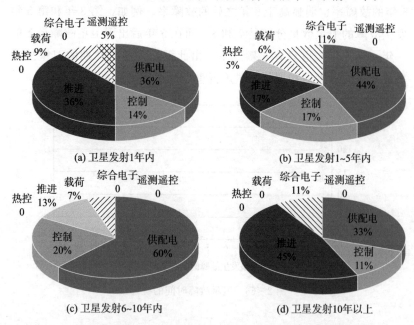

图 2-67　卫星发射不同时间段内，各分系统发生故障的卫星数量

2.3.5　分系统故障随时间的演化

图 2-68 展示了 1990—1999 年、2000—2009 年和 2010—2020 年发射卫星分系统的故障统计，从图中可以清晰地看到分系统故障随时间的演化。首先，供配电分系统的故障一直以来都是威胁卫星安全的最大故障隐患。但是，从图中可以看到，供配电分系统的故障比例是逐渐减小的，在 3 个时间段分别为 50%、48% 和 35%，但推进分系统的故障比例呈现增长的趋势。

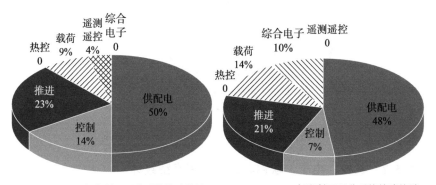

(a)1990—1999年发射卫星分系统故障统计　　(b) 2000—2009年发射卫星分系统故障统计

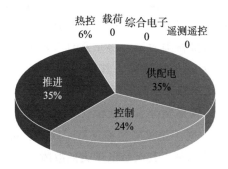

(c) 2010—2020年发射卫星分系统故障统计

图 2-68　分系统故障随时间的演化

2.3.6　人为因素、空间环境因素和卫星设备故障统计

图 2-69 按照故障发生的原因进行了分类，其中，由于设备引发的故障占到了绝大多数，有 86%，人为操作失误，比如误发指令等占到了 3%，由于空间环境因素等影响引发的故障占到了 11%。

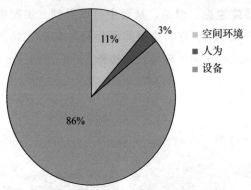

图 2-69　人为因素、空间环境因素和卫星设备故障统计

2.3.7　机械、电子、软件和其他故障类型统计

卫星故障类型可分为机械、电子、软件和其他故障类别。电路短路、电池阵损耗等均视为电子类故障，将推进剂贮箱泄漏、帆板驱动机构堵转等视为机械类故障，将星载计算机软件设计缺陷、错误的遥控指令等视为软件类故障，其他一些不易分类的故障视为"其他"。对故障描述不够详细的案例视为"未知"，此处不将其纳入统计的范围（例如，仅提到分系统故障，而未说明是软件故障还是硬件故障）。图 2-70 对卫星故障类型进行了统计。可以看到，机械类的故障最多，占到 40%，其次是电子类的故障，占到 32%。

2.3.8　不同空间环境因素导致的卫星故障统计

图 2-71 展示了不同空间环境因素导致卫星故障的统计。可以看到，太阳活动导致的故障比例占到 67%，是陨石或空间碎片造成的卫星故障数的两倍。太阳活动通常包括太阳耀斑和太阳粒子等。

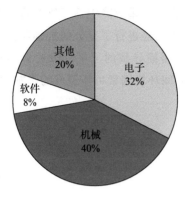

图 2-70　机械、电子、软件和其他故障类型统计

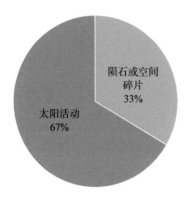

图 2-71　不同空间环境因素导致卫星故障中的统计

2.3.9　国外卫星在轨典型故障案例启示

基于对国外卫星在轨故障案例的统计和分析，对未来卫星安全性设计和在轨维护有以下启示：

1）对于卫星平台中出现的故障应高度重视，避免故障的重复出现。

2）重点关注供配电分系统故障，在供配电分系统设计中，一切取舍应以避免故障为前提。

3）重点监视发射初期的卫星。

4）人为操作失误是卫星故障中不可忽视的因素。

5）尽管现有航天已经进行了充分的抗辐照设计，但仍然会受到空间环境的影响，非碰撞导致的卫星故障通常都不是致命的，但应针对如太阳活动等空间环境因素可能造成的影响做出预案。

参 考 文 献

[1] 前瞻经济学人. 十张图看懂 2019 年全球卫星产业发展现状 [EB/OL].
https：//www. qianzhan. com/analyst/detail/220/191112 – 7dfce86b. html.

[2] Union of Concerned Scientists. UCS Satellite Database [EB/OL]. https：//
www. ucsusa. org/resources/satellite – database.

[3] 闻新，张兴旺，朱亚萍，等. 智能故障诊断技术 [M]. 北京：北京航空
航天大学出版社，2015.

[4] GALVAN D A, HEMENWAY B, WELSER I V, et al. Satellite
anomalies：Benefits of a centralized anomaly database and methods for
securely sharing information among satellite operators [R]. RAND
NATIONAL DEFENSE RESEARCH INST SANTA MONICA CA，2014.

[5] ALLEN J. The Galaxy 15 anomaly：Another satellite in the wrong place at
a critical time [J]. Space Weather，2010，8（6）.

[6] CHOI H S, LEE J, CHO K S, et al. Analysis of GEO spacecraft
anomalies：Space weather relationships [J]. Space Weather，2011，9（6）.

[7] TAFAZOLI, MAK. A study of on – orbit spacecraft failures [J]. Acta
Astronautica，2009，64. 2 – 3：195 – 205.

[8] MCKNIGHT, DARREN. Examination of spacecraft anomalies provides
insight into complex space environment [J]. Acta Astronautica，2019，
158：172 – 177.

[9] HUNDMAN K, CONSTANTINOU V, LAPORTE C, et al. Detecting
spacecraft anomalies using lstms and nonparametric dynamic thresholding
[C] //Proceedings of the 24th ACM SIGKDD international conference on
knowledge discovery & data mining. 2018：387 – 395.

[10] SONG, YUCHEN, et al. Data – driven hybrid remaining useful life estimation
approach for spacecraft lithium – ion battery [J]. Microelectronics
Reliability，2017，75：142 – 153.

［11］　CHE C，WANG H，FU Q，et al. Combining multiple deep learning algorithms for prognostic and health management of aircraft ［J］. Aerospace Science and Technology，2019（94）：105423.

［12］　YAKUN W，JIANGLEI G，JIE Z，et al. A Deep Learning Anomaly Detection Framework for Satellite Telemetry with Fake Anomalies ［J］. International Journal of Aerospace Engineering，2022：1676933.

［13］　https：//spacenews. com/

［14］　https：//www. space. com/

［15］　https：//spaceflightnow. com

［16］　https：//www. lexology. com/library/

［17］　https：//www. satellitetoday. com

［18］　http：//www. reallyrocketscience. com

［19］　https：//www. nasaspaceflight. com

［20］　https：//www. satellitetoday. com/

［21］　https：//www. sohu. com/

［22］　https：//www. jianshu. com/

［23］　https：//www. cnbeta. com/articles/tech/

［24］　http：//www. dsti. net/Information/News/

［25］　https：//www. thaicom. net/

［26］　https：//space. skyrocket. de/

第3章　通信卫星故障诊断与重构技术

3.1　引言

为了保障卫星系统安全和业务连续，地面运管中心通过对卫星遥测数据进行长期监控，以实现卫星状态监控和故障诊断，这种依赖地面人工的卫星故障诊断与处理方式存在改进空间：

1）耗时长，难以满足卫星故障诊断与重构的强实时性要求，容易错过故障处理的最佳时机，造成故障蔓延和严重损失。

2）对地面人力及软硬件成本投入有要求，也较难应对未来大型卫星星座在轨故障诊断与处理需求。

随着星载计算机处理能力和卫星自主运行要求的提高，通信卫星自主健康管理技术的研究趋势越加明显，即由星载计算机实时检测卫星状态信息，并对是否发生故障、故障发生后的处理措施等进行自主决策，以保障卫星在轨安全稳定地自主运行。作为卫星自主健康管理功能的关键环节，故障诊断技术对卫星是否故障进行判定，确定故障发生的时间和故障级别等信息，并定位发生故障的具体设备或模块。利用以上检测和诊断信息，由星载计算机通过发送指令的形式对系统进行恢复，通过系统重构等方式恢复卫星正常状态。

本章对通信卫星星载故障诊断与重构系统设计技术进行介绍。首先，分别从故障预测、故障诊断、卫星健康评估等方面介绍航天器健康管理关键技术，并对国外典型通信卫星平台星载故障诊断与重构系统的设计和发展进行了研究。然后依次按总体流程、策略设计、系统设计、系统验证等对通信卫星故障诊断与重构技术进行全面、深入的介绍。

3.2　航天器健康管理技术及应用现状

3.2.1　故障诊断技术

针对航天器等复杂系统的故障诊断，学术界、工业界均提出了多种方法和系统，见表 3－1 所列，按基于信号处理、基于解析模型和基于知识的分类方式列举了典型故障诊断方法。

表 3－1　典型故障诊断方法

序号	类别及典型方法		特点
1	基于信号处理的故障诊断方法		利用频谱分析、小波分析等信号处理方法对传感器获得的信号进行处理，提取与故障相关的时域或频域特征，进而进行诊断故障
2	基于解析模型的故障诊断方法		首先利用数学方法建立被诊断对象精确的数学解析模型，进而进行故障诊断，如状态估计、等价空间、参数估计等故障诊断方法。但是，数学解析模型的精确与否及建立难易程度限制了该类方法的适用范围和诊断效果
3	基于知识的故障诊断方法	专家系统	基于领域专家长期实践经验及历史在轨故障建立知识库，进而利用计算机模拟人类专家的推理和决策步骤，利用已有知识库进行故障诊断，这也是目前最成熟、型号应用最广泛的方法。但只能诊断知识库中已有的"可预期"故障，对知识库外的"非预期"故障难以有效诊断
		数据驱动	基于对系统运行数据的分析和统计，挖掘被诊断对象的运行规律，无须建立精确的解析模型，即可进行故障诊断，常用的方法包括基于机器学习、信息融合、多元统计分析等。例如，神经网络具有学习能力强、可学习非线性关系等优点，利用被诊断对象的历史数据训练神经网络等机器学习方法，可有效进行故障诊断。而深度神经网络的新一代人工智能方法的提出和广泛应用，也进一步提升了数据驱动的故障诊断方法性能，扩展了其适用范围

3.2.2　故障预测技术

故障预测技术以研究对象当前状态为起点，结合其特性、参数、历史数据和环境条件对未来可能发生的故障及状态趋势进行预测，以提前采取措施避免，见表 3 - 2。

表 3 - 2　典型故障预测方法

序号	类别及典型方法		特点
1	基于数学模型的故障预测方法	基于模糊理论的预测技术	基于模糊理论的故障预测技术主要包括基于模糊关系及合成算法的预测、基于模糊知识处理技术的预测以及基于模糊聚类算法的预测
		基于灰色理论的预测技术	基于灰色理论的故障预测技术首先利用灰色理论将原始无规律的数据变成具有一定指数增长规律的序列，通过对数据序列的拟合得到相应方程，进而得到灰色预测模型并进行预测
2	基于数据驱动的故障预测方法	基于回归分析法的预测技术	基于回归分析法的故障预测技术利用历史数据确定自变量与因变量的回归方程式，求得模型参数，进而预测故障
		基于时间序列分析的预测技术	基于时间序列分析法的预测技术首先将对象的历史数据按时间间隔排列构成一个时间序列，在此基础上建立时间序列预测模型，对未来状态进行预测，适合均匀序列的短期预测
		基于机器学习/深度学习的预测技术	利用对象的历史数据训练机器学习/深度学习模型，在训练完成后进行状态或故障的预测。以典型的神经网络方法为例，可对反映系统工况的关键参数进行拟合预测，也可对系统过程或工况参数建立动态模型进行故障预测。还包括基于主成分分析、支持向量机、遗传算法等的预测方法
3	基于失效机理的故障预测方法		建立对象在特定条件下的退化模型，利用失效机理评估其可靠性及预测故障

3.2.3　健康评估技术

表 3 - 3 列举了包括航天器在内的复杂系统典型健康评估方法，此外，还有层次分析、模糊评判、聚类分析等多种健康评估方法。

表 3-3　包括航天器在内的复杂系统典型健康评估方法

序号	类别及典型方法		特点
1	基于模型的健康评估方法		建立能够描述研究对象特性和失效模式的物理或数学模型,进而评估其健康状态。该方法可信度高,但面临建模复杂、模型验证困难,需根据研究对象特性变化修正模型等限制
2	基于数据驱动的健康评估方法	概率模型方法	首先基于历史数据建立参数变化与被评估对象故障的概率模型,然后根据当前参数与预先建立概率模型的差异评估其健康状态及退化趋势。采用的方法包括贝叶斯网络、支持向量机以及隐马尔可夫模型等
		神经网络方法	基于构建好的健康评估数据训练神经网络模型,利用神经网络优秀的非线性关系学习能力挖掘关联、输出训练好的健康评估模型,并输入新的数据评估研究对象的健康状态

3.2.4　研究与应用现状

经过数十年的发展,工业界和学术界均提出了多种航天器健康管理的理论体系和工具系统,航天器健康管理系统也逐步从简单到复杂、从局部到整体,从单一的故障诊断工具逐步向集成系统状态监测、故障预测、故障诊断和故障恢复等功能于一体的航天器集成健康管理系统发展,从技术研究到型号应用,逐步升级和完善。以NASA 航天器健康管理技术为例,其从理论方法、故障诊断软件系统以及航天器应用等多个方面开展了航天器健康管理系统的研究与应用。

（1）故障预测与健康管理

NASA 提出了复杂系统综合健康管理（Complex System Integrated Health Management，CSIHM）、故障预测与健康管理（Prognostic and Health Management，PHM）、航天器集成健康管理（Integrated Vehicle Health Management，IVHM）、综合系统健康管理技术（Integrated System Health Management，ISHM）等故障

预测与健康管理架构与方法。以航天器集成健康管理技术为例，其将航天器各个子系统故障监测、诊断、预测及处理等综合为航天器健康状况的综合管理系统，系统依照数据、信息、知识、决策的管理和信息传递过程，将健康管理系统依次划分为传感器、信号处理、状态监测、诊断处理、预测处理、决策支持与表达层共 7 个层次。

（2）故障诊断软件系统

LivingStone 是 NASA Ames 研究中心开发的一种基于模型的故障诊断与维护系统，并在深空一号飞行中得到验证。LivingStone 是一个反应式的配置管理程序，使用一个合成的基于组件模型和一套单一核心算法来决定飞行器的配置动作，自主完成任务，包括跟踪开发计划、确认硬件模式、重新配置硬件、探测异常、故障恢复。LivingStone 的核心实现技术有通用诊断引擎（GDE）和冲突导向的最佳优先搜索算法（CBFS）。

①深空一号（Deep Space - 1）

深空一号是 NASA 于 1999 年 4 月发射的深空探测器，它的任务是穿越小行星、火星，最终探测彗星。深空一号采用远程智能体（Remote Agent）的软件系统进行自主管理，实现了基于资源约束和实时状态的自主任务规划序列生成、探测器健康状况自主监测及故障识别、隔离和恢复。

深空一号自主健康管理的目标是验证探测器自主完成使命级任务和故障恢复的能力。为了达成此目标，开发了远程代理作为整个探测器的上层控制部分，负责任务规划与调度，监控飞行计划执行情况和健康状态，进行系统重构等。

远程代理（Remote Agent，RA）主要由 3 大部分组成，分别为任务管理器（Mission Manager，MM）的规划/调度（Planning/Scheduling，PS）、智能执行体（Smart Executive，EXEC）、模式识别与故障恢复（Mode Identification and Reconfiguration，MIR）。模式识别与故障恢复部分为 LivingStone，图 3 - 1 所示为 LivingStone 在深空一号远程代理中所处的层次。

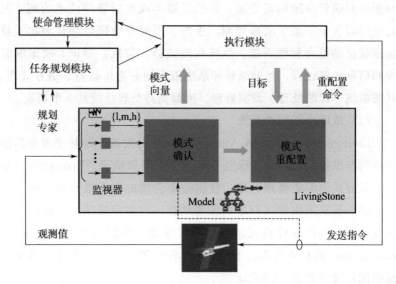

图 3 - 1　LivingStone 在深空一号远程代理中所处的层次

　　深空一号的模式识别与故障恢复模块包括模式识别和系统重构两部分。其中，"模式识别"部分感知系统状态变化，该模块监听智能执行体发给航天器的控制命令，利用自身的航天器模型推理出执行这些指令后航天器应处的状态，并与传感器采集的信息比对。若不一致，则认为航天器处在异常状态，并进一步基于传感器信息和推理结果识别具体的故障部件及模式；系统重构模块根据模式识别模块的结果并执行相应的系统重构策略。

　　②地球观测者一号（Earth Observing - 1）

　　地球观测者一号是 NASA "新盛世计划"下制造的专门用于地球研究的首颗卫星，于 2000 年 11 月 21 日成功发射。2004 年，地面将 LivingStone2 上传到地球观测者一号进行诊断测试。图 3 - 2 所示为 LivingStone2 在地球观测者一号中的应用。

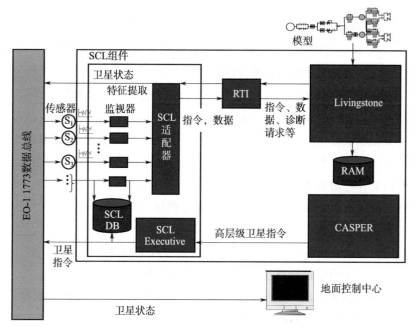

图 3 - 2　LivingStone2 在地球观测者一号中的应用

3.3　国外典型通信卫星故障诊断与重构系统

为了提高卫星系统的可靠性，国内外主流通信卫星平台包括
Spacebus 4000，EuroStar 3000 等相继开发应用了星载 FDIR 系统，
提升卫星自主的故障诊断和重构能力。

3.3.1　Spacebus 4000 平台星载自主 FDIR 系统

3.3.1.1　需求分析

FDIR 系统适用于卫星所有的运行阶段，设计目标包括以下 4
方面：

1) 在卫星发生任何单一故障时均能保证卫星生存；

2) 在发生故障的情况下，尽量保证卫星业务，减少业务中断造成的损失；

　　3）尽量减少对卫星寿命的损耗；

　　4）优化卫星推进剂消耗，尽量最小化卫星系统及部件损失。

　　(1) 卫星处于发射段的 FDIR 需求

　　在星箭分离 20 s 后，才允许卫星自主进行硬件设备重构。所以，在发射段 FDIR 系统只进行故障的检测，并将检测结果记录在故障历史记录缓存中，此记录可通过遥测下传至地面。其中，故障历史记录缓存可以保存至少 128 条故障记录。若故障历史记录数目溢出，则需要保存最新的故障记录，此时检测到的其他故障不做记录。此外，故障历史记录缓存可由地面通过遥控指令刷新。

　　(2) 卫星处于转移轨道段的 FDIR 需求

　　若卫星在星箭分离后一定时间内无法收到地面遥控指令，星上需要自主完成推进管路排气、起爆液路电爆阀等部分重要功能。

　　在转移轨道段，卫星遥测日志文件需保存以下参数及相关数据：

　　1）姿态，角速度，推力器温度，贮箱压力和温度，推力器工作记录，点火时间，远地点发动机温度，预估的变轨速度增量等；

　　2）太阳翼及天线展开状态，母线电压，预估的蓄电池放电深度，蓄电池温度、压力和电压；

　　3）外部部件的温度；

　　4）阴影状态，热控状态；

　　5）星务管理单元状态等；

　　6）故障恢复重组序列历史记录。

　　(3) 卫星处于同步轨道段的 FDIR 需求

　　在发生单个故障时，卫星需在无地面遥控指令支持的情况下自主生存 72 h。而且在发生故障后，任务中断的时间应尽量缩短，系统重组及部件损失应仅限定于故障部件。

　　在同步轨道段，卫星遥测日志文件至少包含以下参数及相关数据：

　　1）姿态、角速度，姿态确定方式，控制分系统模式，推力器工作记录，动量轮转速，预估的速度增量等；

2）太阳翼及天线展开状态，母线电压，预估的蓄电池放电深度，蓄电池温度、压力和电压；

3）外部部件的温度；

4）阴影状态，热控状态；

5）星务管理单元状态等；

6）故障恢复重组序列历史记录。

此外，卫星在转移轨道段或同步轨道段自主运行的情况下，重要事件要在遥测日志文件中存档，并在需要时可通过遥测下传至地面。其中，遥测日志文件保存了应用软件必需的相关数据，为地面操作人员进行详细分析提供必要的数据，系统应保存大于 2 h 的历史遥测数据。

3.3.1.2　故障分类

根据故障对部件、功能、星务管理单元及卫星系统的潜在影响进行分类，按照以下 3 方面划分为 5 个等级，等级定义及其影响如表 3-4、图 3-3 所示。

1）故障的严重性。

2）故障恢复序列。

3）与故障检测相关的功能（硬件或软件功能）。

3.3.1.3　策略设计

在需求分析和对故障分类的基础上，对卫星不同运行阶段的 FDIR 策略进行了针对性设计。若故障发生前地面遥控指令设置系统为使能状态，则所有的 FDIR 恢复策略均由故障检测触发，为了提高故障处置的自主程度，定义以下工作模式：

1）安全模式：此模式将卫星稳定在安全的姿态下，保证整星的能源供应及热控管理，等待地面遥控处理。

2）安全恢复模式：在同步轨道正常模式发生系统警报后，此模式进行地球姿态捕获。

3）恢复模式：此模式为控制分系统故障恢复模式。

表 3-4 故障等级定义、影响及检测原则

等级	等级定义	影响	故障部件或功能	故障检测原则
0级	部件内部单一故障,部件级自主恢复	其他部件无较大影响	所有部件	—
1级	发生在部件或模块内部单一故障,但无法进行部件级自主恢复	可能导致系统任务临时中断,但能维持正常工作模式	单机级故障	由应用软件检测;检查健康状态和关键参数;检测通信错误
			模块故障	由应用软件检测;状态和一致性检查;通信错误检测
			设备链故障	由应用软件检测;检查指令验证一致性;测量一致性
2级	重要功能的系统级性能异常,相关部件需要使能重组	系统任务临时中断或系统损耗	卫星重要功能性能异常	由应用软件检测对功能性的性能监测
3级	星务管理单元的软件或硬件故障,通过星务管理单元内部硬件产生的报警信号及软件看门狗信号进行检测	系统任务临时中断或系统损耗	星务管理单元级别(处理器、软件等)故障首次发生	硬件处理器报警软件看门狗
			星务管理单元级别(处理器、软件等)故障再次发生	硬件处理器报警软件看门狗
4级	分系统故障或软件错误导致卫星失效	卫星进入安全模式,等待地面故障分析与整制,系统任务中断	整星失效	系统警报

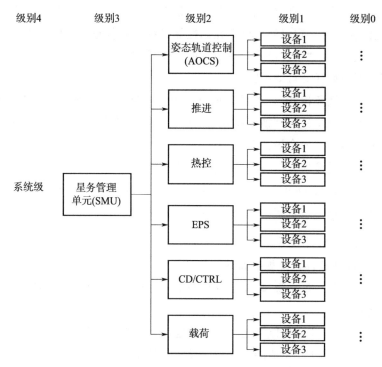

图 3-3　故障等级划分

（1）变轨阶段 FDIR 策略（转移轨道）

1）发生 1 级故障的处理策略：除控制及推进分系统外，发生 1 级故障后，故障部件或模块进行重组，且发动机点火继续。

2）发生 2 级故障或控制分系统发生 1 级故障的处理策略：发生故障后，卫星进入恢复模式，在恢复模式若发生故障，则进入安全模式。

3）发生 3 级或 4 级故障的处理策略：发生 3 级故障、4 级故障或持续的 1 级故障，卫星立即进入安全模式。

（2）正常模式和轨道漂移模式 FDIR 策略（同步轨道）

在卫星处于“正常模式”后，一旦发生 1、2、3 级别的故障，卫星将进入相应的特定“过渡模式”，如果故障恢复成功且姿态控制性能满足要求，则立即自主返回正常模式。反之，如果卫星在进入"过渡模式"一定时间后姿态控制性能仍没有恢复正常，则进入"恢复模式"，在"恢复模式"下卫星的姿态维持在允许的最大范围，此模式下载荷任务可能中断。

在"恢复模式"，若成功恢复，卫星重新进入"正常模式"。反之，如果卫星进入"恢复模式"一定时间内未恢复或发生其他故障，则卫星进入"安全模式"。

在"过渡模式"，发生下列情况之一进入安全模式：3 级故障、4 级警报、2 级 DOD（Depth of Discharge，放电深度）警报、1 级 AOCS 警报，或限定的时间内 AOCS 没有进入正常模式。

3.3.1.4 软件设计

FDIR 软件设计规范如下：

1）基于星务管理单元应用软件的监测进程实现 FDIR 软件功能；

2）每个 FDIR 监测进程均可由地面遥控指令单独使能或禁止；

3）每个 FDIR 监测进程均应设置过滤器，防止虚警，在地面遥控指令禁止 FDIR 监测进程或未确认故障时需重置过滤器；

4）监测进程需将故障上下文环境数据保存在故障历史记录缓存中，至少应包含故障发生时间、触发条件和故障标志等；

5）每个 FDIR 监测的规则均可由地面通过遥控指令修改；

6）软件的 1 级 FDIR 进程监测硬件设备相关的故障，软件的 2 级 FDIR 进程监测卫星重要功能的性能异常故障，1 级和 2 级 FDIR 的恢复动作由软件实现。

3.3.2 EuroStar 3000 平台星载自主 FDIR 系统

本节从设计方法和设计验证介绍 EuroStar 3000 平台星载自主 FDIR 系统的设计。

3.3.2.1　设计方法

（1）自顶向下的设计方法

FDIR 的需求综合了用户需求和以往设计开发积累的经验，第一步是通过功能分析和设计权衡确定卫星架构和主要特征，然后通过初步的风险分析，评估针对一系列风险事件制定的 FDIR 策略的可行性，相应的风险事件如下：

1）卫星丢失。

2）遥测/遥控链路中断。

3）定点过程中的故障。

4）重大任务中断。

5）卫星自主功能丧失。

6）卫星发生故障后，无法进入降级或等待模式。

7）卫星发生故障后，进入降级或等待模式后无法退出。

这一阶段的设计定义了 FDIR 的设计原则和主要功能，自顶向下的设计方法同样应用在各分系统的设计中，分系统或设备级别的功能 FMECA（Failure Mode Effect and Criticality Analysis，故障模式、影响及危害性分析）将首次确认具体 FDIR 设计。从各分系统功能分解到最小的可重构单元，功能 FMECA 分析如下：

1）识别所有可能的功能故障、故障的影响以及产生故障的原因；

2）验证可覆盖所有这些功能故障的可用 FDIR 机制；

3）注意需要额外监视或者保护的需求。

（2）自底向上的设计方法

当完成单机设备级别的 FMECA 分析时，就可以开始最终 FDIR 设计的固化，确认设备级别 FMECA 中定义的所有基本故障模式（主要是组件级别故障）与之前分析的功能故障是否一致，这种分析通过穷举法证明 FDIR 设计的合理性。必要时，还应补充某些在卫星功能级别无法识别到的设备级别故障模式，从而获得完整的卫星 FDIR 设计。

同时，通过内部 FDIR 审查对容错设计、自主性和任务可行性实现情况进行分析，进一步优化 FDIR 设计。具体分析内容如下：

1）效率：故障覆盖率、故障的危险程度、冗余设计等；

2）可行性：复杂度、参数和设计调整的难易程度、虚警的处理等。

确定要监视的状态参数是 FDIR 设计中的最后一个环节，包括：

1）监控参数的预期数值；

2）确认诊断到故障时异常连续出现的次数。

（3）监视的原则

1）星上监视。星上监视要减少误报警，降低对卫星任务的影响。对于异常报警阈值没有具体的分析方法，但需采用最坏情况下的数值，在边界值的基础上增加余度，以避免误报，确保检测到的故障为真实故障，但是阈值需要在数据包最大包络内。

2）地面监视。地面监视完成卫星 FDIR 功能并通过对数据长期变化趋势的分析预测故障发生。其中，地面监视的周期要小于星上，监视阈值的确定基于：

a）电性能参数在最坏情况的值，或在最坏情况无法获得时，确定为可接受的数值；

b）可接受的设备最低/最高温度值。

3.3.2.2　设计验证

FDIR 是卫星的功能之一，并不独立于其他功能。所以，FDIR 功能的测试验证与任何其他分系统或功能相同，均遵循综合电子分系统的测试逻辑，并与同一功能链或系统的功能测试同步进行。

一是在工程层面验证 FDIR 的设计，主要基于设计分析，并通过功能测试部分验证：

1）FMECA 分析；

2）阈值确定原则；

3）系统重构和备份模式的定义。

二是验证 FDIR 设计在硬件和软件上的实现：

1) 检测和恢复机制的实现；

2) 软件监视机制网络的实现与数据库一致；

3) FDIR 软件的策略基于软件监视等方式实现；

4) 在不同模式和程控序列中的 FDIR 权限管理；

5) FDIR 硬件自动配置。

FDIR 系统的实现通过硬件、软件、数据库和综合电子验证过程得到充分验证。在硬件层面，在硬件单元的鉴定和验收过程框架下验证所有 FDIR 硬件机制。在软件层面，在功能验证前，依托软件开发设计的框架进行 FDIR 软件机制的充分验证。

3.3.3 LS‑1300E 卫星自主 FDIR 系统

3.3.3.1 故障检测、隔离与恢复

任何设计用于检测故障并从故障中恢复的自主功能都属于 FDIR，每个子系统都有自己的 FDIR 功能，而卫星的数据处理系统负责整星状态安全和健康。图 3‑4 所示为不同分系统间 FDIR 功能的相互关系。其中，双箭头表示和这个子系统有关的 FDIR 事件将汇报给整星的 FDIR，而单箭头子系统的 FDIR 将不会对其他系统产生影响，但是会受到整星 FDIR 操作的影响。

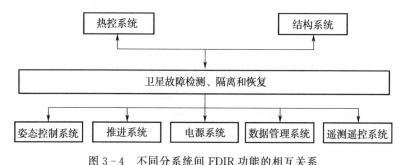

图 3‑4 不同分系统间 FDIR 功能的相互关系

在发生故障后，数据管理子系统的 FDIR 功能自主采取硬件和软件操作，以降低相关故障对卫星任务造成的影响。数据管理子系

统中的 FDIR 将故障分为 4 个不同等级，分别为 0～3 级故障，数值越大、等级越高，故障等级越高，造成的影响越严重，见表 3 - 5。

表 3 - 5　故障等级定义

级别	故障类型	检测	恢复	定义
0	数据处理系统单元内部可恢复故障	数据处理计算机	数据处理计算机	遥测信息报告
1	数据处理系统单元故障(除处理计算机)	数据处理计算机	数据处理计算机通过 1553B 总线发的指令	可能由多种低级别故障引起
2	数据处理系统单元故障,可以检测但不能被 0 级或者 2 级恢复	数据处理计算机	数据处理计算机发起的更高级别的指令	可能由多种低级别故障引起
3	只能被数据处理计算机看门狗检测到故障	看门狗	看门狗	

注：0 级和 1 级故障一般无须重启或者更改数据处理计算机，但是 2 级和 3 级故障一般情况下要进行该操作。

3.3.3.2　FDIR 软件设计

故障检测软件由卫星重要参数的多个监视器组成，这些监视器用来保护卫星的安全和性能。基于软件的监视器可根据连续的情况采取预先定义的恢复操作，这些修复行为主要是硬件或软件的重新配置。

一个典型基于软件的监视器有检查、控制和旁路 3 种状态。在检查状态中，监视器分析数据，以检测故障状态，一旦成功检测出故障，监视器就会转到控制状态。在控制状态，监视器将执行和其有关的恢复操作。在故障恢复完成前，监视器将处于旁路状态，在此状态下监视器不执行检测，监视器也可以由地面遥控设置为检查状态。在初次加电后，所有监视器的初始状态都是禁止状态，每一个监视器都必须由地面遥控设置为使能状态，具体过程如图 3 - 5 所示。

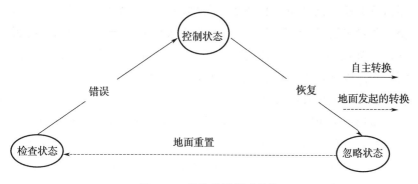

图 3-5　软件监视模式转换

系统设计了多个 FDIR 监视器，部分监视器及功能描述如下：

1）单个事件异常监视器，记录单个事件恢复行为的发生。

2）双重事件异常监视器，记录多个事件修复行为的发生。

3）单个应用程序溢出监视器，检测可能由软件逻辑错误、单个事件异常或者硬件故障带来的处理器定时器溢出。

4）所有应用程序溢出监视器，检测可能由软件逻辑错误、单个事件异常或者硬件故障带来的连续的执行器定时器超时。

5）内存校验监视器，检测计算出来的校验和是否和预期一致。

6）看门狗监视器，独立监视 CPU 运行状况。

7）1553B 总线监视器，检测 1553B 总线通信故障。

3.4　卫星故障诊断与重构系统设计要求

结合对欧洲空间标准化合作组织（ECSS）相关标准的研究，本节介绍卫星故障诊断与重构系统一般设计要求和流程。

3.4.1　研究现状

2009 年，X. Olive 等人在《Mixing Diagnosis Techniques for Autonomous Satellite FDIR》中提出，随着航天技术的发展，航天

器执行的任务已从单一任务扩展为间断、连续或者混合型的任务，提出了对多层级 FDIR 的需求，并提出集中式与分布式相结合的新一代 FDIR。其中，最顶层集中式管理，将底层归于分系统或单机进行分布式管理，既节省了整星资源，又实现了系统级与下一级的解耦，提升了卫星管理效率。

多层级 FDIR 设计如图 3-6 所示，根据故障等级的不同制定多层级故障处理手段，多层级的结构可以快速处理故障并能够控制故障的扩散。其中，故障隔离使用的是本地化的机制，即通过单机或分系统层级内实现，在最低层级发生的故障并不会影响系统级功能。

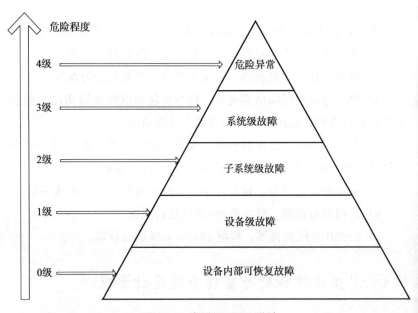

图 3-6　多层级 FDIR 设计

最顶层的故障是从整星级别定义的安全模式，包括发生了硬件故障或者同时发生 2 级/3 级故障，该级别故障需进行整星系统级统一管理，而单独发生的 2 级/3 级故障或更低层级故障采取措施自主恢复即可。此外，多层级结构的每个层级都有不同的反应时间，根据严重程度依次被触发。在每一个层级间的故障都会过滤，只有低层级被多次激活才会引发更高的层级。

2012 年，Ludovic Pintard 等人提出了多层级 FDIR 的验证方法，即利用软件工具对 FDIR 设计进行验证。在该文中，FDIR 作为系统级技术进行专项测试，在单机阶段对 FDIR 进行专项测试，在整星阶段进行 FDIR 功能验证，即多级设计、分级验证，从而实现从单机到系统的 FDIR 功能。

2014 年，Benjamin Bittner 等人对传统 FDIR 进行了创新改进，提出了 FAME 概念，经 ESA - funded study 资助，在 ExoMars 项目中实施。该方法展示了使用形式化技术的 FDIR 设计活动的输入条件和输出结果，并说明了"经典"设计过程如何改进和支持。

3.4.2　ECSS 相关标准要求

ECSS 是在 ESA 的倡导下成立的，是欧洲空间标准化最为权威的机构，ECSS 提出了航天器 FDIR 设计相关标准和要求。

3.4.2.1　航天器安全和容错要求

在 ECSS 标准 ECSS - E - ST - 70 - 11C《航天工程空间段可操作性》中，对空间任务定义了安全和任务要求：

1）任何在错误的时间或配置下执行的单一指令功能都不应导致任务失败，特别是对于任务关键型的指令功能，可通过提供两个独立指令并要求均执行来确保这一要求。

2）除明确约定的单点故障外，应具备在特定功能发生单个故障后恢复所有星载系统功能的能力，特别是必须在任务级别评估同时发生多个不相关故障的影响。

3）一个空间段模块中任何一个无意的地面命令或故障都不会导致另一个空间段模块的故障。

4）空间段 FDIR 功能的设计应确保所有预期的星载故障都可以通过星载自主操作或通过向地面段清楚、明确和及时地通知问题得到解决。

5）FDIR 设计应确保在出现单个故障的情况下，在规定的时间段内，空间段在没有地面段干预的情况下是安全的。

6）除了由真实故障触发的星载系统重构外，其他重构操作不应引入新的单点故障。

3.4.2.2　航天器自主管理

航天器自主管理应包括为空间段提供在无地面干预情况下继续执行任务和在危急情况下生存的所有方面自主功能，星上自主能力的设计取决于具体的任务要求和限制，因此可以从非常低的自主级别（高度依赖地面控制）和高度自主级别（多数功能由卫星自主执行）之间变化。

3.4.2.3　航天器自主故障管理要求

（1）概况

星载故障管理功能基于 FDIR 实现，包括以下功能：

1）检测星载故障，并将其报告给相关星载单元或子系统以及地面部分；

2）隔离故障，避免故障传播和设备恶化；

3）恢复受故障影响的星载功能，以便任务操作可以继续。

航天器自主等级的定义见表 3 - 6，一般 FDIR 功能的要求适用于 F1 和 F2 等级的自主。

表 3 - 6　航天器自主等级的定义

等级	描述	功能
F1	在卫星发生故障后构建安全的配置	识别异常并向地面报告；重新配置星载系统，隔离故障设备或功能；将空间段置于安全状态
F2	在卫星发生故障后，重新恢复正常的任务操作	在 F1 等级的基础上，恢复正常任务操作配置；恢复任务执行；恢复任务生成

（2）FDIR 的要求

1）空间段应具备 FDIR 的功能，并综合考虑对航天器自主功能要求、地面干预以及航天器系统、子系统、设备和单元的维护需求。

2）FDIR 功能应以分层次的方式实现，以便在尽可能低级的层次上检测、隔离和恢复故障。

3）FDIR 的设计不应过于保守，例如，如果检测到的故障可被隔离到特定的有效载荷或子系统，则不应关闭全部有效载荷或将航天器切换到安全模式。

4）如果基于软件实现的 FDIR 功能不可用，则应具备独立的回滚机制提供回滚，如独立运行的看门狗或者其他基于硬件的机制。

5）FDIR 功能的实现应利用卫星上的冗余备份设备。

6）航天器、分系统、设备或单元的任何异常应主动通知更高等级的 FDIR 或被其直接检测到。

7）不能在某一级别处理的故障应移交给更高等级处理，地面等级最高。

8）卫星自主执行的 FDIR 活动应明确地报告给地面。

9）FDIR 活动的报告中应包含故障分析的所有信息（例如，故障发生时间、超限的参数、执行的重构操作）。

10）卫星自主实施的故障隔离、恢复功能在本质上应该是安全的。

11）除了不可恢复的硬件功能，应提供通过遥控启用和禁用任何星载 FDIR 功能的能力。

12）如果 FDIR 功能基于多个独立输入参数确定故障条件是否满足，则应提供通过遥控启用和禁用每个此类输入的能力。

13）FDIR 功能不应基于当前已经禁用的输入参数进行处理。

14）FDIR 的设计应该是模块化的，地面可以用一种简单、一致的方式启用和禁用它的部分模块，而不会对整个系统产生不利影响。

（3）故障检测

1）空间段应提供检测和报告任何卫星异常情况的手段，覆盖硬件和软件异常。

2）提供监控卫星基本参数超限的能力。

3）如果在每个连续的故障检测周期中检测到相同的故障，故障检测算法不应重复产生相同的异常报告。

4）如果异常情况消失，应通过独立的遥测数据报告地面。

5）异常报告应包含异常的唯一标识、发生时间以及故障检测功能的输入数据记录。

6）故障检测功能应独立于标准的监控功能。例如，卫星控制分系统 FDIR 功能使用的传感器不同于控制分系统标准的控制功能。

7）如果故障检测条件来自组合的多个输入数据，则这些输入应独立采集，即在采集源有故障的情况下，输入不应来自同一个采集单元。

8）当与运行配置或运行约束不冲突时，应能够检测当前处于离线系统的故障。

9）除了硬件故障的检测机制，故障检测功能的配置参数（例如检测阈值、重复检测次数等）应可通过遥控指令进行修改。

（4）故障隔离

1）空间段应提供隔离故障单元或子系统的功能，以避免故障传播和受影响设备的性能退化。

2）对于处理策略旨在保护系统功能的故障，违规的设备、子系统或功能应被禁用或关闭。例如，避免一个故障设备的功耗达到会威胁航天器其余部分能源供应的水平。

3）对于处理策略并非保护系统功能的故障，在将故障单元从运行配置中移除之前，应采用分级的隔离步骤。分级隔离步骤可以包括：

a）重发指令和遥测回读；

b）适当的设备切换，即通过遥控或星载操作切换到冗余设备；

c）关闭故障设备前应有延迟时间。

（5）故障恢复

1）如果星载故障检测功能识别出异常情况，它将触发符合特定任务需求的自主恢复活动，无须地面干预。

2）应识别和管理自主故障恢复活动与正在进行的其他星载活动之间的任何潜在冲突。

3）故障恢复操作失败后，应采取措施确保航天器、子系统或有效载荷的安全。在某些情况下，应在系统中设计预定义的重试操作。

4）当 FDIR 功能自动恢复到冗余设备时，应可以通过遥控指令独立指定要监控的设备和为恢复操作选择的设备。

3.4.3　FDIR 全生命周期流程设计

FDIR 功能全生命周期的设计、实现与验证过程一般分为以下几个阶段：

1）需求分析：该阶段旨在收集和分析影响 FDIR 功能设计的所有用户需求。通过对需求的分析，确定 FDIR 功能的设计目标，并从整星系统级到单机级确定其对航天器设计的影响。该阶段的工作包括：定义 RAMS（Reliability、Availability、Maintainability、Safety，可靠性、可用性、可维护性、安全性）和自主能力需求，确定关键功能和冗余方案，并将故障分类归入不同层级等。

2）分配需求：该阶段按航天器的飞行任务阶段或运行模式分配 RAMS 和自主性要求，对航天器的 FDIR 体系结构进行了建模，该阶段的输出描述了 FDIR 体系结构和 RAMS 以及根据任务阶段/航天器运行模式分配的自主需求。

3）时间故障扩散分析：该阶段进行 TFPM（Time Fault Propagation Models，时间故障传播模型）建模分析故障的扩散。这一活动的输入是 RAMS 分析的结果，例如故障树和 FMEA（Potential Failure Model and Effects Analysis，潜在失效模式与影响分析）表以及危险分析的结果。该阶段任务包括定义时间故障传播模型，检查该模型相对系统模型的正确性和完整性，并分析其作为诊断模型的适用性。

4）定义 FDIR 的目标和策略：该阶段从 RAMS 和自主管理的需求出发，并利用 FDIR 和故障传播分析的结果确定 FDIR 目标和策略。该阶段定义了 FDIR 的目标和 FDIR 策略，即具体要执行的 FDIR 功能步骤。

5）FDIR 功能设计：该步骤是在 FDIR 体系结构的基础上，设计各种 FDIR 的子系统及相应的软件和数据库。该阶段的任务包括定义详细的 FDIR 实现，即确定要监视的参数、阈值范围、隔离和具体重构操作；定义详细的软件技术要求及航天器数据库规范。

6）FDIR 的实现和验证：该阶段在硬件和/或软件上实现 FDIR 功能，并结合技术要求进行验证。该阶段任务包括实现 FDIR 并开展单元级、子系统级和系统级的验证。

3.5 通信卫星故障诊断与重构系统策略设计

3.5.1 功能定义

通信卫星故障诊断与重构功能通过星载计算机对已知的在轨故障进行自主检测与处置，及时传输必要信息，以便地面可以及时、准确地判断异常。

首先，在卫星研制过程中，分析卫星部件、单机、分系统、整星的多层级故障模式，利用基于故障机理分析、历史在轨故障等多种方式建立卫星故障知识库，覆盖综合测控、能源、控制、综合电子等各分系统故障模式。然后，按照故障对部件级、功能级、星载计算机以及整星的影响划分为不同的优先等级，确定每个等级故障的处理原则、每个故障的具体处置策略。最后，在卫星入轨后，利用基于规则的故障推理，按照相应策略自主进行故障诊断，并通过自主故障恢复完成系统重构，实现一重故障不影响卫星业务，二重故障确保卫星安全的目标。

3.5.2 设计目标

通信卫星故障诊断与重构策略围绕以下系统目标设计：

1）发生任何单个故障均能保证卫星生存；

2）在发生故障的情况下，尽量缩短卫星重构时间，减少卫星任务中断损失；

3）以保证卫星寿命为目标，采取优化推进剂消耗、最小化系统配置及部件的损失等措施；

4）在发生故障的情况下，应及时向地面提供充分的监视数据，用于星上状态判断，同时便于地面采取恢复措施，以达到前 3 个设计目标。

3.5.3　总体流程

状态采集及故障处理总体流程如图 3-7 所示。

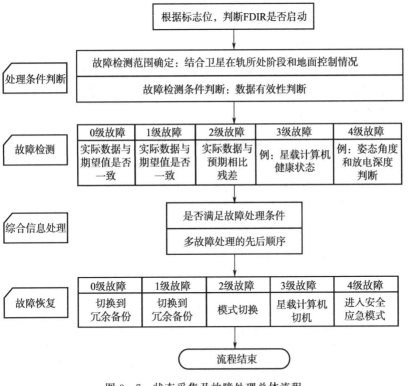

图 3-7　状态采集及故障处理总体流程

1）状态采集：根据通信卫星故障诊断与重构系统故障知识库中的模式，确定要实时监视和采集的参数范围。

2）故障检测：综合考虑遥测数据有效性、设备运行情况、故障优先等级、故障检测频率等约束条件，按照调度策略要求确定当前周期要检测的故障模式。按照知识库中的检测判据，对反映故障特征的遥测数据进行判断，诊断卫星故障。

3）决策处理：诊断到故障后，首先排除误判可能，将诊断信息存入历史记录，判断卫星当前状态是否可进行故障恢复，然后综合考虑故障模式的优先级设定、同时发生的故障数目等约束，按照调度策略确定故障恢复顺序和逻辑。

4）故障恢复：从故障知识库中获取处置策略，并综合考虑当前卫星实时状态和关键参数，对策略进行适应性更新，通过发送自主指令进行故障恢复。

不同故障对卫星的影响严重程度不一样，为了提高故障自主处理效果，根据故障对卫星运行的影响程度，对故障模式从低到高分为几个级别，见表3-7。

表 3-7　故障分级原则

故障等级	内容描述	影响
0 级	发生在部件内部的一次故障，可由部件内部通过热备份的方式自主进行恢复	对其他部件无影响，对系统任务无影响
1 级	卫星各个分系统单机或者模块的故障，无法实现部件级自主恢复，故障诊断与重构系统根据策略进行自主隔离与恢复	不影响载荷任务的正常工作
2 级	卫星分系统功能级异常，系统性能无法满足要求，故障诊断与重构系统执行故障检测以及执行恢复策略，使能或重组相关的部件	不影响载荷任务的正常工作
3 级	可能造成载荷任务短时中断的严重故障，一类是星载计算机硬件故障；另一类是卫星重要功能报警，导致载荷任务短时中断	星载计算机复位或切机，可能造成星务管理的短暂中断，但不影响载荷任务的正常工作
4 级	卫星无法维持对地指向而需要进行太阳捕获处理的故障，一旦发生 4 级故障，卫星将自主尝试关闭载荷、测控转全向、进行太阳捕获等处理	导致任务中断，等待地面遥控进行故障恢复

3.5.4　策略设计

（1）系统初始化

在星载计算机上电后，系统总使能开关和所有单个故障模式的使能开关均进行重要数据恢复，当发生星载计算机切机后可通过重要数据恢复系统开关状态。若重要数据恢复失败，则使能系统功能，而其余单个故障的开关状态均使用默认装订值。

（2）故障检测

故障检测是通过对相关遥测参数的周期性检测，判断故障特征是否满足，设计了以下策略：

1）对单个故障模式进行检测需同时满足故障诊断与重构系统的总开关使能、检测使能标志为"使能"、所关联设备或模块目前当班 3 个条件。

2）需要遥测参数连续多帧满足判据方可确认故障，且参数数据需连续多帧有效。

3）所有检测到的故障均应通过遥测下传至地面，同时将发生故障时的关键参数和数据保存于星载计算机中，故障历史记录可根据需要下传至地面。

（3）故障恢复

在确认发生故障后，故障诊断与重构系统结合专家知识库的处理规则进行自主推理和决策，通过发送自主指令进行故障恢复。

同时刻只执行一个故障恢复序列，即任一故障恢复过程中屏蔽所有其他故障恢复；故障恢复序列执行结束后，禁止该故障的检测和恢复，同时解除对同级和低等级故障检测的屏蔽。

1）自主进行故障恢复后应能够使卫星进入故障发生前的正常工作模式，并保证卫星业务工作的连续性，在发生最高等级故障后最低保证整星安全。

2）针对具体的故障模式，用于恢复的自主指令序列可为固定装订的指令码字，也可按照需要根据卫星当前实时状态自主生成，并且要提供地面通过遥控指令修改指令序列和终止指令序列发送的手段。

3）星上执行自主故障恢复后，应在遥测数据中提供执行报告，并且将相关数据保存，以便地面需要时下传确认。

（4）基于优先级的故障调度策略

为了提升自主故障诊断与重构的性能，确保影响严重的高优先级故障有限处理，尤其是在发生多重故障时，减少故障处理延误时间，防止故障蔓延，制定了基于优先级的故障调度策略。

1）依据故障等级调度故障检测和恢复过程：高等级故障的优先检测，当同时出现两个或两个以上故障时，优先检测并恢复高等级故障。当同时检测到多个故障时，优先恢复优先级较高的故障，即使它出现得较晚。

2）为了保证故障自主处理过程的可靠性和安全性，故障诊断与重构系统在同一时刻只进行一个故障的恢复。

3）故障恢复完成后，停止对故障单机的检测，继续对切换后新的单机进行故障检测，地面可通过遥控指令修改。

3.5.5 典型故障模式

从故障机理分析、历史在轨故障、FMEA 等方面梳理典型通信卫星故障模式，由系统进行自主处理，是系统设计中的关键环节。通信卫星故障诊断与重构系统需处理的故障来自多个分系统，包括综合电子、能源和测控分系统等，需要对多个分系统、单机、模块的故障模式进行分析，从中梳理出需要自主处理的故障模式并按照对卫星危害的严重程度确定故障等级，见表 3-8。

表 3-8　典型故障模式举例

故障模式	故障等级
配电模块异常故障	1 级
敏感器异常故障	1 级

续表

故障模式	故障等级
...	...
蓄电池充电异常	2 级
星内总线通信异常	2 级
...	...
星务管理计算机异常	3 级
...	...
危害整星级安全故障	4 级

3.6　通信卫星故障诊断与重构系统关键技术

通信卫星自主故障诊断与重构系统用于通信卫星发射、变轨、定点及全寿命周期内,进行卫星健康状态的实时监控、典型故障模式的实时自主在线诊断与自主重构,保障卫星系统安全与通信业务连续。本节对通信卫星故障诊断与重构系统设计的若干关键技术进行了介绍,包括通信卫星故障诊断与重构系统总体设计、信息流设计、故障建模与诊断、故障自主恢复和故障知识库在轨编辑等关键技术。

3.6.1　总体设计技术

首先,以通信卫星故障诊断与重构策略为基础,同时结合通用化、可移植、系统框架与具体故障逻辑解耦的设计思路,对通信卫星故障诊断与重构系统进行总体设计。图 3-8 所示为一种通信卫星故障诊断与重构系统总体设计框架图,系统的设计遵循"低耦合、高复用"的原则,主要包括 9 个模块:系统初始化模块、遥控指令处理模块、遥测信息下传模块、故障自主检测模块、多重故障自主调度模块、故障自主恢复模块、设备状态表管理模块、自主告警模块、历史记录管理模块。

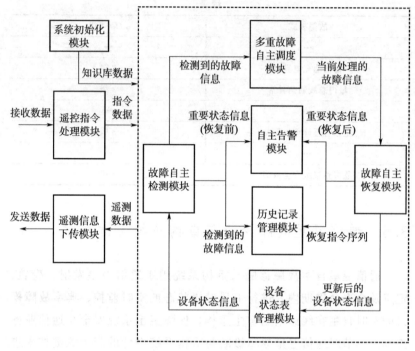

图 3-8　一种通信卫星故障诊断与重构系统总体设计框架图

1）系统初始化模块。在系统启动时加载默认装定参数或在系统复位时加载存储的重要数据，然后初始化关键数据缓存区，包括故障知识库信息、设备状态表信息、历史记录信息，为故障自主检测和恢复模块提供运行条件，并启动其他模块功能。

2）遥控指令处理模块。该模块接收地面发送给系统的遥控指令，解析指令内容并结合系统当前工作状态执行相应操作，改变相应的系统状态，系统设计的典型地面遥控指令见表 3-9。

表 3-9　系统设计的典型地面遥控指令

指令名称	指令功能
系统总使能/禁止指令	用于设置开启/关闭系统
单个故障使能/禁止指令	更改单个故障的检测、恢复使能/禁止状态

续表

指令名称	指令功能
设备状态表更改指令	设置卫星单机/模块健康、当班、备份状态
预留故障在轨新增指令	为故障知识库上注新的故障模式
历史记录缓存区清空清零	清空系统故障/自主指令历史记录缓存区

3）遥测信息下传模块。该功能模块向地面下传表征故障诊断与重构系统相关状态的遥测信息，及时向地面通知系统状态及诊断重构的结果，包括所有故障模式的使能禁止状态、设备状态、故障诊断及恢复情况、系统当前正在进行的操作等。

4）故障自主检测模块。该功能模块将系统中装订的所有故障模式根据其对卫星危害的严重程度由高到低依次分为四级，该模块从故障知识库获取检测规则依次进行 4 级、3 级、2 级、1 级故障的检测，将检测到的参数值与判据进行比较，判断判据是否满足，若满足则将故障信息压入待恢复故障缓冲区。

5）多重故障自主调度模块。该模块接收故障自主检测模块检测到的故障信息，也可能先后接收到多个满足条件的故障信息，该模块首先将检测到的故障信息压入缓冲区，并按照优先恢复高等级故障的原则输出当前最应该优先恢复的故障信息给故障自主恢复模块，具体流程如图 3 - 9 所示。此外，该模块也参与调度多优先级故障的检测，调度原则是发生某一个故障且该故障未完成自主处理时，仅检测优先级高于该故障的故障模式。

6）故障自主恢复模块。故障自主恢复模块完成卫星故障处理策略的自主制定及指令序列发送。首先，从多重故障自主调度模块获取要恢复的故障信息，然后依据专家知识库中的规则生成具体的处理策略，组装相应的自主指令序列并发送给下位机，通过状态复位、故障切机等方式实现故障的隔离和恢复，该模块包括故障恢复策略生成、恢复序列生成及自主指令发送、恢复效果自主检测及无效重发等子功能。

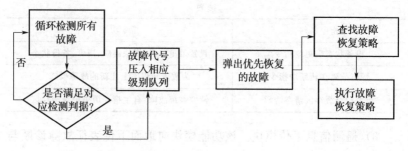

图 3 - 9　缓冲区操作流程

7）设备状态表管理模块。卫星在轨发生的故障通常与特定设备相关联，恢复策略也以设备操作为主，需要对卫星单机的当班机、非当班机及当班机是否健康进行记录。设备状态表管理模块完成卫星设备状态表的管理，管理单机/模块的当班、非当班、健康与否等信息，获取、更新设备状态表的信息。

8）自主告警模块。该模块负责在发生故障时，将相关重要信息采集整理了并及时传输给地面，以便紧急处理。为了确保收集到故障发生之前的卫星数据，卫星设置遥测参数定时存储功能，每周期均将相关重要参数信息写入告警信息缓存区，发现异常时自动锁定告警信息缓存区数据，当确定该异常为故障时，将告警信息及锁定的重要数据通过遥测数据下传模块发送给地面。

9）历史记录管理模块。该模块管理两类系统运行历史记录：自主检测和处理的故障信息、故障自主恢复过程中执行的操作，并通过遥测参数将关键信息传输给地面，也可由地面通过内存下传的方式获取所有历史记录。

3.6.2　信息流设计技术

通信卫星故障诊断与重构系统各个模块间协作进行故障处理，以信息流流向为牵引，各个模块间的协作步骤如下：

1）"系统初始化模块"根据装订参数信息，初始化数据缓存区，设置故障诊断与重构系统各功能模块为初始默认状态；

2）"遥控指令处理模块"从指令缓冲区获取地面遥控指令，解析指令类型并调用相关模块执行；

3）"设备状态表管理模块"刷新设备的当班和通信状态；

4）"故障自主检测模块"根据获取到的设备状态和知识库中的故障诊断规则，综合判断是否发生故障，且对具体故障进行定位和最终确认，将具体故障信息传递给"多重故障自主调度模块"；

5）"多重故障自主调度模块"综合调度策略、卫星实时状态、系统实时状态、正在恢复或待恢复的故障数目等信息在诊断到故障后，对故障的恢复和其他故障的诊断策略做出最优决策；

6）"故障自主恢复模块"从"多重故障自主调度模块"获取当前优先恢复的故障信息，综合故障重构规则、卫星实时状态等信息确定恢复策略，并发送自主指令进行故障恢复和重构；

7）在系统诊断到故障后，"自主告警模块"将故障信息及相关重要参数记录完整，并及时下传地面进行报警；

8）"历史记录管理模块"完整记录系统诊断与重构操作信息，并按照优先等级，将紧急、关键的少量信息通过遥测通道及时下传，将完整、大量的记录数据存储并等待地面指令下传；

9）每单个故障恢复完成后，各个功能模块均根据实际状态刷新所维护的信息，确保一致性。

3.6.3　故障建模与诊断技术

（1）概述

作为通信卫星故障诊断与重构系统设计的重要环节，卫星故障诊断技术利用获取的星载传感器参数值进行异常的实时检测，为后续故障的自主处理与系统自主重构提供基础，对保障卫星安全至关重要。依托于专家规则的故障诊断方法具有表达直观、可靠性高、流程清晰、便于落地实现的特点，但面向整星级别的故障诊断技术难点在于处理不同分系统、设备、模块多样化的诊断需求。若针对各个故障模式分别具体设计实现的方式，虽然减少了前期设计统一故障模型和处理框架的步骤，但这种方式会限制卫星故障诊断与重构系统的功能灵活性、卫星在轨后编辑故障模式难度增大，更限制了卫星故障诊断与重构系统的可扩展性和移植性，难以在多个型号、分系统间快速移植。此外，缺乏统一的故障模式描述方式，也可能造成需求理解歧义，导致系统设计实现结果与预期不一致，降低了卫星故障诊断与重构系统乃至整星可靠性。

在卫星故障建模与诊断技术中，建立统一的、表格化的故障需求建模方法，并在此基础上构建通用的故障诊断和重构流程。首先采用形式化的方式对故障需求进行建模，既实现了多样化诊断需求的形式化描述，又减少了故障诊断需求歧义，然后将需求建模结果转换为通用的装订参数，实现了故障诊断需求到星载系统参数的转换，最后利用通用化的故障诊断方法，基于一套通用的诊断逻辑完成故障自主诊断，可以满足整星多个分系统数百个故障的自主诊断需求。

（2）卫星故障建模

星载传感器采集多种类别的参数，能够表征整星、各分系统、设备多样化的故障模式。卫星故障建模方式要能够包容绝大部分故障模式，满足需求提出到系统开发过程的表格化传递，进而支持故障诊断、重构框架与具体故障模式处理逻辑的解耦，提升卫星故障诊断与重构系统的可靠性。图 3 - 10 所示为故障模式进行建模和表格化传递的实例。

属性 序号	故障 名称	故障 级别	表征 单机	使能/ 禁止标识	检测 周期	异常 次数	逻辑 关系	条件 关系
唯一 序号	××	××	设备 序号	使能 禁止	N1	N2	与或	> < = 组合

图 3 - 10　故障模式进行建模和表格化传递的实例

通信卫星故障诊断与重构系统一般的故障建模过程如下：

1) 故障模式在知识库中的唯一的标识值，即故障 ID，故障诊断需求中所涉及的所有故障模式均包含在故障知识库中。

2) 评估故障可能造成影响的严重程度，依此确定每个故障模式的优先级别。共划分 4 个优先级，从高到低依次为 4 级、3 级、2 级、1 级，优先级从高到低对应的故障严重程度递减；所述 4 个优先级，具体为：4 级代表整星级别故障，3 级代表分系统级别故障，2 级代表单机级别故障，1 级代表功能模块级别故障。

3) 确定故障模式所关联的卫星设备，设备 ID 代表某个设备发生了异常，用于定位具体的故障部位，为后续切机、复位等恢复操作提供条件；

4) 确定故障模式检测、恢复使能开关的默认状态，表示该故障模式是否允许卫星自主诊断，该标志通过遥控指令在轨修改。

5) 确定检测周期值，表示连续两次对该故障模式是否发生进行检测的时间间隔。由于不同设备工作时机和特性的不同导致故障发生时机不尽相同，需针对具体的故障明确对其进行检测的周期。

6) 确定误判阈值，即检测判据满足多少次才认为诊断到某个故障。

7) 确定故障检测判据，明确了诊断该故障是否发生时需要检测的条件。

8) 确定故障检测规则，明确诊断该故障是否发生时需要检测的条件和规则。其中，"检测"指判断故障判据条件是否满足，"诊断"指确认故障是否发生及故障部位，通过周期性"检测"故障判据条件是否满足来完成，为了防止误诊断，需"检测"到 1 次或多次故障判据条件满足才确认"诊断"到某个故障。

（3）自主故障诊断

图 3-11 所示为通信卫星故障诊断与重构系统自主进行故障诊断的一般流程，具体步骤如下：

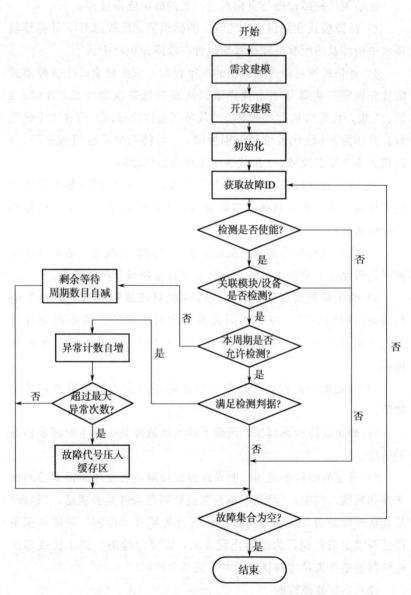

图 3-11 通信卫星故障诊断与重构系统自主进行故障诊断的一般流程

1）对卫星故障诊断需求进行建模：基于通用的描述规范对故障诊断需求进行形式化建模；

2）开发建模：将总体以表格化形式传递的故障诊断需求的建模结果转换为故障诊断与重构系统的装订参数，一般包括将"故障 ID""设备 ID"、使能标志、检测判据等属性转换为故障诊断与重构系统可自动加载识别的格式；

3）初始化故障剩余等待周期数和所有故障模式的异常计数；

4）按照多优先级调度策略，从故障集合中获取本次检测的故障 ID 值 F_i；

5）获取故障 F_i 检测使能标识 E_i，并判断其开关状态。若为禁止，则跳转至步骤 10）；

6）根据故障的 ID 值 F_i，获取其关联的设备 D_i 并确认其工作状态；

7）根据故障的 ID 值 F_i 及相对应的等待周期数 W_i，判断该故障本周期是否进行检测。若是，则继续检测，若否，则跳转至步骤 10）；

8）根据故障的 ID 值 F_i，获取故障 F_i 的检测规则 C_i，从遥测缓冲区中获取相应的遥测值并按照规则进行检测，确认检测判据是否满足；若判据满足，则认为本次检测到异常，之后进入步骤 9）；若判据不满足，则认为本次未检测到异常，跳转至步骤 10），开始下一个故障模式的诊断，如图 3 - 12 所示；

9）故障 F_i 的异常次数自增，若其大于该故障设定的误判次数阈值，则确认诊断到了该故障；若比较结果为小于，则认为未诊断到该故障；

10）判断故障集合是否为空，若不为空，则跳转至步骤 4）；若为空，则结束本轮故障诊断。

其中，i 为正整数，且 $i = 1, 2, \cdots, M$，M 表示故障诊断需求中的故障种类总数。

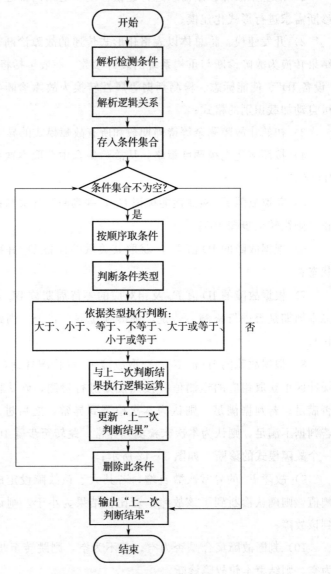

图 3 - 12　判据解析与比较流程

3.6.4　故障自主恢复技术

（1）概述

诊断到故障后，通信卫星故障诊断与重构系统需按照一定的规则生成最合适的处理策略，进行故障自主的恢复，实现系统重构。在通用化故障模式的基础上，本节提出一种通用化的故障重构方法，对不同故障模式的处理流程进行了通用化设计。在通用化处理流程的基础上，故障自主重构策略一般包括发送预先装订的故障恢复指令序列、根据卫星状态实时生成恢复序列或者更新默认恢复序列中的部分关键参数、自主判断恢复效果采取无效重发等策略提高恢复质量。

（2）故障恢复流程

图 3-13 所示为通信卫星故障诊断与重构系统自主进行故障恢复的一般流程，具体步骤如下：

1）首先判断系统使能状态，若使能开关为禁止，则不进行故障的自主恢复，否则执行后续步骤；

2）确认上一轮中恢复的故障是否已经完成所有操作，因为有的故障模式需要多轮操作或发送完指令后等待一段时间等待其生效后再自主判断恢复效果。若未完成，则跳转至步骤4）；

3）按照调度策略从缓冲区获取要恢复的新故障信息，在恢复前，需再次对故障判据是否满足进行检测确认；

4）确认遥控停止标志是否有效。若有效，则意味着地面发送遥控指令紧急停止了该故障的自主恢复过程，跳转至步骤8）。若无效，继续执行后续步骤；

5）确认具体故障模式的使能开关状态及是否满足其他恢复前提条件；

6）进入具体故障的恢复流程，按不同故障类别执行不同的恢复策略；

7）确认本轮是否完成故障恢复。若完成，则跳转至步骤8），若未完成，置上未完成标志，便于下一轮恢复过程提前识别；

8）结束本轮恢复，通知多重故障自主调度模块修改相应参数，恢复相关级别故障的检测和恢复允许。

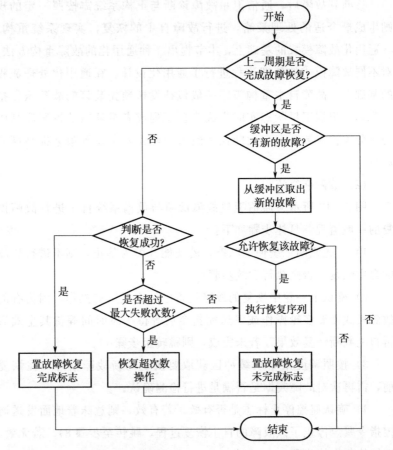

图 3-13　通信卫星故障诊断与重构系统自主进行故障恢复的一般流程

3.6.5　故障知识库在轨编辑技术

（1）概述

基于专家经验的卫星故障诊断与重构系统可以自主处理星载故

障知识库中已有的常见故障模式，而知识库外"非预期"故障模式的处理仍然依赖地面干预。一方面，设计师总结的常见故障模式必然无法覆盖卫星在轨运行期间可能发生的所有故障，或者知识库中已有故障模式的诊断和恢复策略无法完全匹配真实工况，存在新增、删除和修改星载故障模式的需求。另一方面，对于卫星在轨运行期间频繁发生或同类产品出现的故障，将其提炼为新的故障模式上注星载故障知识库，由卫星实时诊断并自主恢复，将极大地提高卫星在轨运行的稳定性以及地面运管效率。所以，对卫星故障诊断与重构系统星载故障知识库进行在轨编辑的趋势和需求逐渐迫切。

本节介绍通信卫星故障诊断系统星载故障知识库在轨编辑技术及一般流程。星载故障知识库在轨编辑一般包括3个主要环节：

1）知识库编辑指令设计；

2）指令在轨解析与故障知识库更新；

3）新故障信息加载与处理。

图 3-14 所示为星载故障知识库在轨编辑一般流程。

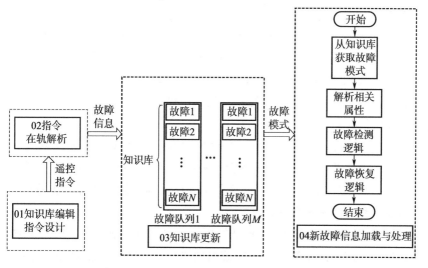

图 3-14　星载故障知识库在轨编辑一般流程

（2）知识库编辑指令设计

在通信卫星故障诊断与重构系统设计时，与星载故障知识库中故障模式建模同步，设计与星载故障知识库中通用化故障模型相适应的知识库编辑指令格式模板。在知识库编辑指令设计环节，按照指令格式模板与故障模式更新需求，确定地面遥控指令内容，包括故障代号、检测策略、恢复策略等信息，完成知识库编辑指令设计。

按照表 3 - 10 的故障知识库编辑指令设计模板，该环节需根据具体的故障模式更新需求确定各项内容，一般步骤如下：

表 3 - 10　故障知识库编辑指令设计模板

序号	内容
1	指令类型
2	故障代号
3	操作类型（新增/删除/修改）
4	诊断/恢复过程控制参数
5	故障诊断策略
6	故障恢复策略

1）确定指令类型标识，与发送给卫星的其他指令区分；

2）确定故障代号，即故障唯一标识，由该故障模式的优先级别和其在同一优先级队列中的序号组成，也用于索引该故障模式在知识库中的存储位置；

3）确定操作类型，包括"新增""删除""修改" 3 种类型，分别表示增加新的故障模式、删除已有故障模式、修改已有故障模式；

4）确定该故障的自主检测频率、反误判阈值等故障自主诊断、恢复过程的控制参数等；

5）确定该故障的自主诊断策略。确定故障诊断规则、所需参数信息等，制定诊断策略。诊断策略制定后，可将相关信息填入遥控指令中直接发送。对于新增的复杂故障模式，也可以结合卫星星载软件在轨维护功能编辑复杂故障模式；

　　6) 确定该故障的自主恢复策略。确定故障恢复序列中各条指令发送间隔、指令码字等信息，制定恢复策略。恢复策略制定后，同样可采取将信息直接填入遥控指令或结合卫星星载软件在轨维护功能编辑复杂故障模式。

　　（3）在轨解析与知识库更新

　　在轨解析与知识库更新环节可细分为指令在轨解析和知识库在轨更新两部分，其中，指令在轨解析部分主要是解析接收到的故障模式编辑遥控指令，从中获取具体的故障模式信息，知识库在轨更新部分则根据获取到的故障模式信息，按照星载故障模式知识库要求的格式进行转换，解析计算故障模式的存储位置及其重要属性，并按照"新增故障模式""删除故障模式""修改故障模式"等不同的操作类型，修改知识库相应内容并将更新结果反馈地面确认。

　　其中，知识库更新部分的一般操作流程如下：

　　新增故障模式的一般步骤如下：

　　1) 解析故障代号获得该故障在知识库中的存储位置；

　　2) 若该位置使用标记为"已使用"，则遍历寻找使用标记为"未使用"的位置，作为新增故障模式的存储位置；

　　3) 解析该故障模式的诊断属性、诊断策略、恢复策略等信息并填入该位置，将该位置的使用标记更新为"已使用"。

　　此外，若遍历后仍然没找到"未使用"的位置，则将"知识库已满"信息下传地面。

　　删除故障模式时，解析故障代号获取该故障模式的存储位置，清空已经存在的故障模式数据，并将使用标记置为"未使用"。

　　修改故障模式的一般步骤如下：

　　1) 解析故障代号获取该故障模式的存储位置；

　　2) 根据解析出的要更新的故障模式数据，替换该位置的数据。

　　此外，若修改失败，则将"故障信息修改失败"的信息下传地面。

（4）新故障信息加载与处理

新故障信息加载与处理环节主要是从故障模式知识库中加载最新的故障模式数据，解析出诊断、恢复策略信息并完成自主故障诊断与重构，与知识库中原有故障的处理保持一致。

新故障信息加载与处理环节的一般步骤如下：

1）从知识库中获取故障模式信息；

2）解析该故障模式的优先级、检测次数等诊断属性；

3）获取诊断策略、恢复策略信息并调用；

4）判断诊断策略的返回结果，若为真，则意味着诊断到故障，按照通用的故障调度策略，调用恢复策略；

5）执行故障恢复策略，结束新故障的诊断与处理。

3.7　通信卫星故障诊断与重构系统验证技术

通信卫星故障诊断与重构系统设计与实现后，对系统的功能和性能进行测试验证必不可少，测试验证环节的目标是确认系统实际功能和性能与设计是否相符、故障触发与自主处置策略设计是否合理等。本节以运行于综合电子系统的卫星故障诊断与重构功能设计为背景，从测试验证环境、测试验证流程以及故障注入与性能监视技术3个方面对通信卫星故障诊断与重构系统的测试验证技术进行介绍。

3.7.1　测试验证环境

（1）卫星综合电子系统

综合电子系统是通信卫星整星信息系统的枢纽核心，在卫星发射、定点和运行期间内，提供遥测遥控管理、热控管理、能源管理、时间管理、自主运行管理、载荷管理、星载软件维护及故障诊断与重构等。

图3-15所示为一种典型的卫星综合电子系统体系架构，以数

据总线网络为信息传输中枢，通过数据总线网络实现分布式的数据采集与指令输出、集中式运算与控制，提高系统处理的效率。综合电子系统利用多级数据总线网络实现了关键设备的入网，并通过数据交换传送指令与遥测，为卫星故障诊断与重构系统提供了数据获取、核心逻辑运行、自主处理指令发送和执行等基础硬件环境。

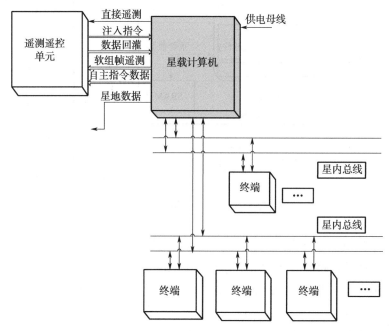

图 3-15　典型的卫星综合电子系统体系架构

（2）星载应用软件环境

通信卫星故障诊断与重构的核心功能逻辑在卫星综合电子系统星载计算机应用软件中实现，星载操作系统及遥测数据获取、自主指令发送等软件功能构成了其运行的星载软件环境。

图 3-16 所示为卫星故障诊断与重构系统的软件部分在整个卫星综合电子系统中的运行环境、定位及外部关联。星载计算机应用

软件和系统软件结合成一个整体，共同固化在星载计算机程序区。系统软件在星载计算机加电后，首先初始化硬件，然后启动操作系统内核并创建多任务环境，最后启动应用软件任务，完成初始化后由应用软件完成具体的功能，卫星故障诊断与重构系统的核心处理方法和逻辑在应用软件中运行实现。

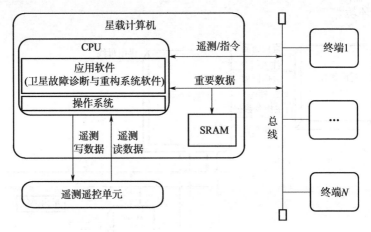

图 3-16　星载应用软件环境

其中，系统软件内核为应用软件提供多任务分时调度管理，而应用软件提供软件主程序、应用软件任务以及中断服务程序的入口地址，供系统软件识别与调度。系统软件提供 API（Application Programming Interface，应用程序接口）接口函数，应用软件包括故障诊断与重构任务等通过 API 接口调度系统资源。应用软件其他部分任务为故障诊断与重构系统任务提供了遥测参数采集、总线通信等基础软件功能。

图 3-17 所示为卫星综合电子系统星载计算机中软件环境总体架构。应用层，运行故障诊断与重构系统关键任务及其他星务任务，利用从下层获取的数据进行故障检测、自主重构等自主管理工作；软总线层，为应用层提供数据交互服务；专用业务层，提供基础的管理任务和专用业务，将上层应用与底层的物体结构等进行隔离；

子网业务层，提供底层硬件服务业务，实现总线通信协议等；操作系统，提供任务管理、内存管理、时钟管理、中断管理等业务；数据链路层，屏蔽底层硬件，初始化和驱动基本硬件系统。

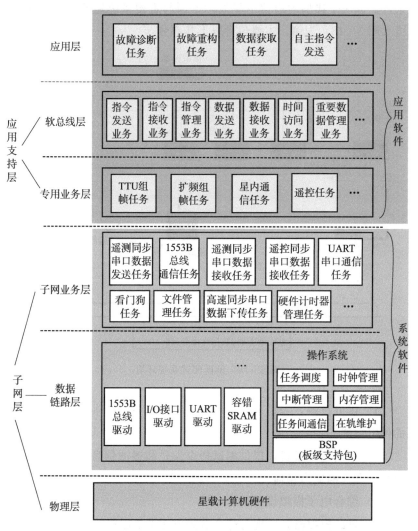

图 3-17 卫星综合电子系统星载计算机中软件环境总体架构

（3）地面测试系统环境

地面测试系统采用半实物的物理仿真环境，利用模拟环境与真实设备相结合的方式，为故障诊断与重构系统的测试验证提供必要条件。以一个典型的通信卫星故障诊断与重构系统地面测试系统环境（图 3 - 18）为例，主要包含以下几部分：

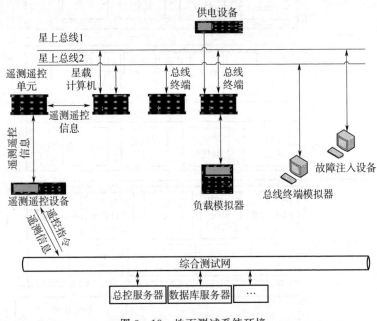

图 3 - 18　地面测试系统环境

1）供电设备，为星上设备和地面模拟设备进行供电，制定具体的供电方式。

2）遥测遥控设备，提供测试指令发送和遥测信息回传通道，保障指令和遥测通道畅通。

3）综合电子模拟设备：

a）负载模拟器，实现对综合业务单元采集数据的模拟；

b）总线通信终端模拟器，模拟终端设备与星载计算机通过总线进行遥测数据、遥控指令等数据的传输；

　　c）总线通信监视器，对总线通信数据、传输状态等进行监视。

　　4）总控设备，由服务器和数据库构成，存储编写自动化测试用例，并在自动化测试软件中执行。

3.7.2　测试验证流程

　　测试验证流程如图 3 - 19 所示。

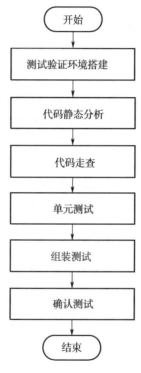

图 3 - 19　测试验证流程

（1）测试验证环境搭建

　　搭建测试验证环境，包括星载综合电子系统环境，供电、遥测遥控、总线通信终端模拟等地面系统设备。

（2）代码静态分析

　　按照相关编程规范，对所有语句代码的规范性进行自动化检查，测试内容包括：

    1）编程标准；

    2）软件度量分析；

    3）质量标准验证；

    4）静态数据流分析；

    5）信息流分析。

    （3）代码走查

为了验证系统的正确性，对系统的代码进行专门走查，确认不存在问题。

    （4）单元测试

使用工具进行自动化测试和打桩，模拟输入端口的输入数据，运行测试用例的同时根据程序执行情况对语句、分支等覆盖率进行统计，以确保达到要求。

    （5）组装测试

在单元测试的基础上，按概要设计要求将所有软件模块组装成系统，对模块间的接口、全局数据结构等进行组装测试。通过组装测试，可以发现以下错误：

    1）模块间互相产生的不利影响；

    2）子功能合成后产生的主功能不符合预期；

    3）独立模块中可接受的误差，组装后产生不可接受的误差；

    4）单元测试中未发现的接口设计实现问题；

    5）时序问题；

    6）资源竞争问题。

    （6）确认测试

对需求中规定的故障诊断与重构系统软件功能和性能进行全面测试，测试人员按以下准则进行：

    1）系统功能与需求要求的一致；

    2）测试结果与预期相符合；

    3）测试用例设计正确、合理；

4）测试环境和过程符合要求；

5）测试原始数据详细、真实、完整；

6）测试产生的问题得到处理和闭环。

3.7.3　故障注入与性能监视

在测试验证故障诊断与重构功能时，必须使各单机处于相应的故障状态，引发系统启动功能响应。由于设备实际发生的故障类型非常有限，难以满足对故障诊断与重构系统的测试覆盖性要求。同时，由于缺少相应的总线监控设备，无法得知系统在执行故障处理策略过程中星载计算机与故障单机之间的信息交互情况，影响对系统性能的评估，这就要求引入故障注入与性能监视关键技术及系统。

其中，故障注入是通过模拟知识库中的故障模式进行故障激励，使各单机处于设定的故障状态，触发系统的功能响应，以确认知识库中故障模式的处置规则是否合理、系统实现是否正确。而性能监视是通过监控系统及相关设备在执行故障重构策略过程中通信总线上的数据流情况，以获得星载计算机与各故障单机之间的信息交互情况，从而对系统性能进行准确和全面评估。本节以具体的通信卫星故障注入与总线监控系统研制为例，介绍面向通信卫星故障诊断与重构系统测试验证的故障注入与性能监视系统与技术。

3.7.3.1　验证方案

经过设计，故障注入功能确定为利用主控计算机中的故障注入软件进行参数设置，控制 1553B 总线板卡模拟对应的遥测判据为故障状态，进行多种类别故障注入。其中，总线性能监视功能确定为利用主控计算机的监视软件将采集的总线数据进行处理，对星载计算机发送的指令进行响应，并记录指令的发送顺序及间隔等信息，实现总线性能实时监视。

系统硬件由主控计算机和 1553B 总线板卡两部分组成，应用软件采用 C＋＋语言编写，软件借助参数组合的形式进行故障注入，采用模块化监控流程，对总线上的数据保存后再进行解析，并具备历史数据智能回放功能。

系统设计与实现方案如图 3 - 20 所示。

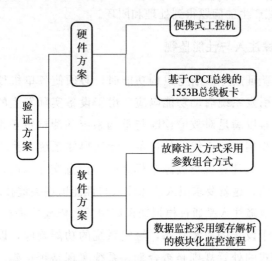

图 3 - 20　系统设计与实现方案

3.7.3.2　系统组成

（1）主控计算机

主控计算机性能指标设计及实测值见表 3 - 11。

表 3 - 11　主控计算机性能指标设计及实测值

指标	设计值	实测值
处理器主频/GHz	2.5 以上	3.3
内存/GB	2	8
硬盘容量/GB	500	500
网络接口	具备 2 个 TCP/IP 接口	符合要求
CompactPCI 接口插槽	不少于 3 个	3 个
尺寸	400 mm×400 mm× 200 mm	327.5 mm×365 mm×124.5 mm
质量/kg	8	8

（2）基于 CPCI 总线的 1553B 总线板卡

板卡主要性能指标验证见表 3 - 12。

表 3 - 12　板卡主要性能指标验证

指标	设计值	实测值
通道数	独立双冗余通道数不小于 3 个	4 个独立双冗余通道
时标精度	不超过 1 μs	20 ns

（3）故障注入软件

①遥测数据模拟功能

按照 1553B 总线协议，模拟故障单机与星载计算机的数据交互功能，单机遥测包格式、遥测数据量和遥测数据内容均可模拟，用户可按需配置遥测数据变化规律、特征值、特征值注入次数等内容。图 3 - 21 和图 3 - 22 所示为遥测参数及内容配置示例。

图 3 - 21　修改单个参数窗口

具体而言，遥测数据的模拟通过配置文件实现，每个数据包为一个配置文件。应用软件在初始化时，将配置文件中的遥测数据存储在对应 RT（Remote Terminal，远置终端）子地址缓存中，当星载计算机或监控系统对该 RT 子地址发送 "RT→BC 的数据传送" 消息时，遥测数据被发送给 BC（Bus Control，总线控制）。

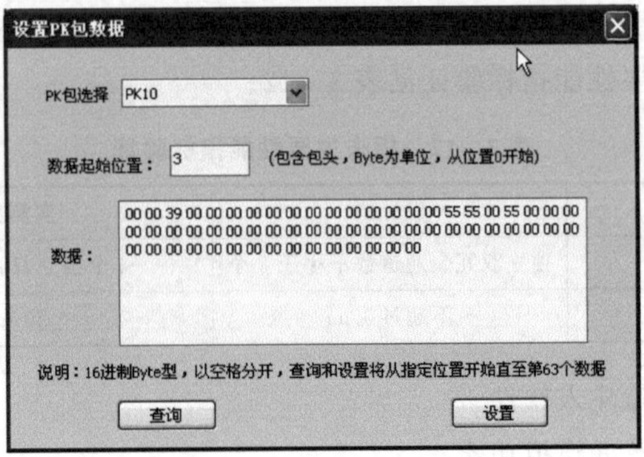

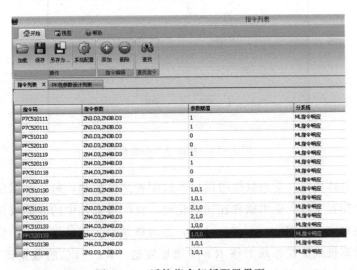

图 3 - 22　设置 PK 包数据

②遥控指令解析功能

识别星载计算机发送的指令，并按照协议的具体要求，更改相应的遥测信息。具体而言，读取相应 RT 子地址中的遥控指令，并对遥控指令数据进行校验，校验正确后分析指令码，否则丢弃该遥控指令。根据指令的解析结果查询"关联配置文件"更改遥测数据。图 3 - 23 所示为遥控指令解析配置界面。

图 3 - 23　遥控指令解析配置界面

③故障模拟功能

配置故障时，首先在应用软件"设备选项"下拉框中选择要模拟的故障设备，然后在"主备机选择"下拉框中选择主份或备份设备，最后选择"故障模拟"项目，即可完成故障模拟设置。

图 3-24 所示为选择要模拟的故障设备及其主备份。图 3-25 所示为遥测源包数据配置。

图 3-24　选择要模拟的故障设备及其主备份

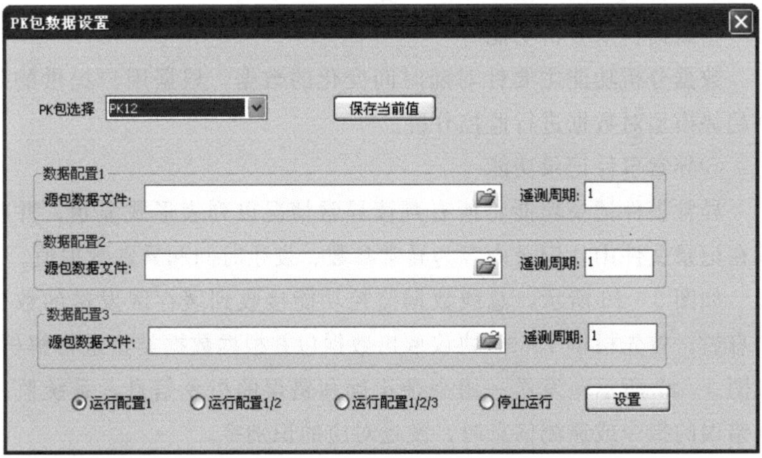

图 3-25　遥测源包数据配置

通过更改不同配置，应用软件可注入的故障模式可覆盖故障诊断与重构系统处理的故障模式类别。

（4）总线监控软件

①总线消息存储功能

根据 1553B 总线监控的功能需求，实时存储 1553B 总线上的所有消息命令字、数据字和状态字。总线消息按照按时间顺序存储和按数据类型存储两种方式同时存储。

②总线数据查询功能

支持按数据包、按子地址、按遥测参数代号 3 种方式查询存储的总线数据。

③总线数据自动判读功能

对 1553B 总线上的数据进行实时分析判读，对总线协议符合性、遥测参数解析、遥测遥控对应关系 3 方面内容进行判读。该功能启动后，首先加载"遥控遥测对应关系配置表"和"指令序列配置表"，监视到指令后，解析指令并查询配置表得到遥测参数预期值，在响应时间内，如果监视到遥测参数变化为预期值，则对应关系正确，否则监视器蜂鸣报警并打印错误对应关系。

④数据自动分析功能

数据分析功能主要针对随时间变化的数据，根据用户提供的数据趋势模型对数据进行监控分析。

⑤异常事件记录功能

异常事件记录功能将所有判读异常情况以列表形式显示，并存储在记录文件中，记录内容为异常参数、发生时间和异常数据值。

如图 3 - 26 所示，总线数据监控功能接收到缓存区发送的数据消息后，首先根据 1553B 协议取出数据包并根据数据类型进行解析。如图 3 - 27 所示，发送一组夹杂正确和错误的指令信息，系统监控到错误的指令或遥测信息时，发送对应的识别字。

3.7.3.3　应用实例

以"总线接口管理模块故障"为例，执行"编辑使能"菜单项，根据故障模拟需要修改参数的源码或者物理量，如图 3 - 28 所示。

星载计算机检测到故障发生后，卫星故障诊断与重构系统自主

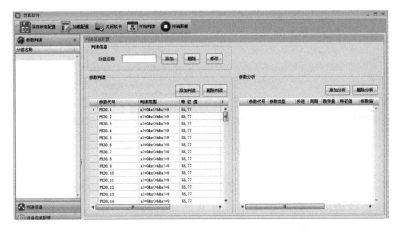

图 3 - 26　采集并存储 1553B 总线指令和遥测信息

图 3 - 27　1553B 总线监控功能测试

发送一系列故障恢复指令序列，这些序列的发送时间和执行效果都被故障注入与性能监视系统存储下来，并与系统内加载的"遥控遥测对应关系配置表"和"指令序列配置表"进行比对，在响应时间内，如果监视到遥测参数变化为预期值，同时发送顺序、时间间隔等参数符合预期，则确定对应关系正确，否则监视器蜂鸣报警并打印错误对应关系。

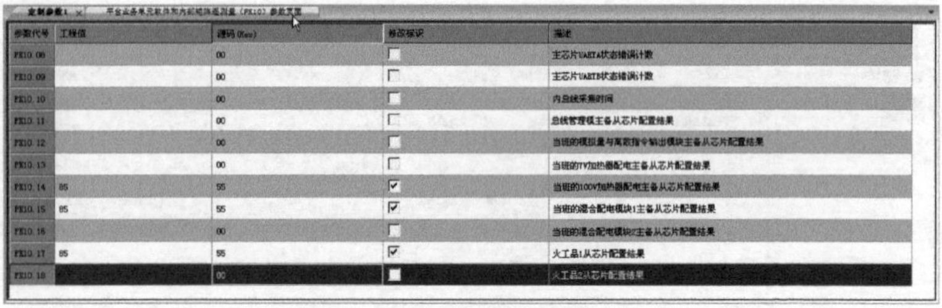

图 3 - 28　参数修改与故障注入

　　经过以上的方案设计、研制开发和案例测试，故障注入与性能监视能够模拟诊断与重构系统涉及的所有故障，并对自主指令发送后的执行情况进行自动监视。

参 考 文 献

[1] 唐明圣. 星上一体化综合电子系统 FDIR 框架设计及故障检测隔离机制实现 [D]. 长沙：国防科技大学，2010.

[2] 乐浪，李明峰，王君，等. 卫星综合电子系统的 FDIR 研究与设计 [J]. 计算机工程与设计，2014，15（7）：2607 - 2611.

[3] ZOLGHADRI A. The challenge of advanced model - based FDIR for real - world flight - critical applications [J]. Engineering Applications of Artificial Intelligence，2018（68）：249 - 259.

[4] EVANS D J. OPS - SAT：FDIR Design on a Mission that Expects Bugs and Lots of Them [C] //14th International Conference on Space Operations. 2016：2481.

[5] OLIVE X，ALISON B，GARCIA G. Toward FDIR modelling in satellite design [C]. SpaceOps 2016 Conference.

[6] OLIVE X，BAYOUDH M，TRAVE - MASSUYES L. Mixing Diagnosis Techniques for Autonomous Satellite FDIR [J]. IFAC Proceedings Volumes，2009，42（8）：1504 - 1508.

[7] BITTNER B，BOZZANO M，CIMATTI A，et al. An integrated process for FDIR design in aerospace [C] //International Symposium on Model - based Safety and Assessmemt. Springer，Cham，2014：82 - 95.

[8] FELKE T，HADDEN G，MILLER D，et al. Architectures for integrated vehicle health management [M] //AIAA Infotech @ Aerospace 2010，2010：3433.

[9] BELCASTRO C M. Aviation safety program：integrated vehicle health management technical plan summary [J]. NASA Technology Report，2006：1 - 53.

[10] KARSAI G，BISWAS G，ABDELWAHED S，et al. Model - based software tools for integrated vehicle health management [C] //2nd IEEE

International Conference on Space Mission Challenges for Information Technology，2006，6：1 - 8.

[11]　BYINGTON C S，KALGREN P W，JOHNS R，et al. Embedded diagnostic/prognostic reasoning and information continuity for improved avionics maintenance [C] //Proceedings AUTOTESTCON 2003. IEEE Systems Readiness Technology Conference. IEEE，2003：320 - 329.

[12]　PROSSER W H，ALLISON S G，WOODARD S E，et al. Structural health management for future aerospace vehicles [C] //The 2nd Australasian Workshop on Structural Health Monitoring，2004.

[13]　MATHUR A，WILLETT P K，KIRUBARAJAN T . Data mining of aviation data for advancing health management [J]. Component & Systems Diagnostics Prognostics & Health Management Ⅱ，2002，4733：61 - 71.

[14]　常琦，袁慎芳. 飞行器综合健康管理（IVHM）系统技术现状及发展 [J]. 系统工程与电子技术，2009，31（1）：2652 - 2656.

[15]　ECSS - E - ST - 70 - 11C - Space engineering - Space segment operability [S]. Noordwijk ：European Cooperation for Space Standardization (ECSS)，2008.

第4章　大数据驱动的卫星故障诊断及应用

4.1　引言

在卫星故障诊断领域，建构于已知专家经验之上的规则系统故障机理清楚、诊断策略明确，在实际卫星型号中应用广泛。但随着卫星系统复杂度、卫星数据量的增大，传统故障诊断方法也面临新的挑战。

1）卫星故障关联关系更加复杂、建模困难。随着卫星复杂度的增加，反映系统运行机理和状态的数据具有强烈的不确定性和非线性特征，难以依靠传统方法建立精确模型进行监控，故障诊断难度增大。此外，复杂卫星系统内部多个分系统、设备间存在强耦合关系，针对单一设备、分系统的故障诊断方法难以发现设备间的关联关系，增加了误诊漏诊概率。

2）故障知识库外"非预期"故障诊断的必要性凸显。空间多变环境以及高度集成的卫星系统出现的故障状态往往难以预料，传统基于已知经验的故障诊断专家系统难以覆盖所有在轨故障，存在风险隐患，降低了故障诊断系统的全面性。

3）卫星产生的数据量增大，且多为异构数据。卫星寿命期在轨积累大量遥测数据。但这些数据存在多模态、不确定、异构化的特性，难以仅依靠传统方法精准识别故障。

另一方面，随着以深度学习为代表的新一代人工智能技术迎来发展热潮，在多个领域取得显著性能提升。深度学习等数据驱动的方法也为解决知识库外"非预期"故障诊断、故障模式挖掘提供了有效手段，通过从卫星历史遥测数据中学习，既能丰富现有故障专家知识库，又能通过对比真实传感器数据与模型预测值偏差在轨诊断"非预期"故障。

本章将深度学习人工智能方法引入卫星故障诊断领域，通过对卫星数据异常的检测实现基于大数据驱动的卫星故障诊断。

4.2　卫星遥测大数据概述

4.2.1　卫星遥测技术概述

卫星遥测技术将传感器获得的各种卫星信息通过下行测控信道送到地面接收设备，经过接收、解调处理，为地面人员提供卫星当前工作状态和信息的过程。其中，传感器采集的信号类别多样，包括红外、太阳、地磁、压力、应变、温度等。完成卫星遥测功能的设备集合称为卫星遥测系统，遥测系统能从传感器处采集、处理并向地面发送各类表征卫星运行状态的数据，地面系统能接收、处理和提取这些数据。

卫星遥测设备按照规范的信号接口收集卫星各分系统输出的工作状态（电流、电压、温度、功率以及开关状态等）并按预定策略编排遥测数据，完成数据的压缩或编码后调制信号进行传输。卫星工程参数主要包括电压量、电流量、压力和温度，参数一般需转化成电压信号进行处理，卫星遥测类型也由此划分为数字量、模拟量、温度量和状态量。在设计遥测容量时，需按遥测用户的需求提供足够的遥测容量，并在需求的基础上保留余量。而遥测协议定义了遥测数据帧结构、调度策略、差错控制方式、处理系数和公式等，是星地遥测信息交互的格式约定。

卫星遥测技术将传感器采集的大量遥测数据持续传输给地面系统，大量的卫星历史遥测数据为使用数据驱动方法进行故障诊断奠定了基础。

4.2.2　卫星遥测数据的特点

一般而言，针对异常检测应用，卫星遥测数据主要有以下几方面特点：

1）遥测数据量大，遥测参数若按照 $N \times 500$ ms（$N = 1$，2，3…）的频度实时下传地面，按照当前主流下行遥测码速率计算，卫星在轨运行一年所产生的遥测数据容量可达数十 GB 以上；

2）数据样本类别少，卫星在轨后长期处于自主稳定运行状态，很多遥测数据在相同的工作模式下产生，因此，卫星遥测数据并不能覆盖卫星所有工况；

3）正负样本不均衡，卫星在轨绝大部分的时间内均能正常运行，其产生的遥测数据基本都是正常工况下的，故障工况下的数据样本很少。

卫星遥测数据量大、参数类型多样，可分为以下两大类：

1）数值量：一般指用一个具有一定范围变化的变量来具体表征某一个遥测参数，例如，锂离子电池单体电压输出数值和动量轮的转速数值；

2）状态量：一般指用可穷举的若干变量来表征某一个遥测参数，例如表征某单机工作状态的遥测参数，"1"表示健康，"0"表示异常。

针对状态量类别的遥测参数数据，适合利用规则的方法进行故障诊断，工程实现简单、资源占用较少；针对数值量，适合利用人工智能的方法进行故障诊断，采用数据驱动的方式挖掘遥测参数内在的数值规律，实现对遥测参数进行预判或在线诊断。

4.2.3　基于数据异常检测的卫星故障诊断

卫星在轨运行期间，产生大量用于评估单机、分系统、整星运行状态的传感器数据，这些数据记录了卫星的运行状态和轨道姿态等信息，可直接反映卫星的运行状态，一旦出现故障，遥测数据的模式与正常工况相比较发生变化，产生数据异常。例如，假设发生单机失效、通信中断、设备性能退化等问题，一般都可能引起表征单机电压、通信状态量的遥测数据异常变化。所以，及时而有效地由卫星发现卫星遥测数据的异常模式，对其进行检测是监测卫星状态、诊断卫星故障的重要手段。

但是，遥测数据量大、参数维度高、数据样本不平衡等特点也为遥测数据异常检测算法的设计和系统实现带来了严峻挑战。

4.3 新一代人工智能技术

4.3.1 人工智能技术

（1）概念

《人工智能：一种现代的方法》中提出，人工智能系统是像人一样思考的系统、像人一样行动的系统、理性地思考的系统、理性地行动的系统。在"维基百科"的定义中，"人工智能就是机器展现出的智能"，即只要是某种机器，具有某种或某些"智能"的特征或表现，都应该算作"人工智能"。在"百度百科"的定义中，人工智能是"研究、开发用于模拟、延伸和扩展人的智能的理论、方法、技术及应用系统的一门新的技术科学"，将其视为计算机科学的一个分支，其研究包括机器人、语言识别、图像识别、自然语言处理和专家系统等。

（2）技术流派

符号主义，在人工智能技术发展早期占据主导地位。该学派认为人工智能源于数学逻辑，其实质是用符号描述人类的认知过程。早期研究思路是通过基本的推断步骤寻求完全解，出现几何定理证明器以及结合领域知识和逻辑推断的专家系统，使人工智能进入了工程应用。

联结主义，属于仿生学派，当前占据主导地位。该学派认为人工智能源于仿生学，应以工程技术手段模拟人脑神经系统的结构和功能。联结主义可追溯到 1943 年创立的脑模型，由于受理论模型、生物原型和技术条件的限制，在 20 世纪 70 年代陷入低潮。其标志性事件包括 1982 年 Hopield 神经网络模型、1986 年神经网络研究取得突破、2006 年 Hinton 提出深度学习方法、2012 年 AlexNet 获得 ImageNet 比赛冠军等。

行为主义，该学派认为人工智能源于控制论，智能行为的基础是"感知→行动"的反应机制，所以智能无须知识表示和推断，在与环境交互中表现出来，从经验中不断学习和优化策略。

（3）研究范围

人工智能学科研究的主要内容包括知识表示、自动推理和搜索方法、机器学习和知识获取、知识处理系统、自然语言理解、计算机视觉、智能机器人、自动程序设计等方面，人工智能在图像识别、语音识别和无人驾驶等应用中已接近或达到人类智能水平，并在诸如棋类游戏的应用中超过了人类。

4.3.2　机器学习

4.3.2.1　概念

机器学习是智能体从数据中自动学习知识的一种人工智能方法，是人工智能技术的分支，也是实现人工智能的重要手段。机器学习研究如何利用经验改善计算机系统性能，而"经验"通常以"数据"的形式存在。所以从数学的角度来看，机器学习的目标是学习一个映射函数将原始数据（或其特征）映射到语义空间，寻找数据与任务目标之间的关系。

4.3.2.2　分类

机器学习通常分为监督学习、无监督学习和强化学习 3 种类型，如图 4-1 和图 4-2 所示。

（1）监督学习

监督学习利用带有标签信息的数据训练模型，让模型学习输入到输出的映射，然后预测新样本的标签，监督学习必须是有标签的。监督学习通常用在分类和回归任务中。其中，回归任务中模型的输出通常为真实数值，例如预测气温、信息检索中的排序问题、股价预测问题等。分类任务的输出通常是取值有限的离散变量，例如预测明天是晴天或阴天、垃圾邮件识别等。

（2）无监督学习

在无监督学习中，训练数据集不需要提供任何标签，通常用在聚类等任务中。典型算法包括：

1）数据降维。例如，自编码器可将数据转换成缩减或编码的输出，以提取主要特征或压缩数据。

2）数据聚类。聚类算法用于根据相似性特征对数据进行分组等。

3）密度估计。通常是对数据分布特征的统计推断或近似。

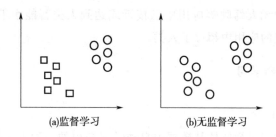

图 4 - 1　监督学习和无监督学习

（3）强化学习

在强化学习中，智能体通过与环境的交互中学习，智能体可以通过环境的奖励或惩罚学习到在不同的状态下如何选择行为方式，强化学习是一种序列数据决策学习方法，训练一段时间后，才能得到一个延迟的反馈。

4.3.2.3　常用算法

常用算法包括逻辑回归（Logistic Regression，LR）、朴素贝叶斯（Naive Bayes）、决策树（Decision Tree）、支持向量机（Support Vector Machine，SVM）、K - means、神经网络等。

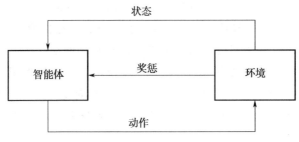

图 4 - 2　强化学习流程

4.3.3　深度学习

4.3.3.1　概述及主要特点

20 世纪 80 年代末期，用于人工神经网络的反向传播算法的发明掀起了基于统计模型的机器学习热潮，利用反向传播算法可以让人工神经网络从大量训练样本中学习统计规律，进而对新的样本做预测，这种基于统计的机器学习方法比起过去基于人工规则的系统，在很多方面显示出优越性。20 世纪 90 年代，各种各样的浅层机器学习模型相继被提出，如支持向量机等。但是，传统机器学习存在局限性，尤其是输入图像、语音等非结构化数据时，必须首先由专家依靠有关具体任务的知识，将原始数据变换成合适的表示特征，再使用机器学习方法学习映射。而"表征学习"就是关注如何自动找出数据的合适表示方式，以便更好地将输入映射为正确的输出，深度学习就属于表征学习，改革了传统的、构建于特征工程之上的机器学习的思想。

人工神经网络为对动物神经系统的模仿及抽象，使机器可以像人脑一样学习，人工神经网络具备强大的学习能力，可以学习复杂的非线性映射关系，常常用来解决实际生活中的分类及预测问题。深度学习在本质上是多层次的人工神经网络算法，构造出有多个隐层的神经网络模型，然后通过对该模型输入大量的数据进行训练，从而学习到实用的特征，以此来提高分类或者预测的准确度。所以说，深层网络是手段，学习特征才是目的。总的来说，深度学习从结构和基本单元上模拟了人脑，在人脸识别、目标检测、语义分割、自然语言理解等领域均取得了突破性的进展。例如，在语音识别领域，使用深度神经网络模型算法相对传统混合高斯模型识别错误率降低了 20％以上。在图像分类领域，目前针对 ImageNet 数据集的算法分类精度已经达到了 95％以上，与人眼分辨能力相当。

深度学习最重要的特点是"端到端（End to end）"，即输入原始数据，输出最终结果，无须人工选择特征的过程。例如，在基于深度学习算法的语音识别任务中，输入给深度学习模型的是原始的语音数据，模型直接输出识别出的文字。

4.3.3.2　算法分类及应用

深度学习的主要网络类型有全连接神经网络、卷积神经网络和循环神经网络等。

（1）全连接神经网络

全连接是传统神经网络结构最常采用的方式，简单的全连接神经网络通常由输入层、隐藏层和输出层 3 部分组成，如图 4 - 3 所示。其中，输入层负责接收外部输入数据，隐藏层负责处理输入单元所接收到的数据，网络连接的权值代表了输入单元中的连接强度，输出层负责将神经单元内部处理的结果数据进行输出。

（2）卷积神经网络

卷积神经网络（Convolutional Neural Network，CNN）是一类前向传播的神经网络，近年来已经在语音识别和图像处理等方面取得突破性进展，相对传统的全连接神经网络，卷积神经网络基于输入的平移或区域不变性、神经元的局部连接以及权值共享等，极大降低了模型的参数。

在卷积神经网络中，通过卷积特征滤波器在输入矩阵中的滑动，检测来自局部输入中的模式，并通过池化层从中选择最明显或者平均的局部特征。以图像数据处理为例，卷积操作提取了图像中的局部模式，所得的不同特征图是对图像中像素点局部空间模式在不同

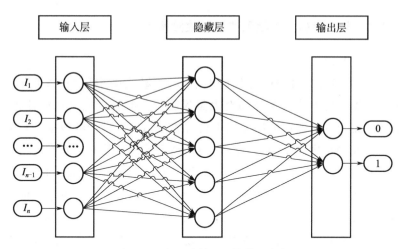

图 4-3　全连接神经网络模型举例

角度的描述，这些所提取的不同局部空间模式所对应的激活系数在全连接层被组合起来，用来进行识别和分类。

（3）循环神经网络

循环神经网络（Recurrent Neural Network，RNN）是一类擅长处理序列数据的网络结构。为了解决时序问题，在每一时刻 t，循环神经网络单元读取的输入包括当前输入数据 x_t 和上一时刻输入数据所对应的编码结果 o_{t-1}，输出当前时刻的编码结果 o_t。循环神经网络在输入序列过长时，容易出现梯度消失或梯度爆炸等问题，所以又提出了经典循环神经网络的编码长短期记忆神经网络（Long Short-term Memory，LSTM）。通过门的开关实现时间上记忆功能，并防止梯度消失，输入门、遗忘门和输出门，每个门的计算方式都类似，但是都有独自的参数。

4.4　卫星数据异常检测技术

本节从卫星异常检测技术研究动机、异常范畴、总体技术架构、检测流程与典型算法等方面介绍大数据驱动的卫星数据异常检测技术。

4.4.1　基于数据异常检测的卫星故障诊断

（1）特点

1）仅依靠设计师通过上下限阈值和领域经验判断卫星数据是否异常，既耗时费力，又在面对大量遥测数据时难以完成检测任务。目前，部分异常数据检测过程由具有领域知识的设计师根据经验从历史卫星数据中人工完成，但当涉及高维遥测参数共同判断时，人工检测的方式既耗时，又无法做到及时可靠地检测出异常样本。

2）构建自动化的监控系统，为每个遥测参数定义上下限阈值进行自动化判断，并在参数值超出阈值后自动报警是比较常见的方式。这种方式能提高监控的实时性和自动化水平，但仅依靠判断数据上下限是否超限来检测卫星故障存在一定的误报率和漏报率，因为很多卫星故障不只表现为单个遥测参数数值超出阈值范围，所以需要融合多个参数进行检测。

针对以上两种典型问题，可以利用大量的卫星历史数据训练机器学习或深度学习模型融合多元参数数据进行自动化检测，而不是仅监控单个参数的数据。

（2）挑战

通过卫星数据异常进行故障诊断最直接的方法是确定代表卫星正常运行的数据区域或规律，任何不在这个区域范围或不符合这一规律的卫星数据即视为异常，表示卫星可能处于某种故障状态。但该方法存在以下挑战：

1）确定包含所有正常行为的数据区域很困难，即阈值的确定很困难，正常/异常的边界往往不精确，容易导致误判；

2）在卫星的整个生命周期内，不同阶段、不同环境条件下、不同模式下代表卫星正常运行状态的数据区域可能都会发生变化，以某一状态定义的正常数据区域不能适应所有卫星工况；

3）对于不同种类的遥测参数，数据异常跳变的定义不尽相同。例如，有的参数微小变动即意味着发生故障，而有的参数由于存在野值等，频繁的波动也属于正常工况；

4）由于卫星长时间处于正常运行状态，缺乏训练卫星故障诊断模型的有标签数据；

5）卫星数据中常常存在噪声数据和野值等，如何与真正发生故障时的数据相区分也比较困难。

由于基于数据驱动的卫星数据异常检测面临以上列举的多种挑战和难题，所以目前大多数基于数据驱动的方法往往聚焦于解决特定类型的问题。

4.4.2　总体技术架构

基于卫星数据异常进行卫星故障检测的整体技术架构如图 4 - 4 所示。

整体技术架构从下至上，依次分为通用机器学习/深度学习算法层、算法和模型、支撑关键技术，以及应用层，应用层主要包括具体的卫星数据异常检测、卫星故障诊断及关键遥测参数预测、故障预测等。

1）通用机器学习/深度学习算法层主要包括适用于数据异常检测、卫星故障诊断等的通用机器学习/深度学习算法，例如，决策树、随机森林、孤立森林、长短期记忆神经网络、支持向量机、自编码器等算法。

2）卫星数据异常检测算法和模型层，主要包括针对卫星系统及卫星数据特点，在通用机器学习/深度学习算法基础之上进行适应性修改的检测算法、针对特定应用训练的检测模型等。

3）异常检测及卫星故障诊断关键技术层，主要是在以上两层的基础上，面向上层应用开发的自适应动态阈值生成、算法自动选择及调参、故障定义技术等支撑上层应用的关键技术。

4）卫星故障诊断应用层，主要是面向特定需求，在底层算法、模型和关键技术的支撑下，开发的特定领域或设备的异常检测、故障诊断、关键参数预测及故障预测等智能化健康管理应用。

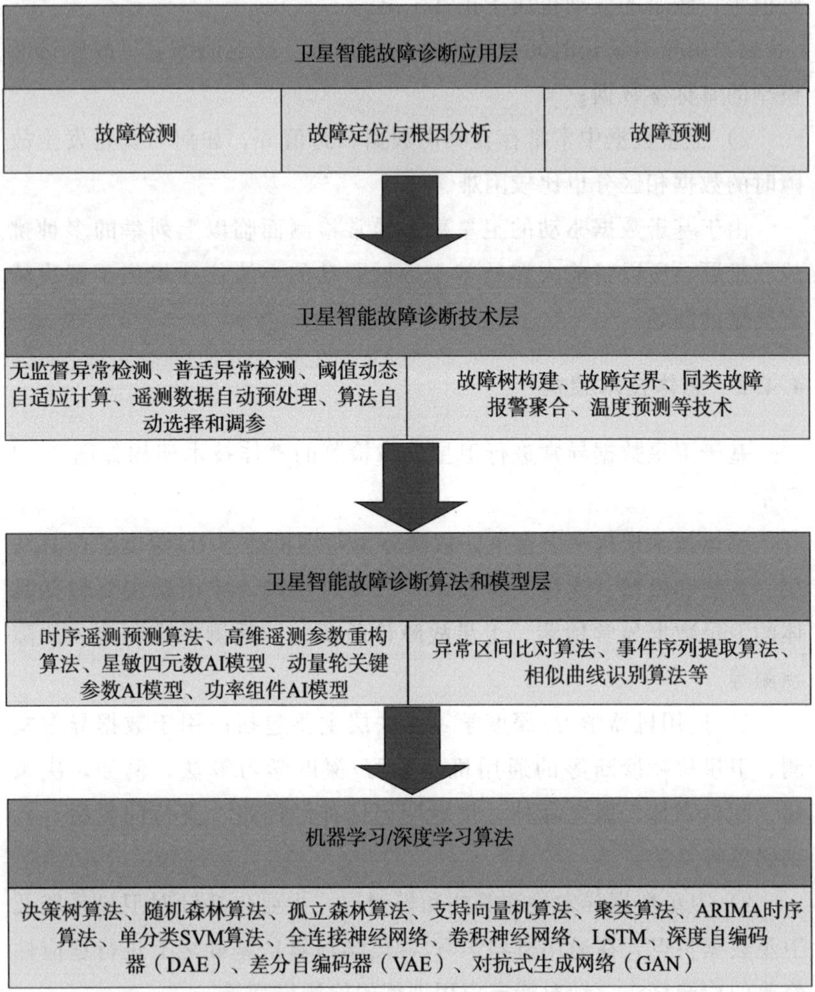

卫星智能故障诊断应用层		
故障检测	故障定位与根因分析	故障预测

卫星智能故障诊断技术层	
无监督异常检测、普适异常检测、阈值动态自适应计算、遥测数据自动预处理、算法自动选择和调参	故障树构建、故障定界、同类故障报警聚合、温度预测等技术

卫星智能故障诊断算法和模型层	
时序遥测预测算法、高维遥测参数重构算法、星敏四元数AI模型、动量轮关键参数AI模型、功率组件AI模型	异常区间比对算法、事件序列提取算法、相似曲线识别算法等

机器学习/深度学习算法
决策树算法、随机森林算法、孤立森林算法、支持向量机算法、聚类算法、ARIMA时序算法、单分类SVM算法、全连接神经网络、卷积神经网络、LSTM、深度自编码器（DAE）、差分自编码器（VAE）、对抗式生成网络（GAN）

图 4-4 基于卫星数据异常进行卫星故障检测的整体技术架构

4.4.3 卫星数据异常检测流程

4.4.3.1 问题分析

首先对卫星数据异常检测要解决的问题进行分析，然后在分析的基础上进行后续的算法选择等一系列流程，对问题的分析从数据的类型及特点、数据异常的表现、数据是否有标签、检测模型的输出要求等 4 方面展开。

（1）卫星数据特点

异常检测模型的输入通常是数据样本的集合，每个样本通常包括多个特征，即不同的遥测参数。首先，分析每个遥测参数的数据特点，不同类型的数据决定了需要采用不同的算法，遥测参数是离散值或连续值，即数字量或连续量，对于包含多个特征及多个遥测参数的数据样本，可能所有遥测参数都属于离散量或连续量，或者包含不同类型的数据，均需要进行具体的分析。

此外，卫星数据作为典型的时序数据，连续样本间往往不完全独立，存在关联关系，这种连续样本间的关联关系也应在选择算法前进行分析。

（2）卫星数据异常类型

一般而言，卫星数据异常通常表现为点异常、上下文异常和集合异常 3 类。

①点异常

如果单个数据样本相对其余数据被认为表现异常，则该样本异常为"点异常"。如图 4 - 5 所示，数据样本 P 为"点异常"。例如，在卫星设备温度遥测中，若在剔除野值后，某个样本的值相比正常温度范围很高，则认为发生"点异常"。

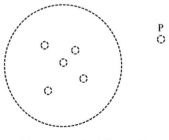

图 4 - 5 "点异常"示例

②上下文异常

如果卫星数据在特定上下文中表现异常，但未发生点异常，则将其称为"上下文异常"。其中，"上下文异常"涉及"上下文属性"及"行为属性"，在卫星数据中，"上下文属性"通常为时间，"行为属性"通常为遥测参数代表的具体数值及其含义。例如，同样的遥测参数数值，在 A 模式下是正常的，在 B 模式下可能就认为是异常的。

③集合异常

如果连续卫星数据集合相对整个数据集是异常的，则称为"集合异常"。集合异常中单个数据样本可能不是异常，但它们集合一起出现时就属于异常。

如图 4 - 6 所示，在中间常值区域中，就单个数据样本而言并无异常，但作为一个数据集合就表现出了异常，为"集合异常"。

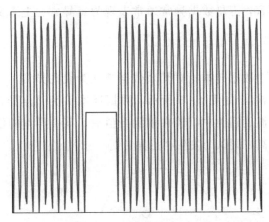

图 4 - 6   "集合异常"示例

（3）卫星数据标签

一般而言，获得覆盖所有类型故障的带标签卫星数据集极其困难，而且异常数据的类型可能动态增加，可能卫星在轨运行期间也会出现新的异常，进一步增加了获取有标签卫星数据集的难度。根据是否有标签，卫星数据异常检测技术可以分为以下 3 类：

1）有监督检测方法，该方法要求用于训练的卫星数据集中需对正常数据和异常数据进行标注，然后建立预测模型，输入新的卫星数据样本给模型进行预测，输出其类别。有监督异常检测方法需解决两个重要问题：正负样本不均衡情况下的分类问题；获得准确且有代表性的样本标签。

2）半监督检测方法，该方法仅要求训练数据集中具有针对正常样本的类别标签，所以该方法适用范围更广。例如，在卫星故障检测中，这种技术中使用的典型方法是为与正常行为相对应的数据建立一个模型，并使用该模型识别测试数据中的异常。

3）无监督检测方法，该方法假设数据集中的正常数据比异常数据多得多，使用未标记数据集的样本训练检测模型。

4.4.3.2　选择模型

由于不同算法/模型适应性不同，需要结合问题分析结果和具体卫星数据异常检测需求，选择适合的算法和模型。例如，以深度学习模型为例，当卫星数据包含较强的时间相关性时，更适合选择长短期记忆神经网络或其他时间序列模型。不同模型的优缺点、适应性及具体如何选择已经在异常检测等相关技术领域的文献中有较多研究。

4.4.3.3　数据预处理

数据预处理的方法和结果对数据异常检测模型性能至关重要，所以不同研究者也提出了较多的方法，在此不一一列举，仅根据实际工程实践列举两点。

在模型训练过程中，是否应针对训练集/测试集单独进行数据预处理？在实际应用中，先对训练集进行了数据预处理，记录其所用参数，再采用相同参数对测试集进行了处理。一是因为测试集中往往存在异常数据，其数据分布与训练集不同，而判定故障的阈值是根据训练集确定的。若对训练集和测试集分别进行数据处理，可能由于两个数据集中数据的边界差异较大，造成模型在测试集性能欠佳；二是模型在实际的在线诊断过程中，无法提前预知实时数据的分布状态，只能采用训练集预处理的参数对实时数据进行预处理。

　　如何剔除卫星数据中的野值？卫星数据中通常会包括一些极大或极小的野值，为了提升模型检测性能，需在数据预处理阶段剔除野值。图 4-7 所示为采用 3 sigma 方法的实际剔除卫星数据中野值的效果。

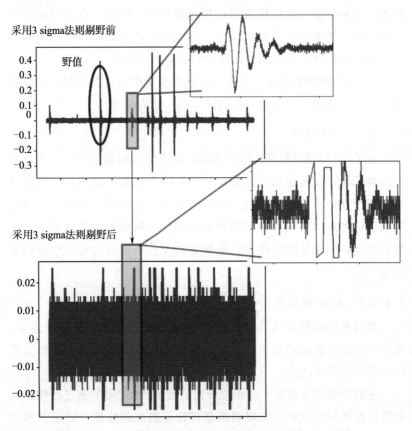

图 4-7　采用 3 sigma 方法的实际剔除卫星数据中野值的效果

4.4.3.4　模型训练和异常检测

基于人工智能模型的卫星数据异常检测任务一般分为两个阶段，即模型训练与利用训练好的模型进行异常检测。下面以半监督模型为例，介绍这两个阶段。半监督的卫星数据异常检测过程首先利用数据驱动方法建模卫星正常行为，然后利用这些模型来识别数据异常，进而诊断出卫星故障。

1）模型训练，使用卫星数据建立一个能够表征卫星正常运行工况下数据分布的模型，用于下一阶段输出异常分数等，并在训练集上计算好判断数据样本是否异常的阈值等参数。阈值的确定很关键，是调整故障诊断敏感度的重要手段，需要根据不同的卫星故障诊断需求确定。

2）检测阶段，将新数据输入前一阶段建立好的模型中，由模型根据偏差程度输出异常分值，根据模型打分及阈值判定异常，进而诊断出故障。例如，异常分数高于给定阈值的数据样本被标记为异常，而分数低于给定阈值的被标记为正常。

4.4.3.5　性能评价

在完成以上过程后，需根据卫星面对测试集或新数据集时的表现，对其性能进行比较综合的评价。从检测准确率、召回率、误报率等指标进行评价，同时要结合具体的故障诊断应用需求进行评价。例如，某些故障造成的影响小，为了减少工作量可重视高准确率、低误报率。而对某些一旦发生会造成严重后果的故障，可更重视召回率，对误报的容忍度更高。

4.4.3.6　性能分析

在进行性能评价后，如果模型性能不理想，可从以下几方面进行分析：

1）对于半监督模型，用于训练模型的卫星数据是否被污染，存在故障样本。

2）模型复杂度过于复杂或简单、训练次数是否不足。

3）对于有监督模型，数据样本的标签是否足够可信。

4）异常分数阈值的选择是否合适。

4.4.4　典型卫星数据异常检测算法

（1）基于分类的方法

基于分类的方法利用标注好的卫星数据训练分类模型，然后利用模型对数据进行分类。此类方法同样分为训练阶段和测试阶段，其中，训练阶段使用有标注的卫星数据训练分类器，测试阶段使用分类器将数据样本区分为正常或异常。根据训练阶段可用的标签，基于分类的方法可以分为多类异常检测和单类异常检测两类。多类异常检测方法训练一个分类器来区分数据中包含的所有类别异常或故障。单类异常检测方法假设所有训练样本只有一个类标签，训练模型学习正常数据和异常数据间的边界。

基于分类的方法采用的机器学习算法包括神经网络、贝叶斯方法、支持向量机（包括单分类支持向量机）等。

（2）最近邻方法

最近邻方法假设正常的数据样本出现在数据密集的区域中，而异常数据出现在离密集区域很远的地方。所以，最近邻的数据异常检测方法首先需定义度量两个数据样本距离或相似性的函数。基于最近邻的方法可以大致分为：使用数据实例到其第 k 个最近邻居的距离作为异常分数的方法；计算每个数据实例的相对密度，以计算其异常分数的方法。

（3）聚类方法

基于聚类进行卫星数据异常检测，有 3 种典型类别的方法：1）正常数据样本属于某个特定类别，而异常数据样本不属于任何类别，将不属于任何类别的数据样本视为异常数据样本；2）正常数据样本靠近聚类中心，而将离聚类中心较远的数据样本视为异常数据样本；3）正常数据样本属于大型、密集聚类集群，而异常数据样本属于小型、稀疏聚类集群，所以将大小或密度低于某一阈值的聚类集群中所有样本视为异常。

（4）统计方法

基于统计方法进行异常检测基于以下关键假设：正常数据实例出现在随机模型的高概率区域，而异常数据实例出现在随机模型的低概率区域。统计方法计算给定数据与一个学习到的统计模型（通常用于正常行为）的匹配程度，然后应用一个统计推断测试来确定测试实例是否属于这个模型。从学习的统计模型中生成的概率低的实例被视为异常。参数方法和非参数方法都被应用于拟合统计模型。参数方法假设了潜在分布的知识，并从给定的数据中估计了参数，而非参数方法通常不假设潜在分布的知识。

4.5　基于深度学习的数据异常检测及卫星故障诊断技术

4.5.1　引言

以深度学习算法为代表的新一代人工智能技术在图像识别、目标检测、语音识别等领域显示出强大的特征提取能力，也为利用算法从卫星历史数据中挖掘故障模式、进行卫星数据异常检测提供了有效技术手段。卫星长期在轨运行期间产生了大量数据，而深度学习方法擅长处理大量、高维数据，能建模复杂非线性关系，一般而言其性能也通常与训练数据量成正比，更适合大数据量场景。

深度学习算法可以直接从原始输入数据中学习，降低了特征选择工作以及对领域专业知识的要求。此外，基于深度学习的卫星数据异常检测及故障诊断流程与上文所述一致，分为两个阶段。首先重要的是利用深度学习算法建模正常数据，最后利用训练好的模型检测新输入的卫星数据。

4.5.2　卫星数据分类

"卫星数据分类"的总体思路是：给定足够数量的有标签数据样

本训练分类模型，训练好的模型可以分类新输入的卫星数据，不仅能检测出异常或故障数据，也能给出具体的异常或故障类型。

从模型性能、计算复杂性、可选算法类别看，利用分类模型对卫星数据进行有监督分类是最为直接的方法。但是，训练有监督分类模型需要足够数量的有标签数据样本。正如前文所述，卫星在轨后长期处于自主稳定运行状态，卫星产生的数据并不能覆盖卫星所有工况，而且卫星在轨绝大部分的时间内均正常运行，其产生数据基本都是正常工况下的，故障工况下的数据样本很少，导致正负样本不均衡。

4.5.3　卫星数据预测

"卫星数据预测"的总体思路是：利用卫星正常运行工况下产生的数据训练卫星数据预测模型，该模型可根据输入的历史卫星数据预测未来某一时刻或连续多个时刻的卫星数据数值，然后基于预测值与真实值的残差检测出卫星数据异常，进而诊断出故障。

在具体实现中，仅利用卫星在正常运行工况下产生的数据训练模型，模型基于固定长度时间间隔的历史数据预测一个或多个时间步长的数据。完成训练后，该模型通过将每个时间步长的预测与实际卫星数据比较来检测异常。一旦预测误差超过预定义的阈值，就可以将数据点标记为异常，进而确认故障。

卫星数据预测常用的深度学习算法是 LSTM，它是循环神经网络的变种。循环神经网络是一类具有短期记忆能力的神经网络。神经元不但可以接收其他神经元的信息，也可以接收自身的信息，形成具有环路的网络结构，通过使用带自反馈的神经元，具备短期记忆能力，能处理任意长度时序数据并利用其历史信息。但是，由于循环神经网络输入序列比较长时存在梯度爆炸和消失问题，产生了多种变体，LSTM 神经网络就是一个典型代表，可以有效解决简单循环神经网络的梯度爆炸或消失问题

LSTM 神经网络引入门机制来控制信息传递的路径，分别为输

入门 i_t、遗忘门 f_t 和输出门 o_t，通过门的开关实现时间上记忆的功能。其中，遗忘门 f_t 控制上一个时刻的内部状态 c_t 需要遗忘多少信息，输入门 i_t 控制当前时刻的候选状态 c_t 有多少信息需要保存，输出门 o_t 控制当前时刻的内部状态 c_t 有多少信息需要输出给外部状态 h_t。

4.5.4　卫星数据重构

"卫星数据重构"的总体思路是：将卫星正常运行工况下产生的数据输入神经网络，训练神经网络尽可能精确地重构输入的遥测参数值，所以在卫星正常运行工况下模型输入与输出的残差较小。当卫星发生故障导致数据异常时，由于输入给神经网络的卫星数据发生变化，神经网络无法精确地重构出异常时刻的输入值，导致残差增大，进而实现故障诊断。

自编码器神经网络"卫星数据重构"的常用方法。自编码器神经网络尝试学习生成输入卫星数据的内部表示，解码器尝试基于这个内部表示重建原始输入数据。虽然不同模型编码和解码过程采用的具体技术不尽相同，但均能够学习输入的正常数据的分布，并根据模型特点构建相应的异常数据度量方式。

（1）方法介绍

自编码器神经网络学习得到输入数据的低维表示，通常由以下两部分组成：

1）编码器：将输入数据映射到低维表示；

2）解码器：将低维表示映射回原始输入数据。

通过以这种方式建立"学习"过程，编码器网络学习这种将输入数据映射到显著低维表示的高效"压缩"功能，使得解码器网络能够成功重建原始输入数据，自编码器的训练以最小化重建误差为目标。重建误差是原始输入数据与解码器输出的重构输入的偏差。在实际应用中，自编码器已经作为降维技术以及其他用途被应用于从图像中去除噪声、图像着色、无监督特征提取和数据压缩。自编码器学习的映射函数是特定于训练数据的分布，也就是说，自编码器通常无法成功重建与训练数据的分布显著不同的数据。

自编码器（Auto - Encoder，AE）是一种通过无监督方式学习一组数据有效编码的方法，假设正常模式下的数据具有某种相似的数据关联性，而自编码器所学习到的网络能够提取数据这种不同特征之间的关联性，因此能够鉴别不具有相似性的异常数据，进而实现故障检测的目的。其基本思想为，对于一组 N 个 d 维样本数据 $x^{(n)} \in \mathbb{R}^d$，$1 \leqslant n \leqslant N$，自编码器对其进行数据降维，将每个样本映射到一个 k 维的样本空间，得到每个样本的编码 $z^{(n)} \in \mathbb{R}^k$，$1 \leqslant n \leqslant N$，通过学习与训练使得这组编码能够通过网络重构出原来的样本。

自编码器训练一个从原始样本 $x^{(n)}$ 到编码序列 $z^{(n)}$ 的神经网络，组成一个编码器（Encoder）

$$f : \mathbb{R}^d \rightarrow \mathbb{R}^p$$

再训练一个由编码序列 $z^{(n)}$ 到输出序列 $y^{(n)} \in \mathbb{R}^d$，$1 \leqslant n \leqslant N$ 的神经网络，组成一个解码器（Decoder）

$$g : \mathbb{R}^p \rightarrow \mathbb{R}^d$$

其训练准则为最小化数据重构的误差，即

$$\mathcal{L} = \sum_{n=1}^{N} \| x^{(n)} - g(f(x^{(n)})) \|^2 = \sum_{n=1}^{N} \| x^{(n)} - f \cdot g(x^{(n)}) \|^2$$

通常取 $k < d$，此时自编码器可以看作是对数据降维，进行特征提取后再对其进行恢复。典型的自编码器原理图如图 4 - 8 所示。

隐藏层为样本 x 被编码后得到的序列

$$z = s(W^{(1)} x + b^{(1)})$$

输出层为编码序列 z 被解码后重构的数据

$$y = s(W^{(2)} z + b^{(2)})$$

其中，W 和 b 均为神经网络参数，$s(\cdot)$ 为网络节点的激活函数，衡量网络学习效果的误差函数为

$$L = \sum_{n=1}^{N} \| x^{(n)} - y^{(n)} \|^2 + \lambda \| W \|_F^2$$

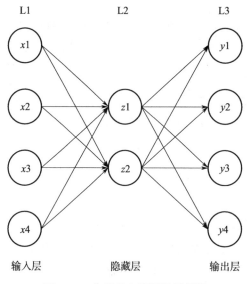

图 4 - 8　典型的自编码器原理图

其中，λ 是正则化系数，通过最小化误差函数，训练出能够重构正常样本的自编码器网络。当输入异常值时，网络无法重构出与样本相近的输出，造成较大的重构误差，从而能够以此识别异常样本。

（2）诊断原理

使用自编码器神经网络进行卫星数据异常检测时首先对正常工况数据模式建模，然后利用模型为待检测数据生成异常分数，如图 4 - 9 所示。为了建模卫星正常工况数据模式，在正常数据样本上训练自编码器神经网络模型，模型重构的正常数据样本与原始数据误差非常小。同样，在实际检测过程中，模型对于正常数据重建误差很小，而对于卫星故障工况下产生的异常数据样本重建误差很大。为了检测卫星数据异常，使用重建误差分数作为异常分数，将重建误差高于阈值的样本标记为异常。

4.5.5　生成模型方法

在无监督学习的任务中，生成模型是最为关键的技术之一，生

图 4-9　使用自编码器进行卫星数据异常检测的原理图

成模型通过观察已有样本，学习其分布并生成类似样本。

4.5.5.1　基于变分自编码器的故障诊断

（1）方法介绍

变分自编码器（Variational Autoencoder，VAE）由编码器和解码器组成，但与学习输入数据到固定大小向量的普通自编码器不同，变分自编码器学习从输入数据到分布的映射，并学习使用隐变量从该分布中采样得到的数据重构原始输入数据。在变分自编码器中，编码器和解码器的输出为分布或其参数，而不是确定的编码，其思想是利用神经网络分别建模两个复杂的条件概率密度函数，将可观测变量映射为隐变量。

（2）诊断原理

基于变分自编码器的卫星故障诊断方法包括以下步骤：

步骤 1：输入多维卫星数据（例：x_1，x_2），用神经网络来产生变分分布 $q(z \mid \varphi)$，称为推断网络。理论上 $q(z \mid \varphi)$ 可以不依赖 x。但由于 $q(z \mid \varphi)$ 的目标是近似后验分布 $p(z \mid x, \theta)$，其和 x 相关，因此变分密度函数一般写为 $q(z \mid x, \varphi)$。推断网络的输入为 x，输出为变分分布 $q(z \mid x, \varphi)$。

步骤 2：用神经网络来产生概率分布 $p(x \mid z, \theta)$，称为生成网络。生成网络的输入为 z，输出为概率分布 $p(x \mid z, \theta)$。

步骤 3：在生成网络产生的分布上采样产生重构的输入遥测（例：x_1，x_2）。

步骤 4：根据输入与输出的残差，计算残差阈值。

步骤 5：输入测试集数据，计算模型输入与输出的残差，基于上一步计算的阈值诊断故障数据。

4.5.5.2　基于生成对抗网络的故障诊断

（1）方法介绍

生成对抗网络学习输入数据的分布，包括两部分：生成模型 G（Generative Model）和判别模型 D（Discriminative Model）。生成模型 G 的目标是尽可能学习真实数据的分布，而判别模型 D 的目标是正确判别输入数据是来自真实数据还是生成模型 G 生成的数据。

生成模型 G 学习从固定维度随机噪声 Z 到与输入数据分布非常相似的样本的映射。判别模型 D 学会辨别数据源 X 中的真实样本和生成模型 G 生成的伪样本。在模型训练期间，生成模型 G 以判别模型 D 无法区分其生成的样本 X_ 为目标，更新网络参数。而判别模型以正确辨别伪样本 X_ 和真实样本 X 为目标更新参数。随着模型的训练，生成模型 G 能生成与真实样本 X 相似的样本，而判别模型 D 辨别真实样本与伪样本的能力也得到提升。在这个经典的 GAN 网络设计中，生成器可以更好地建模真实数据 X 的分布。

（2）诊断原理

在卫星数据异常检测中引入生成对抗网络，利用其强大的数据分布学习能力，建模卫星正常工况下的数据分布。首先，利用卫星在正常运行工况下产生的数据训练生成对抗网络模型，在训练过程中得到从数据样本（X）到潜在编码空间（Z_）映射的编码器 E，判别模型 D 已经学会区分真实的和生成的数据，生成器 G 已经学习到从潜在编码空间到样本空间的映射。并且这些映射是特定于训练时模型见过的正常训练数据。最后，在诊断过程中，利用模型给新的卫星数据进行异常值打分：通过编码器 E 从给定数据 X 获得潜在编码空间 Z_，将其送到发生器 G 并产生样本 X_。然后，基于重构误差和判别模型误差，计算异常分数，进而诊断卫星是否发生故障。

4.6　卫星数据异常检测及故障诊断技术应用

大数据驱动的卫星故障诊断技术研究及应用如图 4 - 10 所示。

4.6.1　卫星数据预测与故障诊断及其应用

基于卫星数据预测的故障诊断流程如图 4 - 11 所示。

目前，卫星在轨故障诊断一般通过传感器阈值上下限检测及处理，但对处于报警阈值范围内的时间序列异常难以及时捕捉，所以，研究并应用基于 LSTM 的故障时间序列预测方法，基于对卫星数据的提前预测诊断时间序列异常。

4.6.1.1　卫星数据预测方法

（1）基于 LSTM 的卫星数据预测

基于 LSTM 的卫星数据预测模型训练流程如图 4 - 12 所示，分为以下 4 个步骤：

1）首先将时间序列数据转为监督数据集，用于神经网络模型的训练，转换后的监督数据集如图 4 - 13 所示；

2）网络结构设计及验证调优，添加 Dropout 层防止过拟合；

3）目标函数选择，以均方根误差（Root Mean Square Error，MSE）为度量标准；

4）训练神经网络模型。

（2）基于 XGBoost 的卫星数据预测

极端梯度上升（Extreme Gradient Boosting，XGBoost）是梯度提升算法的改进，它是兼具线性模型和 Boosted Tree 模型的一种优化模型。通过在数据集上构建多个学习能力相对较弱的模型，然后汇总所有弱评估器的建模结果，以获取比单个模型更好的回归或分类性能。而且，XGBoost 能进行多线程并行计算，具有运行速度快、分类效果好、支持自定义损失函数等优点。

图 4 – 10　大数据驱动的卫星故障诊断技术研究及应用

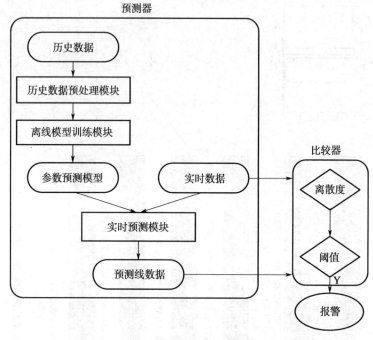

图 4-11 基于卫星数据预测的故障诊断流程

图 4-12 基于长短期记忆神经网络的卫星数据预测模型训练流程

$$X = \begin{bmatrix} x_1^{(t-T_n)} & x_1^{(t-T_n-1)} & \cdots & x_1^{(t-1)} & x_1^{(t)} \\ x_2^{(t-T_n)} & x_2^{(t-T_n-1)} & \cdots & x_2^{(t-1)} & x_2^{(t)} \\ x_3^{(t-T_n)} & x_3^{(t-T_n-1)} & \cdots & x_3^{(t-1)} & x_3^{(t)} \\ x_4^{(t-T_n)} & x_4^{(t-T_n-1)} & \cdots & x_4^{(t-1)} & x_4^{(t)} \end{bmatrix} \quad Y = \begin{bmatrix} x_1^{(t+1)} \\ x_2^{(t+1)} \\ x_3^{(t+1)} \\ x_4^{(t+1)} \end{bmatrix}$$

图 4-13　转换后的监督数据集

基于 XGBoost 的卫星数据预测流程同样包括以下 4 个步骤：

1）首先将时间序列数据转为监督数据集，用于 XGBoost 模型的训练；

2）目标函数选择，以均方根误差为度量标准；

3）模型的超参数，如树的数量、训练参数采用自动寻优；

4）训练 XGBoost 模型。

4.6.1.2　残差阈值计算方法

在基于卫星数据预测的异常检测故障诊断方法中，首先利用预测模型的输出与实际数据求残差，然后根据残差的大小实现数据异常检测及卫星故障诊断。所以，残差阈值的选取很关键。具体而言，可以有人工设定阈值、训练残差网络输出阈值、自适应动态阈值计算。

（1）人工设定阈值

如图 4-14 和图 4-15 所示，靠人工经验设定"故障样本比例"，据此对残差按大小排序后确定阈值，后期需要针对已经发生故障的诊断结果人工调整比例。

```
# train AutoEncoder detector
clf_name = 'AutoEncoder'
clf = AutoEncoder(hidden_neurons=[5,3,5],epochs=5, contamination=0.1)
clf.fit(X_train)

# fit the data and save model into model_dir_path
if DO_TRAINING:
    ae.fit(ecg_np_data[:, :], model_dir_path=model_dir_path,
        estimated_negative_sample_ratio=0.9)
```

图 4-14　按照异常比例设定阈值-开源库举例

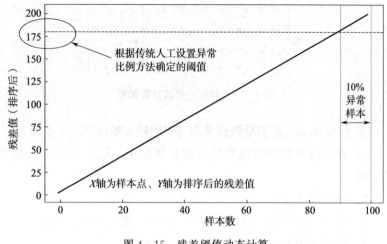

根据传统人工设置异常比例方法确定的阈值

10% 异常样本

X轴为样本点、Y轴为排序后的残差值

图 4-15 残差阈值动态计算

（2）训练残差网络输出阈值

利用自编码器神经网络对预测模型在训练集上产生的残差数据进行训练，然后对测试数据残差是否异常进行判断，如图 4-16 和图 4-17 所示。

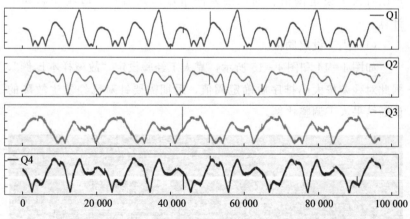

图 4-16 卫星正常工况下模型预测值与实际的残差数据

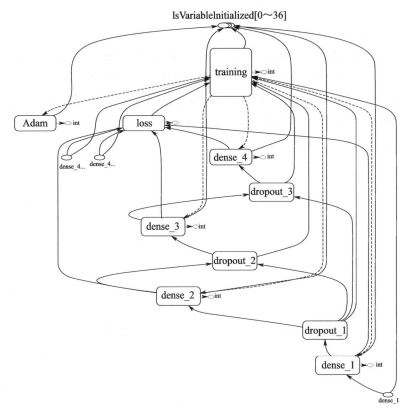

图 4 - 17 基于残差的故障诊断神经网络信息流图

（3）自适应动态阈值计算

以上两种方式都需要人工参与设定，存在以下问题：

1）"异常样本比例"靠人工经验设定，确定后需要针对已经发生故障的诊断结果人工调整比例，实用性不强；

2）卫星数据分布规律随时间变化会发生渐变，需要针对新数据在线增量学习模型，阈值也要频繁调整，人工方式从性能和成本上均无法满足要求；

3）针对每个数据集的通过人工或训练神经网络确定残差阈值，不仅工作量大，而且模型通用性较差，一类数据一个模型，并且误报率较高，工程应用价值不高。

所以，针对当前以上问题，基于《Detecting Spacecraft Anomalies Using LSTMs and Nonparametric Dynamic Thresholding》文献中提出的方法，利用训练集上的残差数值自动计算出故障诊断的阈值，无须人工参与。该方法选取阈值的标准为使得剔除异常点后的序列与原序列的均值和标准差改变尽可能大，这也符合对异常点的直观感觉，即出现频率低，且与正常序列有较大的差距数据点。

4.6.1.3　应用及诊断结果

在不基于故障机理的前提下，利用 LSTM、XGBoost 算法对某遥测参数历史数据进行学习，挖掘内在关联，建立了卫星数据预测模型，可以对卫星多个遥测数据进行精准预测。

（1）卫星数据预测

预测模型网络结构设计见表 4 - 1，包含 3 层 LSTM 层以及 1 层全连接层，Dropout 层用于防止模型过拟合。Dense 层指的是全连接层，Dropout 层在训练过程中每次更新参数时能够按照一定的概率随机断开神经元，目的是防止过拟合。图 4 - 18 所示为预测模型网络结构。

表 4 - 1　预测模型网络结构设计

序号	类型	参数设置
Layer 1	LSTM	Input_Size = 50,Time_Steps=50,input_dim=4,optimizer=adam
	Dropout	Dropout_probability=0.2
Layer 2	LSTM	optimizer=adam
	Dropout	Dropout_probablility=0.2
Layer3	LSTM	optimizer=adam
	Dropout	Dropout_probablility=0.2
Layer4	Dense	Output _size=4,activation=linear

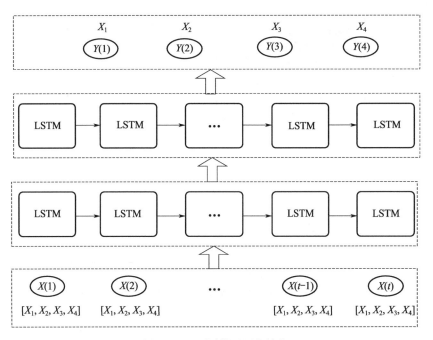

图 4 - 18 预测模型网络结构

在模型训练过程中，选取 30 余万条正常模式的卫星数据作为训练集，窗口大小为 50。在故障时刻，基于预测值与实际值的残差进行诊断，图 4 - 19 所示为其中某个参数的预测效果。

（2）故障诊断

基于残差阈值进行故障诊断，加入模拟的时序异常故障后，预测值和真实值出现了差异，通过设置一个门限阈值，当真实遥测与预测值的差异大于阈值时，可以及时发现模拟的时序参数集合故障。如图 4 - 20 所示，可以发现在故障时刻残差较明显，基于对残差的判断即可准确诊断出故障。

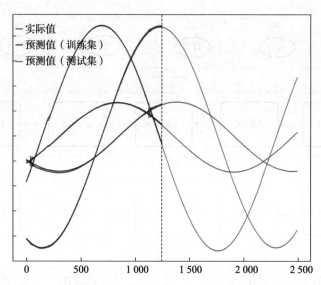

图 4 - 19　某参数数据预测效果 - LSTM 曲线预测（见彩插）

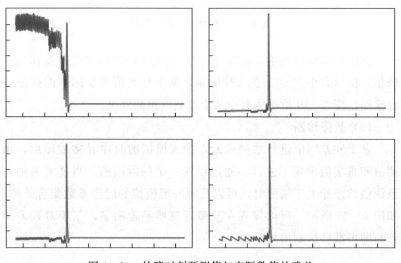

图 4 - 20　故障时刻预测值与实际数值的残差

4.6.2　多元卫星数据融合故障诊断与应用

4.6.2.1　卫星数据重构方法

　　传统的故障检测方法主要基于机理模型和规则，例如对参数进行门限判断等，该方法参数之间的融合度不高，如图 4-21 所示。多元卫星数据融合的故障诊断是一种典型的基于数据驱动的故障诊断方法，该方法不依赖于数据的正向建模，通过对 m 个 n 维参数数据样本的训练和学习，基于机器学习的方法提取数据间的内在关系（即正常的数据分布关系），当被检测数据与训练数据分布存在偏离时，即认为发生故障。

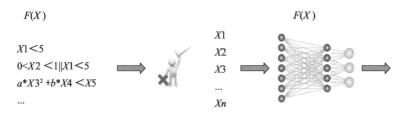

(a) 基于规则的故障诊断　　　　　　　(b) 基于多参数融合的故障诊断

图 4-21　方法设计

　　基于无监督学习的故障诊断方法主要思路可分为以下两类：

　　1) 基于密度/距离的机器学习方法：衡量当前输入数据与其他数据点的距离，判定距离样本集合较远或周围区域数据密度较小的点作为故障点；

　　2) 基于数据重构的深度学习方法：训练深度神经网络对正常时刻数据进行编码-解码，当输入异常点或有噪声的数据点时，由于网络无法对其进行重构，导致输出与输入之间的残差较大，据此判定其为故障点。

　　在卫星数据的故障诊断中，由于单个单机/组部件的遥测参数众多，采用基于密度/距离的机器学习方法判别方式较为简单，难以学习多维数据不同维度之间的关联，造成的误报较多。与之相比，基于数据重构的深度学习方法能够对正常数据的模式进行学习和判别，故而准确率更高。自编码器作为典型的数据重构方法，能够应用于卫星数据的异常诊断领域。以正常时段某单机/组部件的遥测参数作为训练集，以包含故障时段的遥测参数作为测试集并将其输入训练完成的自编码器中，设定残差阈值，判定残差超过阈值的数据为异常数据。

在训练阶段，自编码器通过学习正确的样本输入，然后再复制到输出，通过多次训练使输出逐渐逼近输入，残差达到最小化。在测试阶段，将正确和错误的样本都输入至自编码器，如为正确样本，则自编码器输出值与输入值的残差很小，如为错误样本，则自编码器输出值与输入值的残差很大，通过上述机理实现对异常数据的识别。

4.6.2.2　应用及诊断结果

图 4-22 所示为多元卫星数据融合故障诊断模型结构及数据流设计，该模型学习历史数据并输出最终的诊断结果。

其中，自编码器神经网络包含 3 个隐藏层，每层采用全连接的网络形式，训练学习过程采用自适应动量估计（Adaptive Momentum Estimation，Adam）算法进行优化，网络结构和参数设置如表4-2和图 4-23 所示。自编码器网络层数、每层神经元个数等参数采用网格搜索方法进行参数选优，选优目标是在测试集上的检测准确率最高、误报率最低。以 Layer1 为例，神经元个数为 6，激活函数为ReLu，选择 L2 正则化，优化选择 Adam，Dropout 比例为 0.2。

通过自编码器等深度学习方法进行故障诊断，能够同时监测多个参数的异常状况，挖掘其内在的数据关联。一方面防止故障的遗漏；另一方面对于不是突发和跳变的故障，能够在多参数向量逐渐偏离正常集群时发现异常，从而实现对故障的及时发现。

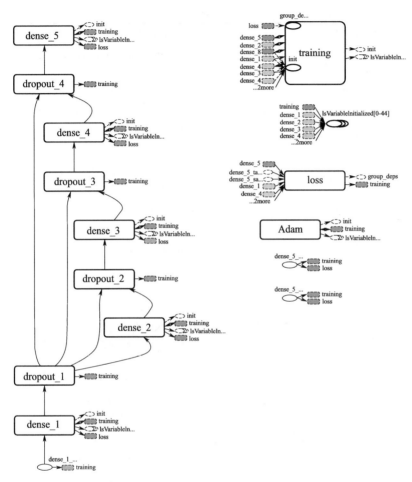

图 4 - 22　多元卫星数据融合故障诊断模型结构及数据流设计

表 4 - 2　动量轮故障诊断网络结构设计

序号	类型	参数设置
Layer 1	Dense	Layer _size＝6, activation＝ReLu, activity_regularize＝L2, optimizer＝adam
	Dropout	Dropout_probability＝0. 2

续表

序号	类型	参数设置
Layer 2	Dense	Layer _size＝5,activation＝ReLu,activity_regularize＝L2,optimizer＝adam
	Dropout	Dropout_probablility＝0.2
Layer 3	Dense	Layer _size＝3,activation＝ReLu,activity_regularize＝L2,optimizer＝adam
	Dropout	Dropout_probablility＝0.2
Layer 4	Dense	Layer _size＝5,activation＝ReLu,activity_regularize＝L2,optimizer＝adam
	Dropout	Dropout_probablility＝0.2
Layer 5	Dense	Layer _size＝6,activation＝Sigmoid,activity_regularize＝L2,optimizer＝adam

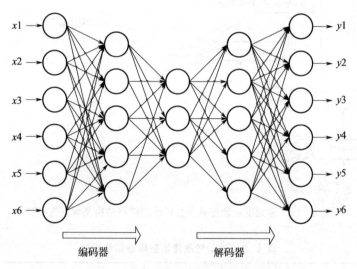

图 4-23　故障诊断自编码器结构

（1）基于多元卫星数据融合的某设备干扰检测

基于卫星数据重构方法，利用卫星正常工况下多个参数数据共30余万条训练自编码器神经网络模型。然后，模拟由于空间环境辐射产生瞬时干扰，造成某采集设备故障并导致遥测数据异常，模型成功诊断出该模拟的故障，如图 4 - 24 所示。

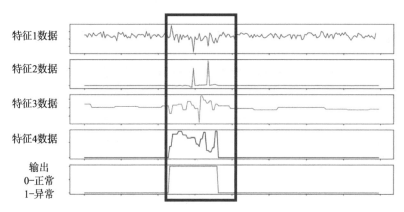

图 4 - 24 模拟卫星某设备异常扰动诊断结果

（2）基于多元卫星数据融合的动量轮故障检测

选取动量轮为应用对象，利用自编码器对模拟的温度异常升高故障进行诊断。具体而言，选取动量轮温度等 6 个特征作为输入，以动量轮正常工作时期的数据共 20 余万条作为训练集，模拟的故障时期数据及健康数据一起作为测试集。

动量轮故障诊断结果如图 4 - 25 所示。其中，"输出"为模型自动诊断出的结果，1 表示诊断结果为异常，0 表示诊断结果为正常，"输出"结果是对自编码器模型在测试集的输出值与输入值求残差后，再对残差进行阈值判断，连续 10 次超出阈值范围则诊断为"异常"，输出 1，否则输出 0。其中，实际故障时段为图中红框所示，特征 2、4、5、6 在故障时段均有异常表现。其中，特征 4 和特征 6 在故障发生前已出现异常趋势。通过多元卫星数据融合的方式，在人为判定的故障开始前系统已开始发生频繁的故障报警，而在故障较为明显的阶段，诊断结果始终保持为 1。

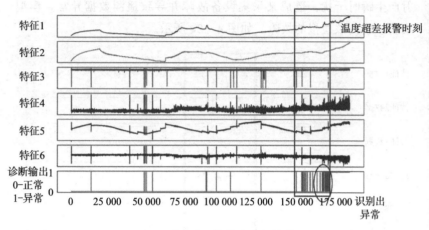

图 4 - 25　动量轮故障诊断结果

4.6.3　基于滑动窗口的多步长多元卫星数据融合故障诊断与应用

卫星发生故障后，同一时刻不同参数间、同一参数不同时刻间的关联关系往往都会发生变化，为了捕捉这些变化，采用基于滑动窗口的方法，在模型训练时就学习挖掘多帧、多个参数间的潜在模式和规律。

4.6.3.1　滑动窗口机制设计

在训练模型时，输入给模型的是矩阵形式（$k \times m$）的数据，其维度分别为时间步长 k 和特征个数 m，即在 T_a 时刻输入 T_{a-k+1} 到 T_a 的 k 个时刻点的 m 维数据，其中，m 维数据为某一单机/组件全部相关遥测量。通过提高输入维度，实现模型对参数时序关系、参数间关系的同时学习，进一步提高诊断效果。

图 4 - 26 所示为基于滑动窗口的数据准备及模型训练示例，其每个输入数据块包含 k 个时间点的全部数据，为了使诊断结果能够在每个时间点连续产生，需要使用滑动窗口对输入数据进行划分。

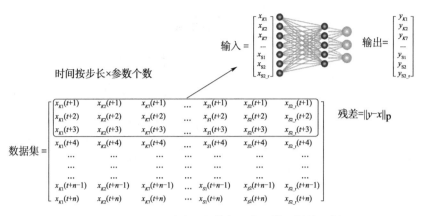

图 4-26　基于滑动窗口的数据准备及模型训练示例

4.6.3.2　模型设计

由于在不同的故障诊断场景中，不同架构的性能表现不同，为了提升模型的适应性和诊断能力，设计了 5 种不同类型的卫星故障诊断自编码器网络结构，以适应不同设备的特点，见表 4-3，包括全连接架构、LSTM 自编码器架构、双向 LSTM 自编码器架构、一维卷积自编码器、CNN＋LSTM 自编码器架构。

表 4-3　不同网络模型结构

序号	名称	特点
1	全连接架构	网络结构简单、训练时间短
2	LSTM 自编码器架构	能挖掘历史数据关联
3	双向 LSTM 自编码器架构	挖掘变量上下文关系，重构效果好
4	一维卷积自编码器	挖掘时序关系卷积网络
5	CNN＋LSTM 自编码器架构	既提取了关键特征，又挖掘了特征上下文关联

LSTM 自编码器架构举例如图 4-27 所示。

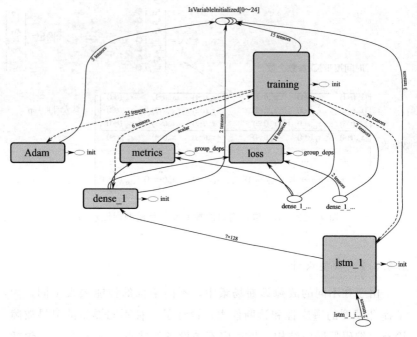

图 4 - 27　LSTM 自编码器架构举例

4.6.3.3　应用及诊断结果

（1）模拟的卫星某设备功率异常下降故障诊断

基于上文中提到的双向 LSTM 自编码器神经网络算法，利用 50 万条卫星某设备处于正常运行工况下产生的数据作为训练集，完成故障诊断模型训练。之后，模拟了该设备功率异常下降故障，并成功诊断，如图 4 - 28～图 4 - 30 所示。

（2）模拟的卫星姿态异常故障诊断

基于上文提出的 CNN＋LSTM 自编码器神经网络算法，选取卫星动量轮、姿态相关共 12 个遥测参数在正常工况下的数据作为训练集，完成故障诊断模型训练。之后，在测试集中模拟卫星姿态异常故障，模型成功诊断出故障。模型输入输出架构如图 4 - 31 所示。

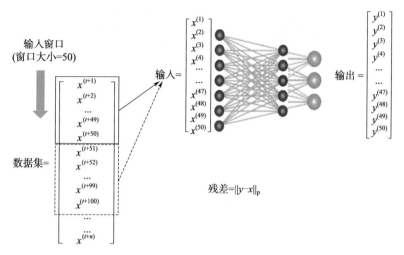

图 4-28　模型输入输出架构

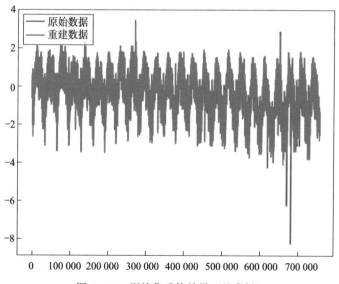

图 4-29　训练集重构效果（见彩插）

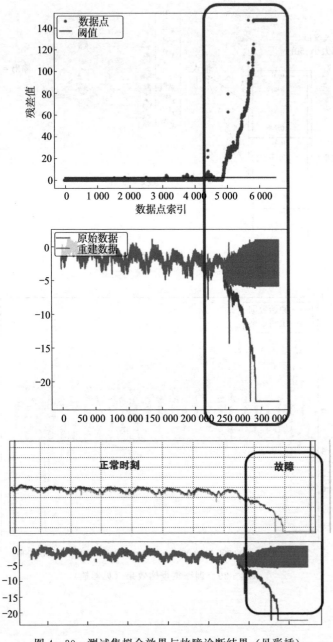

图 4 - 30　测试集拟合效果与故障诊断结果（见彩插）

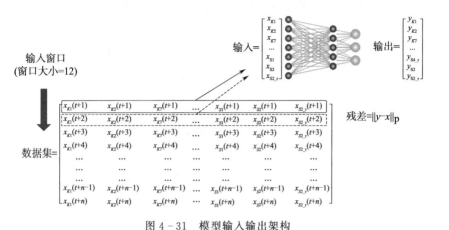

图 4 - 31　模型输入输出架构

图 4 - 32 所示为自编码器模型在训练集上重构的部分参数效果，可以发现，正常工况下模型重构出的数据与实际输入差别极小，重构效果较好。

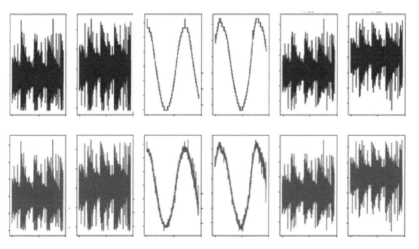

图 4 - 32　自编码器模型在训练集上重构的部分参数效果（特征参数 1～6）

模型在测试集上的诊断效果如图 4 - 33 所示，纵轴为残差值，残差值越大，则异常分数越高，红色横线采用残差阈值，较高的 4

个值对应的就是故障时刻，模型诊断结果与实际模拟的故障发生时
刻相同。

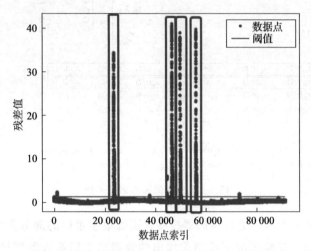

图 4 - 33　模型在测试集上的诊断效果（见彩插）

参 考 文 献

[1] 彭喜元，庞景月，彭宇，等. 航天器遥测数据异常检测综述 [J]. 仪器仪表学报，2016，37（9）：1929-1945.

[2] 尹洪. 基于数据驱动的卫星故障诊断关键技术研究 [D]. 长沙：国防科技大学，2015.

[3] 何章鸣. 非预期故障的数据驱动诊断方法研究 [D]. 长沙：国防科技大学，2015.

[4] STUART RUSSELL，PETER NORVIG. 人工智能：一种现代方法 [M]. 北京：人民邮电出版社，2004.

[5] SUN W，SHAO S，ZHAO R，et al. A sparse autoencoder-based deep neural network approach for induction motor faults classification [J]. Measurement，2016：171-178.

[6] PANG S，YANG X，ZHANG X. Aero engine component fault diagnosis using multi-hidden-layer extreme learning machine with optimized structure [J]. International Journal of Aerospace Engineering，2016.

[7] OH D Y，YUN I D. Residual error based anomaly detection using auto-encoder in SMD machine sound [J]. Sensors，2018，18（5）：1308.

[8] YANG Z X，WANG X B，ZHONG J H. Representational learning for fault diagnosis of wind turbine equipment：A multi-layered extreme learning machines approach [J]. Energies，2016，9（6）：379.

[9] ZHONGHUA M，GUANGXING Z，HAINING L，et al. Tests and feature extraction algorithm of vibration signals based on sparse coding [J]. Journal of Vibration and Shock，2014，33（15）：76-81，118.

[10] Liu H，Li L，Ma J. Rolling bearing fault diagnosis based on STFT-deep learning and sound signals [J]. Shock and Vibration，2016.

[11] WANG L，ZHAO X，PEI J，et al. Transformer fault diagnosis using continuous sparse autoencoder [J]. Springer Plus，2016，5（1）：1-13.

[12] UTKIN L V, ZABOROVSKII V S, POPOV S G. Detection of anomalous behavior in a robot system based on deep learning elements [J]. Automatic Control and Computer Sciences, 2016, 50 (8): 726 - 733.

[13] LENG J, JIANG P. A deep learning approach for relationship extraction from interaction context in social manufacturing paradigm [J]. Knowledge - Based Systems, 2016, 100: 188 - 199.

[14] HUNDMAN K, CONSTANTINOU V, LAPORTE C, et al. Detecting spacecraft anomalies using lstms and nonparametric dynamic thresholding [C] //Proceedings of the 24th ACM SIGKDD international conference on knowledge discovery & data mining. 2018: 387 - 395.

[15] DAS S, WONG W K, DIETTERICH T, et al. Incorporating expert feedback into active anomaly discovery [C] //2016 IEEE 16th International Conference on Data Mining (ICDM). IEEE, 2016: 853 - 858.

[14] PIMENTEL T, MONTEIRO M, VIANA J, et al. A generalized active learning approach for unsupervised anomaly detection [J]. Stat, 2018, 1050: 23.

[15] ZHANG J, JIANG Y, CHANG K H, et al. A concept lattice based outlier mining method in low - dimensional subspaces [J]. Pattern Recognition Letters, 2009, 30 (15): 1434 - 1439.

[16] DUTTA J K, BANERJEE B, REDDY C K. RODS: Rarity based outlier detection in a sparse coding framework [J]. IEEE Transactions on Knowledge and Data Engineering, 2015, 28 (2): 483 - 495.

[17] ZHANG J, ZHANG S, CHANG K H, et al. An outlier mining algorithm based on constrained concept lattice [J]. International Journal of Systems Science, 2014, 45 (5): 1170 - 1179.

[18] MULLER E, ASSENT I, STEINHAUSEN U, et al. OutRank: ranking outliers in high dimensional data [C] //2008 IEEE 24th international conference on data engineering workshop. IEEE, 2008: 600 - 603.

[19] LIU Y, LI Z, ZHOU C, et al. Generative adversarial active learning for unsupervised outlier detection [J]. IEEE Transactions on Knowledge and Data Engineering, 2019, 32 (8): 1517 - 1528.

[20] GÖRNITZ N, KLOFT M, RIECK K, et al. Toward supervised anomaly

detection [J]. Journal of Artificial Intelligence Research, 2013 (46): 235 - 262.

[21]　DAS S, ISLAM M R, JAYAKODI N K, et al. Active anomaly detection via ensembles: Insights, algorithms, and interpretability [J]. arXiv preprint arXiv: 1901.08930, 2019.

[22]　MÜLLER E, SCHIFFER M, SEIDL T. Statistical selection of relevant subspace projections for outlier ranking [C] //2011 IEEE 27th international conference on data engineering. IEEE, 2011: 434 - 445.

[23]　VAN STEIN B, VAN LEEUWEN M, BÄCK T. Local subspace - based outlier detection using global neighbourhoods [C] //2016 IEEE International Conference on Big Data (Big Data). IEEE, 2016: 1136 - 1142.

[24]　MOONESINGHE H D K, TAN P N. Outrank: a graph - based outlier detection framework using random walk [J]. International Journal on Artificial Intelligence Tools, 2008, 17 (01): 19 - 36.

[25]　WANG C, GAO H, LIU Z, et al. A new outlier detection model using random walk on local information graph [J]. IEEE Access, 2018 (6): 75531 - 75544.

[26]　WANG C, GAO H, LIU Z, et al. Outlier detection using diverse neighborhood graphs [C] //2018 15th International Computer Conference on Wavelet Active Media Technology and Information Processing (ICCWAMTIP). IEEE, 2018: 58 - 62.

[27]　KIRAN B R, THOMAS D M, PARAKKAL R. An overview of deep learning based methods for unsupervised and semi - supervised anomaly detection in videos [J]. Journal of Imaging, 2018, 4 (2): 36.

第5章　星载多约束下的容错控制和规划

5.1　引言

通信卫星在轨运行或执行任务期间，需要控制卫星进行大量姿态机动，从当前姿态指向另一预定的目标姿态。在姿态机动过程中，通信卫星必须满足一系列的姿态指向约束，比如，某些光学敏感器（如红外敏感元件或弱光敏感元件等）不能指向强光天体；星上的能源装置——太阳电池翼要指向太阳，这极大地限制了通信卫星在姿态机动过程中的可行区域。

姿态指向约束可以看作是通信卫星外部环境的约束，通信卫星自身的姿态动力学约束同样需要考虑。一方面，通信卫星的控制力矩不是无限大的，执行机构的输出力矩是有界的。另一方面，在通信卫星姿态控制系统中，姿态敏感器和执行机构要求角速度不能过大。

在通信卫星执行任务过程中，根据外部环境的不同会产生不同的姿态指向约束。当复杂的外部环境引发的约束和通信卫星自身动力学约束耦合在一起作用时，对通信卫星的姿态机动路径求解造成了一定的困难，通信卫星姿态机动规划和控制方法必须要加以改进。

同时，由于航天任务的多样性，通信卫星姿态机动能力须得到提高。比如在执行任务时，经常要求通信卫星在有限能量消耗下，以较短的时间从当前姿态机动到给定姿态。具体要求主要包括以下3方面：1）机动路径距离要短；2）机动能量消耗要低；3）机动时间要短。这需要从理论上对多约束下姿态机动问题进行深入研究，在综合考虑以上复杂约束和任务指标情况下，规划出安全有效的姿态机动路径。

不存在姿态指向约束时，通信卫星姿态机动问题可以利用非线性控制方法进行解决。早期许多学者设计开环控制器来进行航天器姿态机动，但是它的缺陷在于稳定性较差，这也决定了该方法不能够满足任务需求。随后，Mortensen 选用 Cayley-Rodrigues 参数和四元数作为姿态机动反馈控制的姿态误差，而且他将传统线性调节器的概念用到三轴大角度姿态机动。Hrastar 将 Mortensen 的控制策略应用于在轨天文观测航天器的大角度姿态机动。类似的反馈控制策略还有关于欧拉轴的模型参考自适应机动策略。针对状态不确定和挠性航天器姿态机动问题，自适应控制方法可以达到很好的效果。退步法在设计不确定姿态系统（特别是当干扰或不确定不满足匹配条件时）鲁棒或自适应控制器方面也显示出了它的优越性。随着最优化理论的发展和进步，各种最优化的数值方法也相继应用到姿态机动控制中。

随着航天技术的发展，仅仅把姿态机动问题融合在姿态控制问题里是远远不够的，许多工程约束需要被重视，首先要解决的就是控制输入有界约束。这个问题已引起了相当广泛的兴趣。Robinett 等人利用 Lyapunov 方法实现了饱和控制设计，仿真验证表明该方法是有效的，然而文中没有给出在同时正定情况下的稳定性分析。Wie 和 Lu 重点研究了刚性航天器存在传感器和执行器约束下快速姿态机动。文中只考虑了无干扰的情况，而且航天器的惯量矩阵需要适用于控制器。Seywald 针对类似的问题也进行了研究，所述的控制率也需要惯量矩阵的信息。Lo 和 Chen 设计了光滑的滑模姿态跟踪控制器，由于它假设整个过程四元数是非零的，因此该设计是非全局的，而且整个控制过程依赖于良好的初始条件估计。有学者提出了一种全局范围内稳定控制算法，该算法是基于变结构的方法来实现的，不仅能够解决参数不确定问题，而且可以考虑输入有界问题。Boskovic 和 Wallsgrove 等人分别提出了基于修正的符号函数及双曲正切函数形式的控制器来处理输入有界问题。

在通信卫星运行过程中，姿态敏感器应该在工作范围内快速完成通信卫星姿态机动任务，而敏感器只有在一定的角速度范围内才能正常工作，因此角速度有界约束也是不得不研究的课题。Cong 等人设计了一个时变滑模控制器，实现了角速度有界的航天器姿态机动，但是它仅仅考虑了角速度有界约束。针对通信卫星姿态机动过程中同时存在控制输入有界和角速度有界约束的问题，Wie 等人提出了一种基于饱和函数嵌套形式的控制器，在工程上很好地解决了输入有界与角速度有界的问题，但缺乏相应的理论证明。崔祜涛和程小军对控制输入有界与角速度有界的问题进行了描述，分析了这两种约束的特性并给出了一种姿态偏差表示方法。同时，针对四元数描述姿态时存在的退绕问题设计出了一种新的偏差向量。

以上方法针对通信卫星姿态内部存在的约束进行了分析，但是当外部空间存在一个或多个指向约束的情况下，由于传统控制方法无法求出非凸约束的控制律，导致所求解的姿态机动路径不能满足这些约束。为了求解指向约束下通信卫星姿态机动问题，学者将研究重点放在了非线性求解方法和智能规划算法。

通信卫星在姿态机动过程中往往会受到姿态指向约束。姿态指向约束主要是由以下几种情况造成的：在观测过程中某些星载仪器必须要规避强光天体对其镜头的照射才能正常工作，太阳帆板需要捕捉太阳光照来满足供电需求，星载天线为了数据传输必须要指向某一目标姿态等。总的来说，通信卫星姿态指向约束可以分为禁忌约束和强制约束两类。禁忌约束是指通信卫星姿态需要规避某一指向，强制约束是指通信卫星姿态需要保持某一指向。指向约束下的姿态机动问题逐渐成为通信卫星姿态控制领域的一个热点。到目前为止，学者们主要是以几何方法、势函数法、约束监测算法、随机运动规划算法以及非线性规划法来开展这方面的研究工作。

Hablani 采用两个向量的几何关系来表示姿态禁忌约束。该方法的主要思想是在执行姿态机动之前规划出一条可行的姿态机动路径。在此启发下，Frakes 等人试图找到满足禁忌约束的可行姿态域。几何方法尽管一定程度地简化了求解难度，但是它目前只能处理约束数量较少的情况。

势函数法在机器人路径规划研究中得到了广泛的应用。其基本思想是通过障碍物对机器人产生斥力，目标对机器人产生引力，使机器人在合力的作用下向目标前进，并与障碍物保持一定距离。该方法结构简单，便于实时控制，因此得到了广泛应用。虽然存在局部极小值问题，但对于不太复杂的障碍情况，可以通过适当调整控制策略避免。势函数法对计算机资源要求较小，人们开始尝试将其应用于航天器的姿态自主规划中，这对于空间任务，尤其是深空探测任务有非常大的促进作用。考虑光学载荷安装于惯性主轴情况，McInnes 采用欧拉角描述的航天器大角度姿态机动过程中对太阳矢量的回避问题，并利用势函数法设计了可实时应用的姿态控制器。为了实现星敏感器对光源的回避，Wisniewskia 等人利用四元数描述了航天器禁止的姿态集，并同样利用势函数法实现了飞轮驱动通信卫星的自主姿态机动。Radice 等人则分别利用四元数和罗德里格参数描述机动路径过程中的禁止姿态，进一步拓宽了势函数法的应用。Ali 等人又设计了基于势函数法和反步法相结合的姿态控制器，并对输入受限的情况进行了分析。另外，势函数法也在配置控制力矩陀螺的航天器自主机动规划问题中得到了研究。但是以上势函数法只是针对单指向轴受到禁忌约束而构造的，当多轴受到约束而且约束种类不同的情况下，以上势函数法均有一定的局限性。

由美国和意大利联合研制的卡西尼航天器采用了约束监测算法来进行约束姿态机动，它可以实时主动地监测所有类型的约束而且给出相应的规避动作。随后该算法也成功运用于深空一号探测器。在约束监测算法中，不会给定一条标称的机动路径，它会使用预测校正方法来达到控制系统的实时性。该算法求解结果虽然是次优的，但是它完全可以适用于卡西尼的姿态机动控制系统。该系统也可以保证在整个姿态机动路径中不违反任何角速度和加速度约束。但是，该算法的收敛性没有被考虑，该算法需要进行大量的仿真试验才能进行运用。

随机运动规划算法的引入为约束姿态机动领域开辟了一条新的途径。Kavraki 等人提出了一种静态空间中的运动规划方法，命名为概率路标法（Probabilistic Roadmap Method，PRM）。随后，LaValle 等人在 Kavraki 工作的基础上，设计出了增量随机规划算法，并将其命名为快速搜索随机树（Rapidly Exploring Random Tree，RRT）。该算法只需要在随机树扩展的过程中对当前扩展节点是否进入障碍区进行检查，因而在面对复杂障碍时，相比确定性算法更具优势，而且搜索效率较快。Frazzoli 等人将随机规划理论应用到姿态规划问题的求解中，针对姿态机动过程中的空间指向约束，利用 RRT 作为全局规划器进行姿态扩展，并基于 Lyapunov 函数建立局部制导律，最终得到了安全可行的姿态路径。仲维国等人利用罗德里格参数来表示通信卫星的姿态，将空间指向约束表示成罗德里格参数空间中的单叶双曲面，并证明了姿态的直接欧拉旋转是该空间内两姿态点的直线连接，方便了姿态安全路径的求解问题，同时利用 RRT 规划器规划出了安全可行的姿态路径。但他们都未考虑控制输入受限以及角速度受限问题。Cheng 等人利用 RRT 作为全局规划器，并将局部扩展算法采用滑模控制，在满足几何约束和动力学约束的情况下，规划路径从初始节点安全到达目标节点，以确保输入力矩有限的通信卫星能有效地完成跟踪控制。与此同时，Kornfeld 采用遗传算法对该问题进行了求解和优化，他成功地将禁忌约束和有界约束融合在一个评价函数中。Kjellberg 和 Lightsey 将姿态空间进行离散化，然后利用 A * 算法进行路径搜索，并且设计了反馈控制器嵌入星上计算机中。但是该方法没有考虑同时处理禁忌约束和强制约束的情况。

在不考虑任何优化指标的情况下，以上方法可以规划出可行的姿态机动路径，只是满足约束能力各有不同。当考虑到机动路径距离、能量和时间等指标的情况下，不仅需要对算法进行改进，而且需要从理论角度给出算法收敛证明。

在通信卫星姿态机动过程中，不仅要满足复杂环境带来的指向约束，也要满足自身动力学以及工程有界等约束。而且，不同的工程任务指标增加了姿态路径的求解难度。本节主要针对多约束下通信卫星姿态机动问题进行研究，分别以路径距离、能量消耗和机动时间作为优化指标进行研究。

5.2　通信卫星姿态机动约束建模与分析

通信卫星在轨运行期间需要进行大量的姿态机动来完成观测和通信等定向任务，姿态系统需要不断地规划出合理有效的姿态机动路径，该路径需要满足由通信卫星内部特性和外部环境决定的多种约束。对通信卫星姿态机动过程中约束的建模和分析是设计姿态机动路径的前提。

由于通信卫星内部特性带来的约束主要包括动力学约束和状态有界约束，而外部环境产生的约束主要是空间指向约束。在通信卫星执行任务过程中这些约束会耦合在一起，限制姿态机动的可行空间。尤其是针对时间/能量最优姿态机动问题，约束合理的表示可以避免复杂的计算。另外，对姿态控制器的合理设计直接关乎着姿态机动的实施，需对这一点加以研究。本节主要完成以下几个方面的研究工作：1）对姿态机动过程中动力学建模；2）对有界约束问题进行描述和分析；3）对空间指向约束进行合理的描述和表示，并对表达式进行分析和变换；4）设计了姿态路径规划中的控制器。

5.2.1　坐标系定义与姿态描述方法

5.2.1.1　坐标系定义

为了描述通信卫星的姿态，首先对坐标系进行定义，用若干坐标系之间的旋转关系来表示姿态变化。

（1）行星惯性坐标系 $o_i x_i y_i z_i$

如图 5 - 1 所示，原点在行星的质量中心，z_i 轴沿行星最大惯量轴，x_i 轴沿历元时刻行星最小惯量轴所指方向，y_i 满足右手系。若是地心惯性坐标系，原点在地心，x_i 轴沿地球赤道平面与黄道平面的交线，指向春分点，z_i 轴指向北极，y_i 轴与 x_i，z_i 轴形成右手旋转坐标系。定义标准历元为 J2000.0 时的地心惯性坐标系为 J2000 惯性坐标系。

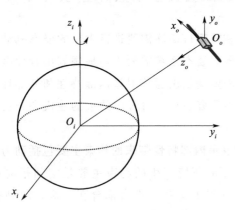

图 5 - 1　相关坐标系定义

（2）轨道坐标系 $o_o x_o y_o z_o$

如图 5 - 1 所示，原点在通信卫星的质量中心，z_o 轴指向行星质心方向，x_o 轴在轨道平面上与 z_o 轴垂直，指向运动方向，y_o 满足右手系。

（3）通信卫星本体坐标系 $o_b x_b y_b z_b$

坐标系原点 o_b 位于通信卫星质心，x_b，y_b，z_b 三轴固定在通信卫星本体上，满足右手法则。通常称三轴分别为卫星的滚动轴、俯仰轴和偏航轴。若三轴为通信卫星的惯量主轴，则该坐标系称为主轴坐标系。

5.2.1.2　姿态描述方法

两个坐标系之间的角度关系表示通信卫星的姿态，不同的方法会对应不同的描述方式，直接影响问题求解过程中的运算量；本文运用到了以下常用的描述方式，包括欧拉角式和四元数式。下面对其进行简要的介绍：

（1）欧拉角式

欧拉角式是最常用的姿态表示方法，在工程上运用比较广泛。根据欧拉定理，刚体绕固定点的位移也可以是绕该点的若干次有限转动的合成。在欧拉转动中，将惯性坐标转动 3 次得到本体坐标系。在 3 次转动中每次的旋转轴是被转动坐标系的某一坐标轴，每次的转动角为欧拉角。因此，用欧拉角确定的姿态矩阵是 3 次坐标转换矩阵的乘积。这些坐标转换矩阵都有以下标准形式

$$\boldsymbol{R}_x(\theta)=\begin{bmatrix} 1 & 0 & 0 \\ 0 & \cos\theta & \sin\theta \\ 0 & -\sin\theta & \cos\theta \end{bmatrix}, \boldsymbol{R}_y(\theta)=\begin{bmatrix} \cos\theta & 0 & -\sin\theta \\ 0 & 1 & 0 \\ \sin\theta & 0 & \cos\theta \end{bmatrix}$$

$$\boldsymbol{R}_z(\theta)=\begin{bmatrix} \cos\theta & \sin\theta & 0 \\ -\sin\theta & \cos\theta & 0 \\ 0 & 0 & 1 \end{bmatrix}$$

$$(5-1)$$

姿态矩阵与 3 次转动的顺序有关，本文选用最常用的欧拉角旋转顺序 3-1-3，即先绕 z 轴旋转 ψ 角，再绕 x' 旋转 θ 角，最后绕 z'' 旋转 φ 角。根据坐标转换的标准式得出欧拉旋转矩阵为

$$\boldsymbol{A}_{313}(\psi,\theta,\varphi)=\boldsymbol{R}_z(\varphi)\boldsymbol{R}_x(\theta)\boldsymbol{R}_z(\psi)$$

$$=\begin{bmatrix} c\varphi\,c\psi-c\theta\,s\varphi\,s\psi & c\varphi\,s\psi+c\theta\,s\varphi\,c\psi & s\theta\,s\varphi \\ -s\varphi\,c\psi-c\theta\,c\varphi\,s\psi & -s\varphi\,s\psi+c\theta\,c\varphi\,c\psi & s\theta\,c\varphi \\ s\theta\,s\psi & -s\theta\,c\psi & c\theta \end{bmatrix}$$

$$(5-2)$$

式中，字符 "c""s" 分别表示 "cos" 和 "sin"。

（2）四元数式

采用欧拉角式表述会产生奇异值，为了解决这一问题，学者提出了四元数的表述方法。顾名思义，四元数是由 4 个参数构成的数，

第一个描述标量欧拉转角 Φ，后 3 个描述欧拉轴 e 的方向，定义为

$$q = \begin{bmatrix} q_0 \\ \underline{q} \end{bmatrix} = \begin{bmatrix} q_0 \\ q_1 \\ q_2 \\ q_3 \end{bmatrix} = \begin{bmatrix} \cos\dfrac{\Phi}{2} \\ e_x \sin\dfrac{\Phi}{2} \\ e_y \sin\dfrac{\Phi}{2} \\ e_z \sin\dfrac{\Phi}{2} \end{bmatrix} \tag{5-3}$$

式中，$\underline{q} = [q_1 \quad q_2 \quad q_3]^T$ 表示四元数的矢量部分；$e = [e_x \quad e_y \quad e_z]^T$ 为欧拉旋转轴的单位向量，满足 $e_x^2 + e_y^2 + e_z^2 = 1$。那么四元数的 4 个参数满足以下约束方程为

$$q_0^2 + q_1^2 + q_2^2 + q_3^2 = 1 \tag{5-4}$$

由欧拉定理和三角公式，可将欧拉轴/角姿态矩阵 $A(e,\Phi)$ 转化成四元数姿态矩阵 $A(q)$ 为

$$A(q) = A(e,\Phi)$$

$$= \begin{bmatrix} q_0^2 + q_1^2 - q_2^2 - q_3^2 & 2(q_1 q_2 + q_0 q_3) & 2(q_1 q_3 - q_0 q_2) \\ 2(q_1 q_2 - q_0 q_3) & q_0^2 + q_2^2 - q_1^2 - q_3^2 & 2(q_2 q_3 + q_0 q_1) \\ 2(q_1 q_3 + q_0 q_2) & 2(q_2 q_3 - q_0 q_1) & q_0^2 + q_3^2 - q_1^2 - q_2^2 \end{bmatrix}$$

$$= (q_0^2 - \underline{q}^T \underline{q})I + 2\underline{q}\,\underline{q}^T - 2q_0 \underline{q}^\times$$

$$\tag{5-5}$$

式中

$$\underline{q}^\times = \begin{bmatrix} 0 & -q_3 & q_2 \\ q_3 & 0 & -q_1 \\ -q_2 & q_1 & 0 \end{bmatrix} \tag{5-6}$$

•$^\times$ 称为 • 的叉乘矩阵，本文其他叉乘矩阵同理如上表示。

5.2.2　通信卫星内部姿态约束

本文主要以刚体完全驱动通信卫星作为研究对象，由其自身特

性产生的姿态约束主要包括姿态动力学约束和有界约束。

（1）姿态动力学约束

全驱动刚体通信卫星的执行机构可提供三轴旋转的控制力矩，那么通信卫星姿态机动过程中需要满足的动力学约束为

$$J\dot{\omega} = u + d - \omega^{\times} J\omega \qquad (5-7)$$

式中，J 表示转动惯量，$J = \mathrm{diag}(J_1, J_2, J_3)$；$u$ 表示控制力矩，$u = [u_1, u_2, u_3]^{\mathrm{T}}$；$d$ 表示干扰力矩，$d = [d_1, d_2, d_3]^{\mathrm{T}}$；$\omega$ 表示角速度，$\omega = [\omega_1, \omega_2, \omega_3]^{\mathrm{T}}$。$\omega^{\times}$ 为 ω 的叉乘矩阵，具体形式为

$$\omega^{\times} = \begin{bmatrix} 0 & -\omega_3 & \omega_2 \\ \omega_3 & 0 & -\omega_1 \\ -\omega_2 & \omega_1 & 0 \end{bmatrix} \qquad (5-8)$$

（2）有界约束

在实际工程中，执行机构提供的力矩幅值是有限的，所以这形成了控制输入有界约束为

$$|u_i| \leqslant \gamma_u, \quad i = 1,2,3 \qquad (5-9)$$

同时，由于某些角速度敏感器的量程有限，要求通信卫星的角速度必须保持在某个范围内，这就形成了角速度有界约束为

$$|\omega_i| \leqslant \gamma_\omega, \quad i = 1,2,3 \qquad (5-10)$$

5.2.3　姿态指向约束

通信卫星在执行空间任务时，会面临复杂的指向约束，这些约束缩小了姿态机动路径的可行空间。一旦指向约束不满足会对通信卫星携带的载荷造成严重的影响，进而影响任务的执行，所以对指向约束的分类和分析必不可少。姿态指向约束可以分为禁忌约束和强制约束两类。

（1）禁忌约束

在姿态机动过程中要避免强光天体进入某些光学敏感元件视场，以免损害敏感元件，这类约束称为禁忌约束。图 5-2 表示了通信卫星姿态指向约束示意图，其中，r_B 表示某一光学敏感元件在本体坐

标系下的方向矢量，r_I 表示某一强光天体在惯性坐标系下的方向矢量。

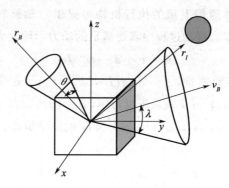

图 5 - 2　通信卫星姿态指向约束示意图

如果强光天体方向矢量没有进入光学敏感元件视场，就表示 r_B 和 r_I 的夹角大于某个值 θ，描述成数学表达式为

$$r_B^{\mathrm{T}}(A_{BI}r_I) \leqslant \cos\theta \qquad (5-11)$$

其中，$r_B = [r_{B1} \quad r_{B2} \quad r_{B3}]^{\mathrm{T}}$，$r_I = [r_1 \quad r_2 \quad r_3]^{\mathrm{T}}$，$A_{BI}$ 为通信卫星本体坐标系到惯性坐标系下的姿态余弦矩阵。将式（5-11）转换成以下四元数表示形式为

$$A_{BI}r_I = r_I - 2\underline{q}^{\mathrm{T}}\underline{q}r_I + 2\underline{q}\underline{q}^{\mathrm{T}}r_I + 2q_0(r_I^{\times}\underline{q}) \qquad (5-12)$$

式中，$r_I^{\times}$ 为 r_I 的叉乘矩阵。

那么，式（5-12）等号右边展开可得

$$A_{BI}r_I = (1 - 2q_1^2 - 2q_2^2 - 2q_3^2)\begin{bmatrix} r_1 \\ r_2 \\ r_3 \end{bmatrix} + 2\begin{bmatrix} q_1^2 & q_1q_2 & q_1q_3 \\ q_1q_2 & q_2^2 & q_2q_3 \\ q_1q_3 & q_2q_3 & q_3^2 \end{bmatrix}\begin{bmatrix} r_1 \\ r_2 \\ r_3 \end{bmatrix} +$$

$$2q_0\begin{bmatrix} -r_3q_2 + r_2q_3 \\ r_3q_1 - r_1q_3 \\ -r_2q_1 + r_1q_2 \end{bmatrix}$$

$$(5-13)$$

由式（5-13）可以得到

$$
\begin{aligned}
\boldsymbol{r}_B^{\mathrm{T}}(\boldsymbol{C}_{BI}\boldsymbol{r}_I) - \cos\theta = & (q_0^2 + q_1^2 - q_2^2 - q_3^2)r_{B1}r_1 + (q_0^2 + q_2^2 - q_1^2 - q_3^2)r_{B2}r_2 + \\
& (q_0^2 + q_3^2 - q_1^2 - q_2^2)r_{B3}r_3 + (2q_0q_3 + 2q_1q_2)r_{B1}r_2 + \\
& (-2q_0q_2 + 2q_1q_3)r_{B1}r_3 + (-2q_0q_3 + 2q_1q_2)r_{B2}r_1 + \\
& (2q_0q_1 + 2q_2q_3)r_{B2}r_3 + (2q_0q_2 + 2q_1q_3)r_{B3}r_1 + \\
& (-2q_0q_1 + 2q_2q_3)r_{B3}r_2 - \cos\theta
\end{aligned}
$$

$$(5-14)$$

把式 (5-14) 等号右边写成矩阵形式, 得到

$$
\boldsymbol{r}_B^{\mathrm{T}}(\boldsymbol{C}_{BI}\boldsymbol{r}_I) - \cos\theta = [q_0 \quad q_1 \quad q_2 \quad q_3]\,[\boldsymbol{R}_1 \quad \boldsymbol{R}_2 \quad \boldsymbol{R}_3 \quad \boldsymbol{R}_4]\begin{bmatrix} q_0 \\ q_1 \\ q_2 \\ q_3 \end{bmatrix}
$$

$$(5-15)$$

其中

$$
\boldsymbol{R}_1 = \begin{bmatrix} r_{B1}r_1 + r_{B2}r_2 + r_{B3}r_3 - \cos\theta \\ -r_{B3}r_2 + r_{B2}r_3 \\ r_{B3}r_1 - r_{B1}r_3 \\ -r_{B2}r_1 + r_{B1}r_2 \end{bmatrix}
\qquad
\boldsymbol{R}_2 = \begin{bmatrix} -r_{B3}r_2 + r_{B2}r_3 \\ r_{B1}r_1 - r_{B2}r_2 - r_{B3}r_3 - \cos\theta \\ r_{B2}r_1 + r_{B1}r_2 \\ r_{B3}r_1 + r_{B1}r_3 \end{bmatrix}
$$

$$
\boldsymbol{R}_3 = \begin{bmatrix} r_{B3}r_1 - r_{B1}r_3 \\ r_{B2}r_1 + r_{B1}r_2 \\ r_{B2}r_2 - r_{B1}r_1 - r_{B3}r_3 - \cos\theta \\ r_{B3}r_2 + r_{B2}r_3 \end{bmatrix}
\qquad
\boldsymbol{R}_4 = \begin{bmatrix} -r_{B2}r_1 + r_{B1}r_2 \\ r_{B3}r_1 + r_{B1}r_3 \\ r_{B3}r_2 + r_{B2}r_3 \\ r_{B3}r_3 - r_{B1}r_1 - r_{B2}r_2 - \cos\theta \end{bmatrix}
$$

那么式 (5-11) 可以表示成更加简洁的二次型

$$\boldsymbol{q}^{\mathrm{T}}\boldsymbol{K}_f\boldsymbol{q} \leqslant 0 \qquad (5-16)$$

其中

$$
\boldsymbol{K}_f = \begin{bmatrix} \boldsymbol{r}_I^{\mathrm{T}}\boldsymbol{r}_B - \cos\theta & (\boldsymbol{r}_B \times \boldsymbol{r}_I)^{\mathrm{T}} \\ \boldsymbol{r}_B \times \boldsymbol{r}_I & \boldsymbol{r}_I\boldsymbol{r}_B^{\mathrm{T}} + \boldsymbol{r}_B\boldsymbol{r}_I^{\mathrm{T}} - (\boldsymbol{r}_I^{\mathrm{T}}\boldsymbol{r}_B + \cos\theta)\boldsymbol{I}_3 \end{bmatrix}
$$

$$(5-17)$$

式中, $\boldsymbol{r}_B^{\times}$ 是 $\boldsymbol{r}_B$ 的叉乘矩阵。

（2）强制约束

在空间任务中，通信卫星需要将姿态保持在某一指向范围内，比如太阳能帆板要指向太阳，通信天线要指向地球等，这类指向约束称为强制约束。在图 5 - 2 中以太阳能帆板为例，v_B 表示太阳能帆板在本体坐标系下的方向矢量。要保持太阳能帆板指向太阳方向，v_B 和 r_I 的夹角要小于某一值 λ，即

$$v_B^T (A_{BI} r_I) \geqslant \cos\lambda \qquad (5-18)$$

同理，式（5 - 18）转化成二次型

$$q^T K_m q \geqslant 0 \qquad (5-19)$$

其中

$$K_m = \begin{bmatrix} r_I^T v_B - \cos\lambda & (v_B \times r_I)^T \\ v_B \times r_I^T & r_I v_B^T + v_B r_I^T - (r_I^T v_B + \cos\lambda) I_3 \end{bmatrix}$$

$$(5-20)$$

（3）指向约束分析

以 K_f 为例对约束进行分析，由式（5 - 16）和式（5 - 17）可知，可以将对称矩阵 K_f 表示成以下形式

$$K_f = K_1 - K_2 \qquad (5-21)$$

其中

$$K_1 = \begin{bmatrix} 2r_I^T r_B & (r_B \times r_I)^T \\ r_B \times r_I & r_I r_B^T + r_B r_I^T \end{bmatrix}$$

$$K_2 = (r_I^T r_B + \cos\theta) I_4$$

由于 r_B 和 r_I 都是单位方向矢量，则 $\|r_B\| = 1$，$\|r_I\| = 1$。求取 K_1 矩阵特征值为

$$\lambda(K_1) = \begin{bmatrix} r_I^T r_B - 1 \\ r_I^T r_B - 1 \\ r_I^T r_B + 1 \\ r_I^T r_B + 1 \end{bmatrix} \qquad (5-22)$$

由对角阵的性质可知，矩阵 K_f 的特征值为

$$\lambda(\boldsymbol{K}_f) = \begin{bmatrix} \boldsymbol{r}_I^{\mathrm{T}}\boldsymbol{r}_B - 1 - (\boldsymbol{r}_I^{\mathrm{T}}\boldsymbol{r}_B + \cos\theta) \\ \boldsymbol{r}_I^{\mathrm{T}}\boldsymbol{r}_B - 1 - (\boldsymbol{r}_I^{\mathrm{T}}\boldsymbol{r}_B + \cos\theta) \\ \boldsymbol{r}_I^{\mathrm{T}}\boldsymbol{r}_B + 1 - (\boldsymbol{r}_I^{\mathrm{T}}\boldsymbol{r}_B + \cos\theta) \\ \boldsymbol{r}_I^{\mathrm{T}}\boldsymbol{r}_B + 1 - (\boldsymbol{r}_I^{\mathrm{T}}\boldsymbol{r}_B + \cos\theta) \end{bmatrix} = \begin{bmatrix} -1 - \cos\theta \\ -1 - \cos\theta \\ +1 - \cos\theta \\ +1 - \cos\theta \end{bmatrix}$$

$$(5-23)$$

由分析矩阵 $\boldsymbol{K}_f$ 的特征值可知，除了 $\theta = \pi$ 其特征值为非负外，其他情况都存在负数特征值。在实际工程中，$\theta < \pi$，可知矩阵 $\boldsymbol{K}_f$ 为非正定的。由文献中关于凸函数的充要条件可知，f 为非凸函数，即式（5 - 16）表示的约束为非凸约束。

再考虑能量或者时间这些性能指标，那么本文所求解的问题就是非凸最优化问题，之所以要区分凸优化问题和非凸的问题，原因在于凸优化问题中局部最优解同时也是全局最优解，这个特性使凸优化问题在一定意义上更易于解决，而一般的非凸最优化问题相比之下更难解决。

5.2.4　规划中的姿态机动控制器

在对通信卫星面临的姿态约束进行描述和分析后，通过传统的姿态控制方法利用禁止约束和强制约束的性质构建了 Lyapunov 函数，在此基础上采用改进退步法设计路径规划中的姿态机动控制器。

（1）控制器设计

基于四元数的运动学方程为

$$\dot{\boldsymbol{q}} = \frac{1}{2}\boldsymbol{Q}\boldsymbol{\omega} = \frac{1}{2}\boldsymbol{\Omega}\boldsymbol{q} \qquad (5-24)$$

其中

$$\boldsymbol{Q} = \begin{bmatrix} -q_1 & -q_2 & -q_3 \\ q_0 & -q_3 & q_2 \\ q_3 & q_0 & -q_1 \\ -q_2 & q_1 & q_0 \end{bmatrix}, \boldsymbol{\Omega} = \begin{bmatrix} 0 & -\omega_1 & -\omega_2 & -\omega_3 \\ \omega_1 & 0 & \omega_3 & -\omega_2 \\ \omega_2 & -\omega_3 & 0 & \omega_1 \\ \omega_3 & \omega_2 & -\omega_1 & 0 \end{bmatrix}$$

为了设计出满足指向约束的姿态机动路径，首先我们利用两类约束以对数函数形式构建 Lyapunov 函数，保证满足两类约束，而且

要保证到达目标姿态

$$V(\boldsymbol{q}) = \|\boldsymbol{q}_t^* \otimes \boldsymbol{q}\|^2 \left\{ \left[\sum_{i=1}^{n} -a\log\left(-\frac{\boldsymbol{q}^{\mathrm{T}}\boldsymbol{K}_j^i\boldsymbol{q}}{2}\right) \right] - b\log\left(\frac{\boldsymbol{q}^{\mathrm{T}}\boldsymbol{K}_m\boldsymbol{q}}{2}\right) \right\}$$

$$(5-25)$$

式中，a 和 b 为正权衡常数；$\boldsymbol{q}_t$ 为目标姿态。

该对数势函数满足以下条件：

$V(\boldsymbol{q}_t) = 0$。

对于整个可行区域，$V(\boldsymbol{q}) > 0$。

对于整个可行区域，$\nabla^2 V(\boldsymbol{q})$ 是正定的。

考虑到式（5-7）和式（5-21）是级联结构，因此适合运用退步法来设计控制器。传统的退步法有个明显的缺陷，即在路径前部分控制信号会产生过度控制，而在后部分会产生响应缓慢，因此本文采用改进退步法来设计控制器。

首先令

$$\dot{\boldsymbol{q}}(t) = -\nabla V(\boldsymbol{q}) \qquad (5-26)$$

因此

$$\dot{V}(\boldsymbol{q}) = \frac{\partial V}{\partial \boldsymbol{q}} \cdot \frac{\partial \boldsymbol{q}}{\partial t} = \nabla V(\boldsymbol{q}) \cdot \dot{\boldsymbol{q}}(t) = -\|\nabla V\|^2 < 0 \quad (5-27)$$

因此对于该 Lyapunov 函数可以渐进收敛到目标姿态。而且，由式（5-24）可以得出虚拟控制输入角速度

$$\widetilde{\boldsymbol{\omega}}_c = -2\boldsymbol{q}^* \otimes \nabla V(\boldsymbol{q}) \qquad (5-28)$$

由于 $\widetilde{\boldsymbol{\omega}}_c$ 是三维的，所以为了和四元数形式统一，令 $\widetilde{\boldsymbol{\omega}}_c = [\widetilde{\boldsymbol{\omega}}_c^{\mathrm{T}} \quad 0]^{\mathrm{T}}$。误差信号可以给出

$$\boldsymbol{z} = \widetilde{\boldsymbol{\omega}} - \widetilde{\boldsymbol{\omega}}_c = \widetilde{\boldsymbol{\omega}} + 2\boldsymbol{q}^* \otimes \nabla V(\boldsymbol{q}) \qquad (5-29)$$

为了避免在路径前部分控制信号过度控制，采用反三角函数来进行改进，令

$$\boldsymbol{z} = \alpha\arctan\beta(\widetilde{\boldsymbol{\omega}} - \widetilde{\boldsymbol{\omega}}_c) = \alpha\arctan\beta[\widetilde{\boldsymbol{\omega}} + 2\boldsymbol{q}^* \otimes \nabla V(\boldsymbol{q})]$$

$$(5-30)$$

式中，α 和 β 为形状参数。因此可以得到 $\widetilde{\boldsymbol{\omega}}$ 关于 $\boldsymbol{z}$ 的表达式为

$$\widetilde{\boldsymbol{\omega}} = \frac{1}{\beta}\tan\left(\frac{1}{\alpha}\underset{\sim}{\boldsymbol{z}}\right) - 2\boldsymbol{q}^* \otimes \nabla\boldsymbol{V}(\boldsymbol{q}) \qquad (5-31)$$

为了找到该系统的控制输入 $\boldsymbol{u}(t)$，构建以下增广 Lyapunov 函数

$$\boldsymbol{V}(\boldsymbol{q},\boldsymbol{z}) = \boldsymbol{V}(\boldsymbol{q}) + \frac{1}{2}\underset{\sim}{\boldsymbol{z}}^{\mathrm{T}}J\underset{\sim}{\boldsymbol{z}} \qquad (5-32)$$

对式（5-32）进行求导，得

$$\dot{\boldsymbol{V}} = \underset{\sim}{\boldsymbol{z}}^{\mathrm{T}}\left\{\frac{1}{2}q_0\nabla\boldsymbol{V} + \frac{1}{2}\nabla\boldsymbol{V}\times\underset{\sim}{\boldsymbol{q}} - \frac{1}{2}\nabla\boldsymbol{V}_0\underset{\sim}{\boldsymbol{q}} + C[R(\omega)J\omega + \boldsymbol{u}(t) - \dot{\boldsymbol{\omega}}_c]\right\} - \|\nabla\boldsymbol{V}\|^2$$

$$(5-33)$$

那么令

$$\boldsymbol{u}(t) = J\dot{\boldsymbol{\omega}}_c - R(\omega)J\underset{\sim}{\omega} - C^{-1}\left(\frac{1}{2}q_0\nabla\boldsymbol{V} - \frac{1}{2}\nabla\boldsymbol{V}\times\underset{\sim}{\boldsymbol{q}} + \frac{1}{2}\nabla\boldsymbol{V}_0\underset{\sim}{\boldsymbol{q}} - \underset{\sim}{\boldsymbol{z}}\right)$$

$$(5-34)$$

可得

$$\dot{\boldsymbol{V}} = -\|\nabla\boldsymbol{V}\|^2 - \underset{\sim}{\boldsymbol{z}}^{\mathrm{T}}\underset{\sim}{\boldsymbol{z}} \leqslant 0 \qquad (5-35)$$

因此，按照式（5-34）的控制率可以安全有效地实现通信卫星的约束姿态机动。

（1）**数值仿真**

通信卫星的仿真参数见表 5-1，该仿真模拟了存在 3 个禁忌约束情况下的姿态机动。

表 5-1　通信卫星的仿真参数

变量	值
J	$\mathrm{diag}(100,110,120)\mathrm{kg}\cdot\mathrm{m}^2$
r_0	$[0.1054,0.5270,0.8433]^{\mathrm{T}}$
ω_0	$[0,0,0]\mathrm{rad/s}$
r_f	$[0.5,0,-0.866]^{\mathrm{T}}$
ω_f	$[0,0,0]\mathrm{rad/s}$

续表

变量	值
γ_ω	0.05 rad/s
γ_u	1 N·m
θ_1	20°
θ_2	20°
θ_3	20°
r_{I1}	$[0.580\ 3, -0.058\ 0, 0.812\ 4]^T$
r_{I2}	$[0.348\ 7, 0.930\ 0, 0.116\ 2]^T$
r_{I3}	$[1, 0, 0]^T$

图 5 - 3 所示为天球坐标系下通信卫星姿态机动路径，图 5 - 4 所示为通信卫星角速度时间历程曲线图，图 5 - 5 所示为控制输入力矩时间历程曲线图。从图 5 - 3 可以看出，虽然实现了从初始姿态到目标姿态的机动，但是姿态机动路径在某些区域不能完全规避约束区域。从图 5 - 4 和图 5 - 5 可以看出，角速度在某些阶段还是超出了预设值，但是超出的范围是可以接受的。而控制输入是可以满足有界约束的，避免了星上控制饱和问题。

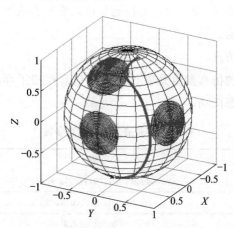

图 5 - 3   天球坐标系下通信卫星姿态机动路径（见彩插）

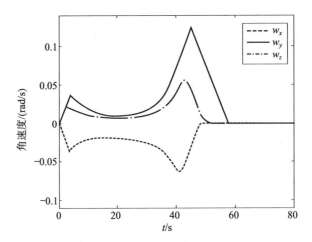

图 5 - 4　通信卫星角速度时间历程曲线图

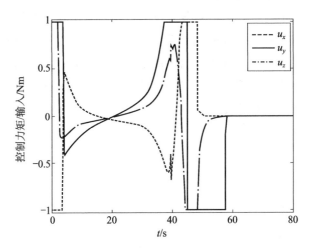

图 5 - 5　控制输入力矩时间历程曲线图

　　本节针对通信卫星姿态机动过程中涉及的多种约束进行了分析，首先建立了对姿态动力学模型；其次，对有界约束问题进行了描述和分析；然后，对空间指向约束进行合理的描述和表示，并对表达式进行分析和变换。最后，设计了姿态机动控制器，虽然能够满足

有界约束，但是对于指向约束还存在一定困难，从而验证了一般的
姿态控制方法无法完全解决多约束下通信卫星姿态机动问题。

5.3　多约束下抗退绕姿态机动路径规划

采用四元数描述方法对姿态机动约束进行建模可以避免奇异值
出现，而且可以将指向约束表示成更加紧凑的形式，有利于计算效
率的提高。但是由于四元数的双值性，会造成姿态机动路径的退绕
问题，即通信卫星本来只需小角度旋转即可完成的姿态机动，却需
要旋转一个大的角度。另一方面，如图 5-6 所示，从姿态初始姿态
机动到目标姿态，机动路径不仅需要满足动力学约束和有界约束，
而且要满足复杂的指向约束。对多约束下姿态机动路径的求解在数
学上是 NP 难问题，求解复杂度较高。随机算法由于其计算效率的
优势，在求解路径规划问题上受到广泛应用，但是该类算法会增加
退绕现象的出现，导致规划出的路径不利于实际执行。所以本节结
合随机规划算法在计算效率方面的优势，以缩短路径距离为目标，
设计出一种多约束下姿态机动路径快速规划算法来避免退绕现象。

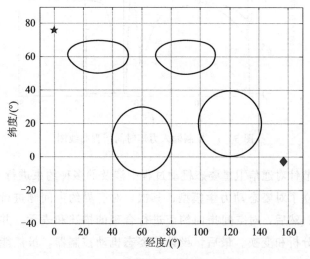

图 5-6　天球坐标系下约束示意图

5.3.1　RRT 算法

　　RRT 算法作为一种快速随机搜索算法，在机器人领域已经得到了广泛运用。它以一个初始点作为根节点，通过随机采样增加叶子节点的方式，生成一个随机扩展树，当随机树中的叶子节点包含了目标点或进入了目标区域，便可以在随机树中找到一条由从初始点到目标点的路径。假设状态空间为 X，X_free 表示可行区域，X_obs 表示障碍区域，X_free 和 X_obs 同为 X 的子集，而且满足 $X\_free \cap X\_obs = \varnothing$ 和 $X = X\_free \cup X\_obs$。初始状态 $x\_init \in X\_free$ 和目标状态 $x\_goal \in X\_free$，因此本节的目标就是快速地规划出从初始状态到目标状态的可行姿态机动路径。

　　RRT 算法的核心内容是构造搜索随机树。RRT 算法通过逐步迭代的增量方式进行随机树的构造，在状态空间内选定初始节点 x_init 作为树的根节点，通过从根节点不断地扩展出叶节点的方式构建随机树，整个随机树用 Tr 表示。首先以概率 r_g 在状态空间内随机选择一个随机目标点 x_random；从随机树当前所有的节点中选择出一个离 x_random 最近的节点，称为临近节点 x_near；然后从 x_near 向 x_random 的方向延伸一个步长的距离，得到一个新的节点 x_new。在延伸过程中，判断是否与已知的障碍区域有冲突，若无冲突则接受该新节点 x_new，并将其添加为随机树的节点；若 x_new 与威胁区域有冲突，说明该次扩展出的新节点不符合安全要求，则舍弃该新节点，并重新进行随机目标点 x_random 的选取。通过这样不断地延伸扩展，当随机树中的节点与目标位置足够接近时，则停止随机树的延伸，此时以距离目标位置最近的叶节点为起始，依次向上搜索父节点，则可以获得一条从初始位置到目标位置的可行路径。RRT 算法节点扩展过程和基本 RRT 算法如图 5 - 7 所示。

　　算法 5.1

　　1）生成初始化随机树。

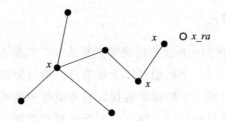

图 5 - 7　RRT 算法节点扩展过程和基本 RRT 算法示意图

2) $i \leftarrow 1$。

3) **while i** 不满足终止条件且没有到达目标状态 **do**。

4) $i \leftarrow i + 1$ 在搜索空间里生成随机目标扩展节点 x_random。

5) 寻找最近节点 x_near。

6) 然后从 x_near 向 x_random 的方向延伸一个步长的距离，得到一个新的节点 x_new。

7) 判断 x_new 是否违反约束，若不违反则把该节点和对应的序号加入整棵树 Tr 中，程序继续进行；若违反则直接到第 9）步。

8) 将 x_new 选为 x_near 继续扩展，返回到第 7）步。

9) $i \leftarrow i + 1$，**end while**。

10) 在整棵树 Tr 中找出从初始状态到目标状态的路径。

5.3.2　基于 CE - RRT 路径最优规划算法

Frazzoli 等人首先使用 RRT 算法求解该问题，采用 PD 控制方式进行扩展，这种局部控制并未考虑控制输入以及角速度的有界性，虽然只能够处理禁忌约束，但证明了该方法在解决约束姿态机动问题上的可行性。仲维国将姿态约束映射到罗德里格空间中，并利用 RRT 规划姿态路径，在不考虑姿态动力学的基础上，以解析形式进行扩展，规划速度较快，但是很难应用到实际工程中。Cheng 等人提出了 RRT 作为全局规划器，采用 SMC 算法局部扩展。该算法先生成节点，再进行判断，这必然会因为某个节点不在安全区而导致该节点之后的所有节点被遗弃，这样就会存在较大的计算浪费。由

5.1 节可知，RRT 算法求解都是以贪婪式搜索的方式，是以找到一个可行解为目标的，这必然会产生不必要的路径节点，导致退绕现象的产生。本节在原 RRT 算法的基础上，引入对比评价策略提出了 CE‐RRT 规划算法。

（1）状态空间

求解姿态机动路径的本质是，规划出姿态机动路径的控制量、角速度和对应的姿态四元数。所以状态空间可以选取为 $X = [u^{\mathrm{T}}(k), \omega^{\mathrm{T}}(k), q^{\mathrm{T}}(k)]^{\mathrm{T}} \in \mathbb{R}^{10}$，姿态动力学和运动学决定了状态空间里从第 k 步到第 $k+1$ 步的关系，从这个角度分析，状态空间实质就是将连续的状态离散化成状态点，相邻的点满足动力学和运动学约束。那么动力学和运动学约束可以由一阶欧拉法则得到，即

$$\begin{cases} q(k+1) = q(k) + \Delta T\left[\dfrac{1}{2}Q(k)\omega(k+1)\right] \\ J\omega(k+1) = J\omega(k) + \Delta T[u(k+1) - \omega(k)^{\times}J\omega(k)] \end{cases}$$

$$(5-36)$$

将式（5‐36）进行整合变形，可以得到更加紧凑的约束方程为

$$DX = G \qquad (5-37)$$

其中

$$X = [u^{\mathrm{T}}(k+1), \omega^{\mathrm{T}}(k+1), q^{\mathrm{T}}(k+1)]^{\mathrm{T}} \qquad (5-38)$$

$$D = \begin{bmatrix} -\Delta T I_{3\times3} & J & 0_{3\times4} \\ 0_{4\times3} & -0.5\Delta T Q(k) & I_{4\times4} \end{bmatrix} \qquad (5-39)$$

$$G = \begin{bmatrix} J\omega(k) - \Delta T\omega(k)^{\times}J\omega(k) \\ q(k) \end{bmatrix} \qquad (5-40)$$

$$Q(k) = \begin{bmatrix} -q_1(k) & -q_2(k) & -q_3(k) \\ q_0(k) & -q_3(k) & q_2(k) \\ q_3(k) & q_0(k) & -q_1(k) \\ -q_2(k) & q_1(k) & q_0(k) \end{bmatrix} \qquad (5-41)$$

随机树在状态空间进行扩展时需要一个度量函数来衡量临近点的"距离"，本节选取四元数和角速度的偏差量作为度量函数，即

$$\rho = \pmb{q}_e^{\mathrm{T}} \pmb{q}_e + \pmb{\omega}_e^{\mathrm{T}} \pmb{\omega}_e \qquad (5-42)$$

式中，$\pmb{q}_e$ 为两姿态四元数间偏差的矢部；$\pmb{\omega}_e$ 为两角速度间的偏差。

（2）CE-RRT 规划算法

CE-RRT 算法在 RRT 算法的基础上，引入了一种对比评价策略来增强搜索的目的性。将原来生成 1 个随机扩展节点 x_random，转变为生成 M 个随机扩展节点，然后进行评价，将姿态空间内离目标最近的点选为待扩展节点。以 CE-RRT 作为全局规划器，对姿态空间的一致分布节点进行随机采样，在安全空间中增量扩展，保证指向约束的满足；在局部扩展中，将动力学约束转化成二次规划中的线性约束，保证指向约束和动力学约束的分层满足。CE-RRT 算法流程图如图 5-8 所示。

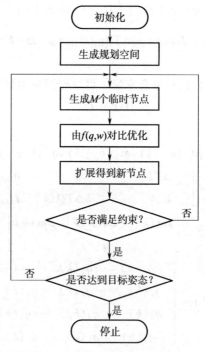

图 5-8　CE-RRT 算法流程图

具体算法流程如下：

算法 5.2

1) 生成状态空间，包括初始状态 **x** _ init 、目标状态 **x** _ goal 和约束区域 **X** _ obs ，令 **Tr**(0) = **x** _ init 。

2) 随机生成 **M** 个随机节点 **x** _ random ，对于每个 **x** _ random 都找到树上离它最近的 **x** _ temp ，最后得到 **M** 个 **x** _ temp ，扩展如图 5 - 9 所示。

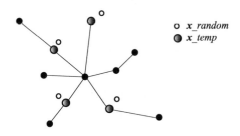

图 5 - 9　算法节点扩展示意图

3) 从 **M** 个 **x** _ temp 中筛选出最优的节点作为当前扩展节点，为了找出最优的节点，引入以下评价函数

$$f(q,w) = \boldsymbol{q}_e^{t\mathrm{T}} \boldsymbol{a} \boldsymbol{q}_e^t + \boldsymbol{\omega}_e^{t\mathrm{T}} \boldsymbol{b} \boldsymbol{\omega}_e^t \tag{5-43}$$

式中，$\boldsymbol{q}_e^t$ 表示当前四元数和目标四元数的偏差矢量部分；$\boldsymbol{\omega}_e^t$ 表示当前角速度和目标角速度的偏差。

由式（5 - 43）可以得到最优的 **x** _ temp ，记为 **x** _ ext ，将 **x** _ ext 作为当前扩展节点 **X**(k)。

4) 设计控制目标。

$$J(k) = \boldsymbol{q}_e^{\mathrm{T}}(k+1) \boldsymbol{R}_1 \boldsymbol{q}_e(k+1) + \boldsymbol{\omega}_e^{\mathrm{T}}(k+1) \boldsymbol{R}_2 \boldsymbol{\omega}_e(k+1)$$

$$\tag{5-44}$$

式中，$\boldsymbol{q}_e(k+1)$ 和 $\boldsymbol{\omega}_e(k+1)$ 分别为 $k+1$ 步的姿态四元数偏差矢部和角速度偏差，可表示为

$$\begin{cases} \boldsymbol{q}_e(k+1) = [\boldsymbol{0}_{3\times1}, \boldsymbol{I}_{3\times3}] \, \boldsymbol{q}_{fl}^* \otimes \boldsymbol{q}(k+1) \\ \boldsymbol{\omega}_e(k+1) = \boldsymbol{\omega}(k+1) - \boldsymbol{\omega}_{fl} \end{cases} \quad (5-45)$$

式中，$\boldsymbol{q}_{fl}^*$ 为四元数 $\boldsymbol{q}_{fl}$ 的共轭，而 $\boldsymbol{q}_{fl}$ 和 $\boldsymbol{\omega}_{fl}$ 为扩展过程中的第 l 个随机目标扩展节点，$\otimes$ 表示四元数乘。

继而

$$\boldsymbol{q}_e(k+1) = \boldsymbol{C}\boldsymbol{q}(k+1) \quad (5-46)$$

其中，$\boldsymbol{C} = [\,-\underline{\boldsymbol{q}}_{fl} \quad (\boldsymbol{q}_{fl0}\,\boldsymbol{I}_3 - [\underline{\boldsymbol{q}}_{fl} \times])\,]$ ，$\underline{\boldsymbol{q}}_{fl}$ 为 $\boldsymbol{q}_{fl}$ 取矢部，$\boldsymbol{q}_{fl0}$ 为 $\boldsymbol{q}_{fl}$ 取标部。

若目标节点的角速度设为零，那么最终的线性约束二次规划表达式为

$$\begin{cases} J(k+1) = \boldsymbol{X}^{\mathrm{T}} \boldsymbol{M} \boldsymbol{X} \\ \text{s. t.} \quad \boldsymbol{A}\boldsymbol{X} = \boldsymbol{B} \\ \quad |u_i| \leqslant \gamma_T, i=1,2,3 \\ \quad |\omega_i| \leqslant \gamma_\omega, i=1,2,3 \end{cases} \quad (5-47)$$

其中，$\boldsymbol{M} = \begin{bmatrix} \boldsymbol{0}_{3\times3} & & \\ & \boldsymbol{R}_2 & \\ & & \boldsymbol{G} \end{bmatrix}$ ，$\boldsymbol{G} = \boldsymbol{C}^{\mathrm{T}} \boldsymbol{R}_1 \boldsymbol{C}$ 。

通过求解以上规划问题，由当前状态 $\boldsymbol{X}(k)$ 可以得到下一步的状态点 $\boldsymbol{X}(k+1)$ ，记为 x_new 。

5）根据公式和判断 x_new 是否满足指向约束，假如满足，将 x_new 的值赋给 $\boldsymbol{Tr}(i)$ ；假如不满足，返回到步骤 2）。

6）检测 $\boldsymbol{Tr}(i)$ 是否到达目标状态，如果没有，令 $k=k+1$，返回到步骤 1）；如果到达，停止搜索。

在给出通信卫星的初始状态和目标状态以及约束条件下，通过上述算法可以规划出满足约束的路径节点和生成节点的控制力矩，按照生成通信卫星姿态机动路径和所需要的控制力矩实现通信卫星机动到目标姿态。

5.3.3　仿真与分析

在仿真实例中，通信卫星在 z 轴方向上安装了一个光学敏感器，方向矢量用 r_B 表示，需要在姿态机动过程中规避两个明亮天体，在本体坐标系下的方向矢量分别用 r_{I1} 和 r_{I2} 表示，要求 r_B 与 r_{I1} 之间的最小夹角为 θ_1，r_B 与 r_{I2} 之间的最小夹角为 θ_2；通信卫星初始姿态和角速度分别为 q_0，ω_0，目标姿态和角速度分别为 q_f，ω_f；星体转动惯量为 J，机动角速度的最大幅值为 γ_ω，控制力矩的最大幅值为 γ_T，具体数值见表 5 - 2。

表 5 - 2　仿真条件

变量	值
J	$\mathrm{diag}(100,100,100)\,\mathrm{kg \cdot m^2}$
q_0	$[0.6469,0.0347,0.7224,0.2417]^T$
ω_0	$[0,0,0]\mathrm{rad/s}$
q_f	$[-0.9923,0,0.1240,0]^T$
ω_f	$[0,0,0]\mathrm{rad/s}$
γ_ω	$0.05\ \mathrm{rad/s}$
γ_u	$1\,\mathrm{N \cdot m}$
θ_1	$30°$
θ_2	$20°$
r_B	$[0,0,1]^T$
r_{I1}	$[1,0,0]^T$
r_{I2}	$[0,1,0]^T$

仿真环境为 Matlab 2013b，计算机主频 3.4 GHz，内存 4 G。首先采用基本 RRT 算法对问题进行求解，图 5 - 10 表示通信卫星天球坐标系下的姿态机动路径，图中圆形区域表示禁忌约束，点实线表示红外望远镜姿态机动路径，五角星表示目标点位置。可以看出，在机动过程中红外望远镜成功地规避了强光天体，机动路径是安全的，但是在某些地方会发生路径退绕。

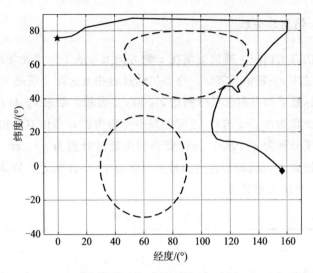

图 5 - 10　通信卫星天球坐标系下的姿态机动路径（RRT 算法）

　　图 5 - 11～图 5 - 13 分别展示了通信卫星姿态机动过程中的四元数、角速度以及控制力矩时间历程曲线。可以看出，角速度和控制力矩都满足有界约束。

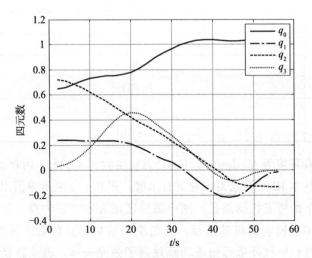

图 5 - 11　四元数时间历程曲线（RRT 算法）

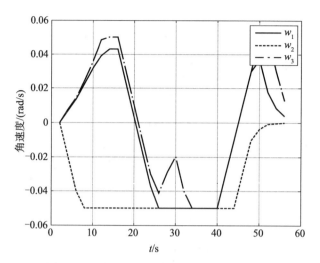

图 5 - 12　角速度时间历程曲线（RRT 算法）

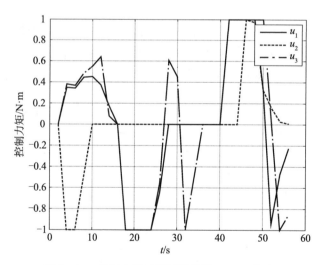

图 5 - 13　控制力矩时间历程曲线（RRT 算法）

在相同的仿真条件下，采用改进 RRT 算法进行仿真，图 5 - 14 表示通信卫星天球坐标系下的姿态机动路径。规划出的路径对中间不必要的节点进行优化，缩短了路径距离。

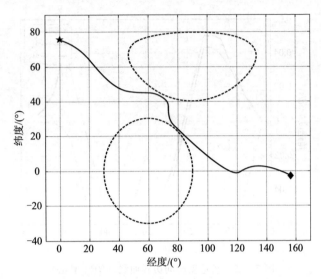

图 5 - 14　通信卫星天球坐标系下的姿态机动路径（CE - RRT 算法）

　　图 5 - 15～图 5 - 17 分别展示了通信卫星姿态机动过程中的四元数、角速度以及控制力矩时间历程曲线。从图中可知，角速度以及控制力矩的有界约束得到很好的保证，均满足最大设定值的要求。

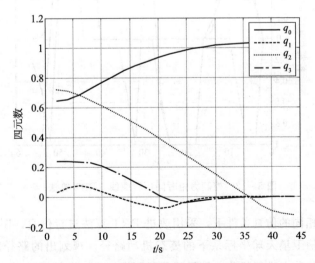

图 5 - 15　四元数时间历程曲线（CE - RRT 算法）

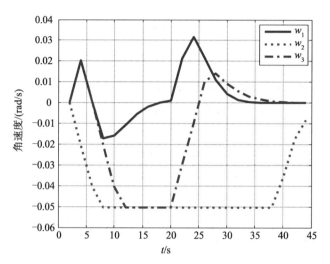

图 5-16　角速度时间历程曲线（CE-RRT 算法，见彩插）

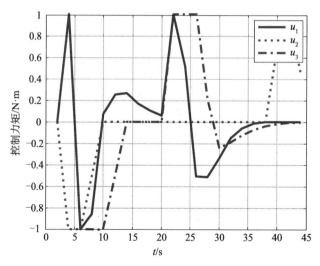

图 5-17　控制力矩时间历程曲线（CE-RRT 算法，见彩插）

用以下公式定义路径距离

$$L = \frac{\sum\limits_{k=1}^{k_{max}} f_i}{k_{max}} \qquad (5-48)$$

为了对比 CE-RRT 算法相对 RRT 算法的优势，在相同仿真环境下，分别进行 100 次仿真，然后统计出计算效率。图 5-18（a）展示了 100 次 RRT 算法的路径距离，横线表示平均值。图 5-18（b）展示了 CE-RRT 算法的路径距离。RRT 算法规划出路径的平均距离是 0.317 6，CE-RRT 算法规划出路径的平均距离是 0.194 1，路径缩短了 38.89%。图 5-19（a）展示了 100 次 RRT 算法的计算时间，横线表示平均值。图 5-19（b）展示了 CE-RRT 算法的计算时间。可以得出，RRT 算法所需的平均时间是 2.81 s，CE-RRT 算法的平均时间是 1.36 s，运算效率提高了 106.62%。

由于 CE-RRT 具有随机规划算法的特性，所以算法稳定性需要通过定量的统计给出一个参考。如图 5-19（b）所示，时间代价大多为 1.36 s 左右，在 1.36 s 内的情况为 70%，这对于实际应用是有意义的。

为了进一步验证本节所提算法的效率，从满足约束情况和计算时间两方面和其他几种方法进行对比，对比结果见表 5-3。需要说明的是，以下几种方法都进行了实现。

表 5-3 多种算法比较

规划算法	评判标准		
	指向约束	有界约束	计算时间
势函数法	部分满足	部分满足	—
伪谱法	部分满足	√	—
SDP	部分满足	√	24.14 s
RRT	√	√	2.81 s
CE-RRT	√	√	1.36 s

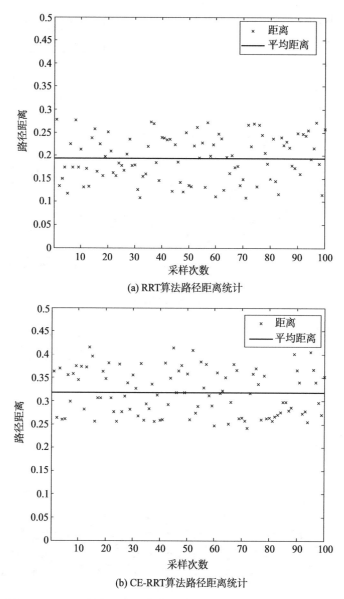

(a) RRT算法路径距离统计

(b) CE-RRT算法路径距离统计

图 5 - 18　RRT 算法路径距离统计和 CE - RRT 算法路径距离统计

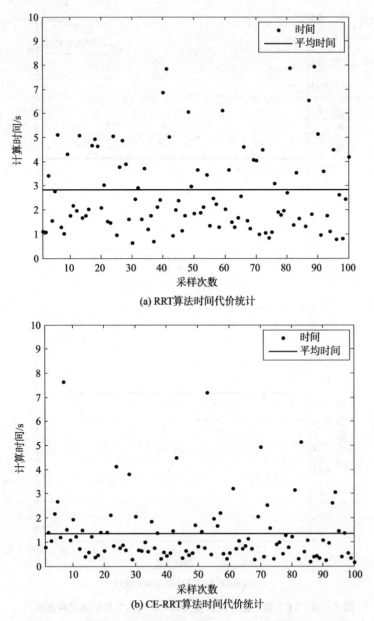

(a) RRT算法时间代价统计

(b) CE-RRT算法时间代价统计

图 5-19　RRT 算法时间代价统计和 CE-RRT 算法时间代价统计

本节针对多约束下抗退绕姿态机动问题，提出了基于 CE‑RRT 的姿态机动路径规划算法。该算法以 CE‑RRT 作为全局规划器，对姿态空间的一致分布节点进行随机采样，在安全空间中增量扩展，保证指向约束的满足；在随机节点生成时引入对比评估策略对算法进行改进。同时，动力学约束转化成了局部扩展二次规划中的线性约束；从而达到了指向约束和动力学约束的分层满足，最终生成姿态机动路径和所需控制力矩。从对比仿真结果可以看出，CE‑RRT 算法路径距离缩短了 38.89%，运算效率提高了 106.62%。

5.4　多约束下能量最优姿态机动路径规划

为了降低机动路径能量消耗，需要从能量最优角度对问题进行归纳。多约束下能量最优姿态机动问题的本质是非凸二次约束二次规划问题。传统方法是将姿态四元数表示下的非凸指向约束转化成二次凸约束的形式，并将目标函数表示成关于状态的二次型，利用半正定规划或二次规划等非线性求解工具得到了姿态机动安全路径。但是当约束涉及多轴多约束的情况就需要较多的路径节点，而这种凸化操作只能求解路径节点较少的情况。所以本节对非凸二次约束二次规划问题进行求解，不仅要求完全满足多轴多种类多数量的姿态约束，而且要减少能量消耗。

5.4.1　问题分析

对通信卫星姿态机动过程中的约束进行分析之后，需要找到一个最优的姿态机动路径，这条路径不仅能够满足之前讨论的复杂约束，而且要保证能量消耗是最优的。本节以能量最优为控制目标，因此约束姿态机动问题就可以归纳为以下形式

$$\min J = \int_{t_0}^{t_f} \boldsymbol{u}^{\mathrm{T}} \boldsymbol{u} \, \mathrm{d}t \text{（性能指标）}$$

$$\text{s. t.}\begin{cases} J\boldsymbol{\omega} = \boldsymbol{u} - \boldsymbol{\omega}^{\times} J\boldsymbol{\omega} \text{（动力学约束）} \\ \dot{\boldsymbol{q}} = \dfrac{1}{2}\boldsymbol{Q}\boldsymbol{\omega} = \dfrac{1}{2}\boldsymbol{\Omega}\boldsymbol{q} \text{（运动学约束）} \\ -\gamma_u \leqslant u_i \leqslant \gamma_u, i=1,2,3 \quad \text{（控制力矩有界约束）} \\ -\gamma_w \leqslant \omega_i \leqslant \gamma_w, i=1,2,3 \quad \text{（角速度有界约束）} \\ \boldsymbol{q}^{\mathrm{T}}\boldsymbol{K}_f\boldsymbol{q} \leqslant 0 \quad \text{（禁忌约束）} \\ \boldsymbol{q}_{\mathrm{T}}\boldsymbol{K}_m\boldsymbol{q} \geqslant 0 \quad \text{（强制约束）} \\ \boldsymbol{q}^{\mathrm{T}}\boldsymbol{q} = 1 \quad \text{（归一化约束）} \\ q(t_0) = q_0, \omega(t_0) = \omega_0 \text{（初始条件）} \\ q(t_f) = q_f, \omega(t_f) = \omega_f \text{（终端条件）} \end{cases}$$

$$(5-49)$$

从式（5-49）可以看出，该问题是一个非线性规划问题，如果想要求解该问题，首先需要对状态空间进行离散化，转化成易于求解的形式。

首先取状态空间为 $\boldsymbol{z} = [\boldsymbol{u}^{\mathrm{T}}(k), \boldsymbol{\omega}^{\mathrm{T}}(k), \boldsymbol{q}^{\mathrm{T}}(k)]^{\mathrm{T}} \in \mathbb{R}^{10}$，利用一阶欧拉积分法则对动力学和运动学约束进行离散化

$$\begin{cases} \boldsymbol{q}(k+1) = \boldsymbol{q}(k) + \Delta T\left[\dfrac{1}{2}\boldsymbol{Q}(k)\boldsymbol{\omega}(k+1)\right] \\ J\boldsymbol{\omega}(k+1) = J\boldsymbol{\omega}(k) + \Delta T\left[\boldsymbol{u}(k+1) - \boldsymbol{\omega}(k)^{\times} J\boldsymbol{\omega}(k)\right] \end{cases}$$

$$(5-50)$$

将式（5-50）进行整合变形，可以得到更加紧凑的约束方程为

$$\boldsymbol{Dz} = \boldsymbol{G}$$

其中

$$\boldsymbol{z} = [\boldsymbol{u}^{\mathrm{T}}(k+1), \boldsymbol{\omega}^{\mathrm{T}}(k+1), \boldsymbol{q}^{\mathrm{T}}(k+1)]^{\mathrm{T}} \qquad (5-51)$$

$$\boldsymbol{D} = \begin{bmatrix} -\Delta T\, \boldsymbol{I}_{3\times3} & \boldsymbol{J} & \boldsymbol{0}_{3\times4} \\ \boldsymbol{0}_{4\times3} & -0.5\Delta T\boldsymbol{Q}(k) & \boldsymbol{I}_{4\times4} \end{bmatrix} \qquad (5-52)$$

$$\boldsymbol{G} = \begin{bmatrix} \boldsymbol{J}\boldsymbol{\omega}(k) - \Delta T\boldsymbol{\omega}(k)^{\times}\boldsymbol{J}\boldsymbol{\omega}(k) \\ \boldsymbol{q}(k) \end{bmatrix} \qquad (5-53)$$

$$Q(k) = \begin{bmatrix} -q_1(k) & -q_2(k) & -q_3(k) \\ q_0(k) & -q_3(k) & q_2(k) \\ q_3(k) & q_0(k) & -q_1(k) \\ -q_2(k) & q_1(k) & q_0(k) \end{bmatrix} \qquad (5-54)$$

因此，式 (5-49) 中的最优姿态控制问题可以转化成以下形式

$$\min J = z^T H_u z$$

$$\text{s. t.} \begin{cases} Dz = G, \ |z| \leqslant r_z \\ z^T H_f z \leqslant 0, z^T H_m z \geqslant 0, z^T H_q z = 1 \\ z(t_0) = z_0, z(t_f) = z_f \end{cases} \qquad (5-55)$$

由文献可知，式 (5-55) 中的最优控制问题实质是非凸二次约束二次规划问题，而且包括了有界约束。由于这类问题属于 NP 难问题，不能用精确算法求解，必须寻求这类问题的有效的近似算法。

为了便于求解，将非凸二次约束二次规划问题推广到以下一般形式

$$\min \ [x^T Q^0 x + (q^0)^T x]$$

$$\text{s. t.} \begin{cases} x^T Q^l x + (q^l)^T x + c_l \leqslant 0, l = 1, 2, \cdots, L \\ Ax \leqslant b \\ x \in f \leqslant x \leqslant F \end{cases} \qquad (5-56)$$

式中，$Q^l \in R^{n \times n}(l = 0, 1, \cdots, L)$ 是任意的对称矩阵，$q^l \in R^n(l = 0, 1, \cdots, L)$，$c_l \in \mathbb{R}(l = 0, 1, \cdots, L)$，$l$ 表示约束数量；A 是 $m \times n$ 的实矩阵，$b \in \mathbb{R}^m$；$f \in \mathbb{R}^n$ 和 $F \in \mathbb{R}^n$ 分别表示 x 的上界和下界。为了之后算法表示方便，定义集合 $\Psi = \{x \in \mathbb{R}^n : Ax \leqslant b\}$，$\Omega = \{x \in \mathbb{R}^n : f \leqslant x \leqslant F\}$。

一般情况下，$Q^l \in \mathbb{R}^{n \times n}(l = 1, 2, \cdots, L)$ 是非正定矩阵的，那么该问题就是一个非凸二次约束二次规划问题。

5.4.2　基于评价迭代的最优解逼近

本节首先将该问题转化成双线性规划问题，求出其中一个变量的凸包络和凹包络，降低求解复杂度，从而求出原问题的一个线性

松弛。同时为了提高求解精度，提出了一种基于评价函数的迭代规划算法，利用线性松弛求出的解作为初值，通过评价函数进行迭代规划，最终逼近多约束下能量最优的姿态机动路径问题的最优解。

（1）线性松弛求解

为了求解式（5-56）中非凸二次约束二次规划问题，首先对该问题进行变形，转化成一个双线性规划问题。在这里，我们令 $\boldsymbol{y}^l = \boldsymbol{Q}^l \boldsymbol{x}$，那么以上问题变成以下形式

$$\min \left[\boldsymbol{x}^{\mathrm{T}} \boldsymbol{y}^0 + (\boldsymbol{q}^0)^{\mathrm{T}} \boldsymbol{x} \right]$$

$$\text{s. t.} \begin{cases} \boldsymbol{x}^{\mathrm{T}} \boldsymbol{y}^l + (\boldsymbol{q}^l)^{\mathrm{T}} \boldsymbol{x} + \boldsymbol{c}_l \leqslant 0 & l = 1, 2, \cdots, L \\ \boldsymbol{y}^l = \boldsymbol{Q}^l \boldsymbol{x} & l = 1, 2, \cdots, L \\ \boldsymbol{n}^l \leqslant \boldsymbol{y}^l \leqslant \boldsymbol{N}^l & l = 1, 2, \cdots, L \\ \boldsymbol{A} \boldsymbol{x} \leqslant \boldsymbol{b}, \boldsymbol{f} \leqslant \boldsymbol{x} \leqslant \boldsymbol{F} \end{cases} \quad (5-57)$$

由于 $\boldsymbol{x}$ 具有上下界约束，所以 $\boldsymbol{y}^l$ 也必须具有相应的上下界约束，$\boldsymbol{n}^l$ 和 $\boldsymbol{N}^l$ 分别为它的上界和下界，具体的计算公式为

$$\begin{cases} \boldsymbol{n}_i^l = \sum_{j=1}^n \min(\boldsymbol{Q}_{ij}^l f_j, \boldsymbol{Q}_{ij}^l F_j) \\ \boldsymbol{N}_i^l = \sum_{j=1}^n \max(\boldsymbol{Q}_{ij}^l f_j, \boldsymbol{Q}_{ij}^l F_j) \\ i = 1, 2, \cdots, n \quad l = 1, 2, \cdots, L \end{cases} \quad (5-58)$$

其中，$\boldsymbol{Q}_{ij}^l$ 表示 $\boldsymbol{Q}^l$ 的第 $i \times j$ 元素。

式（5-57）中的双线性问题和式（5-56）中的非凸二次约束二次规划问题的求解复杂度是一样的，想要求解需要进一步处理。在这里引入文献中的定理：

定理 5.1：对于二维双线性函数 $\boldsymbol{g}(x, y) = xy$，其中 $\{(x, y) \in \mathbb{R}^2 : f \leqslant \boldsymbol{x} \leqslant F, n \leqslant y \leqslant N\}$，那么函数 $\boldsymbol{g}$ 的凸包络函数为：$\varphi(x, y) = \max\{fy + nx - fn, Ly + Nx - FN\}$，凹包络函数为：$\varphi(x, y) = \max\{fy + Nx - fN, Fy + nx - Fn\}$。

在这里简单介绍凸包络的定义。

定义 5.1：设 $f : S \rightarrow R$ 是下半连续函数，其中，S 是 n 维空间

中的非空凸集，则 $f(x)$ 在 S 上的凸包络是指满足以下性质的函数 $F(x)$ ：

1）$F(x)$ 在 S 上是凸的；

2）对于所有的 x 属于 S ，有 $F(x) \leqslant f(x)$ ；

3）若 $h(x)$ 是任意一个定义在 S 上的凸函数，并且对于所有的 x 属于 S ，$h(x) \leqslant f(x)$ ，则所有的 x 属于 S ，有 $h(x) \leqslant F(x)$ 。

通过定义和性质可知，凸包络是函数的下界，同理，凹包络是函数的上界，因此可以把凸包络和凹包络应用于求解式（5-57）中问题。

令 $\boldsymbol{S} = \boldsymbol{x}^{\mathrm{T}} \boldsymbol{y}^l$ ，因此可以求出 S 的上下界，这样问题就可以简化成以下形式

$$\min \left[\boldsymbol{S}^0 + (\boldsymbol{q}^0)^{\mathrm{T}} \boldsymbol{x} \right]$$

$$\text{s. t.} \begin{cases} \boldsymbol{S}^l_{\min} \leqslant \boldsymbol{S}^l_j \leqslant \boldsymbol{S}^l_{\max} \\ \sum\limits_{j=1}^n \boldsymbol{S}^l_j + (\boldsymbol{q}^l)^{\mathrm{T}} \boldsymbol{x} + \boldsymbol{c}_l \leqslant 0 \\ \boldsymbol{A}\boldsymbol{x} \leqslant \boldsymbol{b}, \boldsymbol{f} \leqslant \boldsymbol{x} \leqslant \boldsymbol{F} \end{cases} \quad (5-59)$$

其中

$$\begin{cases} \boldsymbol{S}^l_{\max} = \min\{f_j \boldsymbol{Q}^l_j x + n^l_j x_j - f_j n^l_j, F_j \boldsymbol{Q}^l_j x + N^l_j x_j - F_j N^l_j\} \\ \boldsymbol{S}^l_{\min} = \max\{f_j \boldsymbol{Q}^l_j x + N^l_j x_j - f_j N^l_j, F_j \boldsymbol{Q}^l_j x + n^l_j x_j - F_j n^l_j\} \\ l = 1, 2, \cdots, L \\ j = 1, 2, \cdots, n \end{cases}$$

$$(5-60)$$

（2）基于评价函数的迭代规划算法

在上节中，求解出非凸二次约束二次规划问题的一个线性松弛，但是单纯依靠线性松弛来近似原问题解是不准确的。本小节根据约束性质构建评价函数，利用线性松弛求出的解作为初值进行迭代规划，从而求出原问题的近优解。算法步骤如下：

算法 5.3

1）初始化，令 $k = 1, n = 1$ 。

2）判断是否 $k < k_{max}$ ，如果是，继续下一步；如果否，输出所有 x_k，$k = 1$，2，$\cdots$，k_{max}。

3）求解式，得到线性松弛解 x_k^*，令 $x_k^* = x_k^{(n)}$。

4）取评价函数

$$\psi(x) = x^{\mathrm{T}} Q^0 x + (q^0)^{\mathrm{T}} x + r \sum_{l=1}^{L} \frac{1}{x^{\mathrm{T}} Q^l x + (q^l)^{\mathrm{T}} x + c_l}$$

$$(5-61)$$

其中，r 是加权因子，而且

$$\psi_0 = x_k^{*\mathrm{T}} Q^0 x_k^* + (q^0)^{\mathrm{T}} x_k^* \qquad (5-62)$$

代入 $x_k^{(n)}$，求得 $\psi(x_k^{(n)})$。

5）判断是否 $\left| \dfrac{\psi(x_k^{(n)}) - \psi_0}{\psi_0} \right| \leqslant \varepsilon$ ，如果是，则 $x_k = x_k^{(n)}$，$k = k+1$，然后返回步骤 2；如果否，转到步骤 6）。

6）令 $x_k^{(n)} = x_k^{(n)}/2 + (S_{max}^{(n)} - S_{min}^{(n)})/4$，$n = n+1$，然后转到步骤 3）。

线性松弛技术降低了问题的求解难度，但是会造成求出的解不满足约束，不能准确找到最优解，因此需要利用线性松弛求出的解来进行迭代评价，然后求出原问题的解，算法流程图如图 5 - 20 所示。

5.4.3　仿真与分析

在本节中分两种情况进行仿真验证。仿真 1 中的指向约束包括 4 个禁忌约束，没有考虑强制约束。仿真 2 中的指向约束包括 4 个禁忌约束和 1 个强制约束。而且本节通过和文献的结果进行对比，验证了本文方法的有效性。

（1）考虑 4 个禁忌约束的仿真

在本仿真中，通信卫星在 $[0, 0, 1]^{\mathrm{T}}$ 方向安装了 1 个红外望远镜，在通信卫星姿态机动过程中，红外望远镜需要规避 4 个禁忌约束。详细的仿真条件见表 5 - 4。

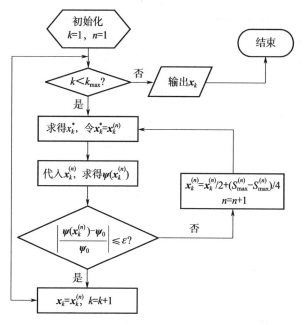

图 5 - 20　迭代规划算法流程图

表 5 - 4　仿真条件

变量	值
J	$\mathrm{diag}(100,120,130)\mathrm{kg \cdot m^2}$
q_0	$[0.646\ 9,0.034\ 7,0.722\ 4,0.241\ 7]^{\mathrm{T}}$
ω_0	$[0,0,0]\mathrm{rad/s}$
q_{f}	$[-0.601\ 2,0.926\ 9,-0.214\ 5,0.822\ 4]^{\mathrm{T}}$
ω_{f}	$[0,0,0]\mathrm{rad/s}$
γ_ω	$0.05\ \mathrm{rad/s}$
γ_u	$1\ \mathrm{N \cdot m}$
θ_1	$20°$
θ_2	$60°$
θ_3	$30°$
θ_4	$20°$

续表

变量	值
r_B	$[0,0,1]^T$
r_{I1}	$[-0.766\ 0,0,0.642\ 8]^T$
r_{I2}	$[0.492\ 4,0.852\ 9,0.173\ 6]^T$
r_{I3}	$[-0.173\ 6,-0.984\ 8,0]^T$
r_{I4}	$[0.171\ 0,-0.469\ 8,-0.866\ 0]^T$

　　图 5-21 表示通信卫星天球坐标系下的姿态机动路径，图中环形区域表示禁忌约束，粗实线表示红外望远镜姿态机动路径，菱形表示初始点位置，五角星表示目标点位置。该机动路径不能进入环形区域，否则会造成红外望远镜损害。从结果可以看出红外望远镜的姿态机动路径是安全的。

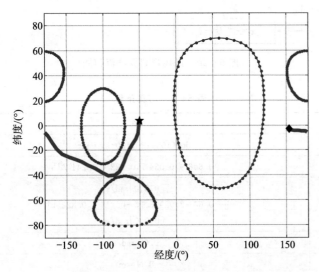

图 5-21　通信卫星天球坐标系下的姿态机动路径（见彩插）

　　图 5-22～图 5-24 分别展示了通信卫星姿态机动过程中的四元数、角速度以及控制力矩时间历程曲线。从图中可知，角速度以及控制力矩的有界约束得到了很好的保证，均满足最大设定值的要求。

这对于实际工程应用，特别是针对控制力矩输入有界的约束姿态机动来说，是十分关键的。

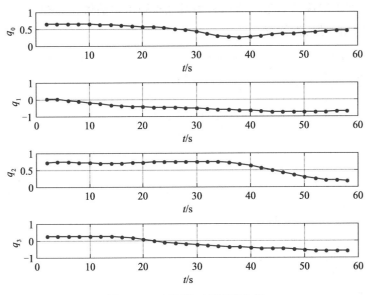

图 5-22　四元数时间历程曲线

由于本文是以能量最优为性能指标的，因此在满足所有复杂约束的基础上，能耗成为本文方法的一个关键因素。接下来采用式 (5-63) 计算整个机动过程中的能量消耗

$$\boldsymbol{P}_{ow} = \sum_{i=1}^{k_{max}} \boldsymbol{u}^{T}(i)\boldsymbol{u}(i) \tag{5-63}$$

式中，$\boldsymbol{u}(i)$ 为每一控制周期上的输入力矩；k_{max} 为总的控制步数。

在相同条件下，文献能量消耗为 43.243 6，本文方法的能量消耗为 27.053 9，后者仅为前者的 62.56%。文献利用伪谱法对问题进行全局路径规划，同时利用预测控制思想改进其指向约束满足的能力，但是当约束和机动范围增多的情况下，路径节点会相应增加，造成其计算精度和计算效率下降。而本文引入线性松弛技术，利用凸包络和凹包络的性质求出原问题的一个线性松弛。但是该线性松弛只是一种近似解，具有一定的精度，但是不能达到任务的需求。本文提出一种基于评价函数的迭代规划算法，该迭代规划算法需要一个足够准确的初值，所以利用线性松弛求出的解作为初值，最终求出原问题的近优解。

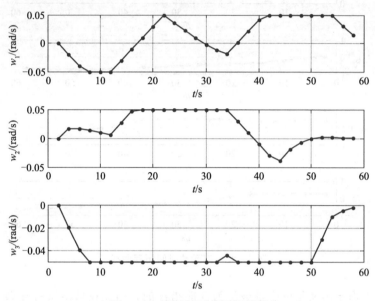

图 5-23　角速度时间历程曲线

（2）考虑 4 个禁忌约束和 1 个强制约束的仿真

文献仅仅考虑了禁忌约束，没有考虑强制约束，但是在实际工程中，往往会禁忌约束和强制约束同时出现。本节仿真场景是：通信卫星在 $[0，0，1]^T$ 方向安装了 1 个红外望远镜，而且在 $[0，1，0]^T$ 方向安装了太阳帆板。所以不仅要保证红外望远镜规避 4 个禁忌约束，而且要求太阳帆板满足 1 个强制约束。其中，第 3 个约束是太阳，对于红外望远镜是禁忌约束，而对于太阳帆板是强制约束。详细的仿真条件见表 5-5。

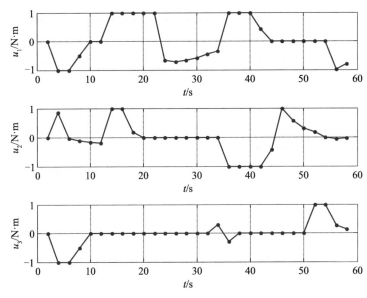

图 5-24 控制力矩时间历程曲线

表 5-5 仿真条件

变量	值
J	$\mathrm{diag}(100,120,130)\mathrm{kg} \cdot \mathrm{m}^2$
q_0	$[0.646\ 9,0.034\ 7,0.722\ 4,0.241\ 7]^{\mathrm{T}}$
ω_0	$[0,0,0]\mathrm{rad/s}$
q_f	$[-0.101\ 2,0.926\ 9,-0.214\ 5,0.022\ 4]^{\mathrm{T}}$
ω_f	$[0,0,0]\ \mathrm{rad/s}$
γ_ω	$0.05\ \mathrm{rad/s}$
γ_T	$1\ \mathrm{N} \cdot \mathrm{m}$
θ_1	$20°$
θ_2	$30°$
$\theta_3(\lambda)$	$60°$
θ_4	$20°$
r_B	$[0,0,1]^{\mathrm{T}}$

续表

变量	值
v_B	$[0,1,0]^T$
r_{I1}	$[-0.766\ 0,0,0.642\ 8]^T$
r_{I2}	$[0.243\ 2,0.907\ 7,-0.342\ 0]^T$
r_{I3}	$[-0.500\ 0,-0.866\ 0,0]^T$
r_{I4}	$[-0.492\ 4,0.086\ 8,-0.866\ 0]^T$

　　图 5-25 表示仿真 2 中通信卫星天球坐标系下的姿态机动路径，图中环形区域表示禁忌约束，值得注意的是，小三角形围成的环形区域对于红外望远镜是禁忌约束，在机动过程中需要规避，而对于太阳帆板是强制约束，在机动过程中要在该区域内。粗实线表示红外望远镜姿态机动路径，菱形表示初始点位置，五角星表示目标点位置。点划线表示太阳帆板的姿态机动路径，正方形表示初始点位置，圆形表示目标点位置。从结果可以看出，红外望远镜的姿态机动路径是安全的，而且太阳帆板成功捕获太阳。

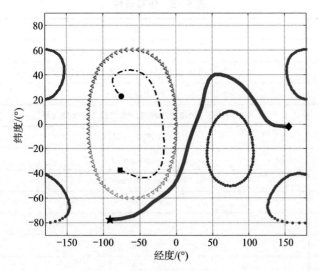

图 5-25　通信卫星天球坐标系下的姿态机动路径（见彩插）

图 5 - 26～图 5 - 28 分别展示了通信卫星姿态机动过程中的四元数、角速度以及控制力矩时间历程曲线。从图中可知，角速度以及控制力矩的有界约束得到了很好的保证，均满足最大设定值的要求，同样利用式（5 - 63）求出能量消耗为 28. 737 2。从本小结可以看出，本文方法受约束种类和数量的影响不大，规划出的姿态机动路径不仅可以满足复杂的姿态约束，而且能量消耗相比场景 1 变化不大。

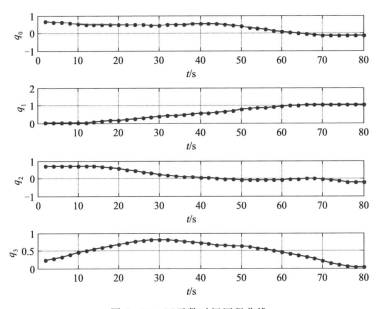

图 5 - 26　四元数时间历程曲线

对于复杂的优化问题，由于变量和约束较多，尤其当约束类型包括非凸二次约束时，要想得到一个可行的初始点并不十分容易。本节首先求出非凸二次约束二次规划问题的一个线性松弛，利用该线性松弛求出的解作为初值，采用评价迭代算法进行精确求解，最终求出原问题的近优解。虽然该近优解能够满足复杂的约束，但是没有从理论上说明该解可以收敛于全局最优解，所以需要进一步研究。

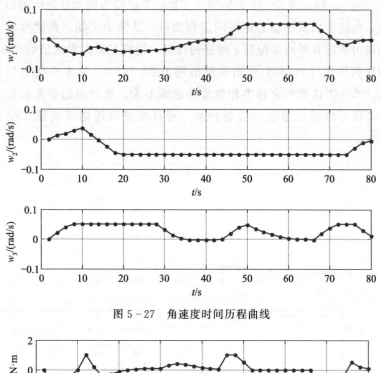

图 5 - 27　角速度时间历程曲线

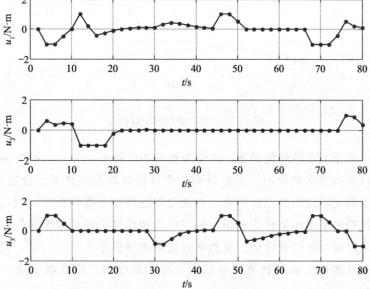

图 5 - 28　控制力矩时间历程曲线

5.4.4　基于分支定界的姿态机动路径规划方法

在 5.3.3 节中首先求出了原问题的一个线性松弛，利用线性松弛求出的解作为初值，通过评价函数进行迭代规划，最终求出原问题的近优解。但是初值选取对算法敏感度较高，导致收敛过程不是完备的，本节在之前线性松弛和评价函数的基础上，提出了一种基于分支定界的求解方法，在理论上给出了算法收敛性证明。

（1）分支定界算法思想

分支定界算法作为全局优化的主要算法之一，首先由 Land Doig 等人提出。它既可以求解纯整数规划，也可以求解混合整数规划。其基本思想是通过把可行域逐步切割划分，同时设计出最优值单调递减的上界序列和单调递增的下界序列，使得上界和下界相等或上界与下界的差满足误差要求时，算法迭代终止，可以得到全局最优解，否则继续迭代下去。分支定界算法被广泛地应用于整数规划、非凸规划等优化模型中，近年来一直是求解非凸规划问题的研究热点。

分支定界算法的基本思想是对有约束条件最优化问题的所有可行解空间进行搜索。在相应的方法中，可行域得到松弛，并且被逐步分割为越来越多的子部分（称为分支），在这些部分内，确定目标函数值的上界和下界（称为定界），当算法进行到某个阶段，对于下界超过前所发现确定目标函数值的上界和下界（称为定界），当算法进行到某个阶段，对于下界超过当前所发现较好上界的可行域部分，无须进一步分支，对此进行剪枝（称为剪枝），由于可行域的这部分不包含最优解，从而缩小了搜索范围。这一过程反复进行直到找出可行解为止，该可行解的值不大于任何子集的界限。

其标准步骤如下。

算法 5.4

1）如果问题的目标是最小指为最优，则设定目前最优解的值等于无穷。

2）根据分支法则，从尚未被搜索节点（局部解）中选择一个节点，并在此节点的下一阶层中分为几个新的节点。

3）计算每一个新分支出来的节点的下限值。

4）对每一节点进行搜索条件测试，若节点满足以下任意一个条件，则此节点被列为可搜索点并且在之后不再被考虑：

a）此节点的下限值大于或等于最优值。

b）已找到在此节点中，具有最小下限值的可行解；若此条件成立，则需比较此可行解与最优值，若前者较小，则需更新最优值，便以此为可行解的值。

c）此节点不可能包含可行解。

5）判断是否仍有尚未被搜索的节点，如果有，则进行步骤2），如果已无尚未被搜索的节点，则演算停止，并得到最优解。

（2）分支定界算法及收敛性分析

由式（5-59）可以得出以下定理：

定理 5.2：对于任意 l 有，$\max\{S^l_{\max} - S^l_{\min} : \boldsymbol{f} \leqslant \boldsymbol{x} \leqslant \boldsymbol{F}\} \leqslant 0.5(\boldsymbol{F} - \boldsymbol{f}) |\boldsymbol{Q}^l| (\boldsymbol{F} - \boldsymbol{f})$。

证明：

令 $\boldsymbol{B}_l = \{(\boldsymbol{x}_l, \boldsymbol{y}_l) \in \mathbb{R}^2 : \boldsymbol{f}_l \leqslant \boldsymbol{x}_l \leqslant \boldsymbol{F}_l, \boldsymbol{n}_l \leqslant \boldsymbol{x}_l \leqslant \boldsymbol{N}_l\}$，而且 $\boldsymbol{B} = \boldsymbol{B}_1 \times \cdots \times \boldsymbol{B}_L$。

那么由定理 5.1 可得出：

$\boldsymbol{\gamma}_{\boldsymbol{B}^l}(\boldsymbol{x}^l, \boldsymbol{y}^l) = \max\{\boldsymbol{n}^l \boldsymbol{x}^l + \boldsymbol{f}^l \boldsymbol{y}^l - \boldsymbol{f}^l \boldsymbol{m}^l, \boldsymbol{N}^l \boldsymbol{x}^l + \boldsymbol{F}^l \boldsymbol{y}^l - \boldsymbol{L}^l \boldsymbol{M}^l\}$ 为 $\boldsymbol{S}^l$ 的凸包络，且

$$\boldsymbol{\gamma}_{\boldsymbol{B}}(\boldsymbol{x}, \boldsymbol{y}) = \sum_{l=1}^{L} \boldsymbol{\gamma}_{\boldsymbol{B}^l}(\boldsymbol{x}^l, \boldsymbol{y}^l)$$

同理，

$\boldsymbol{\Gamma}_{\boldsymbol{B}^l}(\boldsymbol{x}^l, \boldsymbol{y}^l) = \min\{\boldsymbol{N}^l \boldsymbol{x}^l + \boldsymbol{f}^l \boldsymbol{y}^l - \boldsymbol{f}^l \boldsymbol{M}^l, \boldsymbol{n}^l \boldsymbol{x}^l + \boldsymbol{F}^l \boldsymbol{y}^l - \boldsymbol{L}^l \boldsymbol{m}^l\}$ 为 $\boldsymbol{S}^l$ 的凹包络，且

$$\boldsymbol{\Gamma}_{\boldsymbol{B}}(\boldsymbol{x}, \boldsymbol{y}) = \sum_{l=1}^{L} \boldsymbol{\Gamma}_{\boldsymbol{B}^l}(\boldsymbol{x}^l, \boldsymbol{y}^l)$$

那么，

$$\max\{S_{\max}^l - S_{\min}^l : f \leqslant x \leqslant F\} \leqslant \max\{\boldsymbol{\Gamma}_B(x,y) - \boldsymbol{\gamma}_B(x,y) : (x,y) \in \boldsymbol{B}\}$$

$$= \sum_{l=1}^{L} \max\{\boldsymbol{\Gamma}_{B^l}(x^l,y^l) - \boldsymbol{\gamma}_{B^l}(x^l,y^l) : (x^l,y^l) \in \boldsymbol{B}^l\}$$

$$= 0.5 \sum_{l=1}^{L} (F^l - f^l)(N^l - n^l)$$

$$= 0.5(F - f)\,|Q^l|\,(F - f)$$

证毕。

接下来本节按上一节介绍的标准分支界定算法来解决 NQCQP 问题。分支策略是构建在将 $\boldsymbol{\Omega}$ 细分成更小的超矩形的基础之上的。就每一个节点 p 而言，x 的可行域为 $\boldsymbol{\Omega}^p$，$\boldsymbol{\Omega}^p$ 是 $\boldsymbol{\Omega}$ 的相关子集。对于任意可行的 x，函数 $f(x)$ 都有一个下界，用 $\bar{z}^p$ 来表示。算法主要通过提取具有最小 $\bar{z}^p$ 值的节点，求出它的线性松弛，然后用 $\boldsymbol{\Omega}^p$ 来替换 $\boldsymbol{\Omega}$。如果线性松弛的最优解在 NQCQP 问题上是可行的，就可以将该最优解和最优解的指标值分配到 (x^*, z^*)，即当前最好的可行解和指标值。设定 $f^0(x) = x^T Q^0 x$，分支定界具体算法如下：

算法 5.5

1）初始化：$\boldsymbol{\Omega}^0 = \boldsymbol{\Omega}$，$z^* = \infty$，$\bar{z}^0 = -\infty$，LIST $= \{(\boldsymbol{\Omega}^0, \bar{z}^0)\}$，$k = 0$。

2）如果 LIST $= \Phi$，则停止，x^* 是 NQCQP 问题的最优值。

3）从具有最小 $\bar{z}^p$ 值的 LIST 中选择并删除实例 $(\boldsymbol{\Omega}^p, \bar{z}^p)$。求解以下线性松弛，记作 REL^p：

$$v(p) = \min\left[S^0 + (q^0)^T x\right]$$

$$\text{s.t.} \begin{cases} (S_{\min}^l)^p \leqslant S_j^l \leqslant (S_{\max}^l)^p \\ \sum_{j=1}^{n} S_j^l + (q^l)^T x + c_l \leqslant 0 \\ x \in \{Ax \leqslant b, f \leqslant x \leqslant F\} \cap \boldsymbol{\Omega}^p \end{cases} \qquad (5-64)$$

如果 REL^p 不可行，则跳转至第 2）步，否则 REL^p 的最优解表示为 (x^p, S^p)。

4）细分为如下三个分支：

a）如果 $v(p) < z^*$ 且 $\left| \dfrac{\boldsymbol{\varPsi}(x_k^{(n)}) - \boldsymbol{\varPsi}_0}{\boldsymbol{\varPsi}_0} \right| \leqslant \varepsilon$ 满足，则跳转至第 2）步；

b）如果 x^p 在 NQCQP 中不可行，则跳转至第 5 步；

c）x^p 在 NQCQP 中可行，且 $v(p) < z^*$。

如果 $f(x^p) < z^*$，则更新 $z^* = f(x^p)$，$x^* = x^p$，且从 LIST 中删除所有满足 $\bar{z}^p \geqslant z^*$ 的实例；

如果 $f^0(x^p) > (S_{\min}^l)^0$，则跳转至第 5 步，否则跳转至第 2 步。

5）将 $\boldsymbol{\varOmega}^p$ 细分成两个超矩形 $\boldsymbol{\varOmega}^{k+1} = \{x \in \boldsymbol{\varOmega}^p : f^{k+1} \leqslant x \leqslant F^{k+1}\}$ 和 $\boldsymbol{\varOmega}^{k+2} = \{x \in \boldsymbol{\varOmega}^p : f^{k+2} \leqslant x \leqslant F^{k+2}\}$，那么 $\boldsymbol{\varOmega}^p = \boldsymbol{\varOmega}^{k+1} \bigcup \boldsymbol{\varOmega}^{k+2}$ 而且 $\boldsymbol{\varOmega}^{k+1} \bigcap \boldsymbol{\varOmega}^{k+2} = \varnothing$。

令 $\bar{z}^r = v(p)$，$r = k+1$，$k+2$。添加到 LIST $= (\boldsymbol{\varOmega}^r, \bar{z}^r)$，$r = k+1$，$k+2$，且令 $k = k+2$。跳转至第 3）步。

在算法 5.5 中，为了对问题进行简要的阐明，在步骤 5）中只将父代超矩形 $\boldsymbol{\varOmega}^p$ 分支为两个超矩形。在实际计算中，可以将 $\boldsymbol{\varOmega}^p$ 分支成所需的任意数量的超矩形。

需要注意的是，以便于在 NQCQP 中获得更好的二次函数近似值步骤 5）中的分支操作必须是一致的。也就是说，当算法生成一个超矩形序列 $\{\boldsymbol{\varOmega}^p\}$ 时，必须满足：

当 $p \rightarrow \infty$ 时，

$$\max\{(F^p - f^p) \left| Q^p \right| (F^p - f^p) : l = 1, 2, \cdots, L\} \downarrow 0.$$

显然，对于有穷的情况，在获得最优解之后，算法将会结束。对于无穷的情况，给出下述收敛定理的介绍和证明：

定理 5.3： 假定 NQCQP 存在最优解。设 $\{x^p, S^p\}$ 为算法步骤 3 中生成的线性规划最优解，则 $\{x^p\}$ 的任意收敛子序列的极值是 NQCQP 的最优解。

证明： 用 v（NQCQP）表示 NQCQP 的最优解。由于当 $\bar{z}$ 值为最小的时候来选择实例，因此，$\{\bar{z}^p\}$ 是 v（NQCQP）的上界非递

减序列点集。引入超矩形后可以获得 $\{\boldsymbol{\Omega}^p, \bar{z}^p\}$ 的子序列，则有 $\boldsymbol{\Omega}^{p+1} \subseteq \boldsymbol{\Omega}^p \, \forall \, p$。

由定理 5.3

$$
\begin{aligned}
0 \leqslant f^0(\boldsymbol{x}^p) - (\boldsymbol{S}_{\min}^l)^0 &\leqslant (\boldsymbol{S}_{\max}^l)^0 - (\boldsymbol{S}_{\min}^l)^0 \\
&\leqslant 0.5(\boldsymbol{F}^p - \boldsymbol{f}^p) \, |\boldsymbol{Q}^0| \, (\boldsymbol{F}^p - \boldsymbol{f}^p)
\end{aligned}
\tag{5-65}
$$

由于一致性条件，可得

$$
\lim_{p \to \infty} (f^0(\boldsymbol{x}^p) - (\boldsymbol{S}_{\min}^l)^0) = 0
\tag{5-66}
$$

同理，由

$$
(\boldsymbol{S}_{\min}^l)^p \leqslant (\boldsymbol{S}_j^l)^p \leqslant (\boldsymbol{S}_{\max}^l)^p
$$

且

$$
(\boldsymbol{S}_{\min}^l)^p \leqslant \boldsymbol{x}_j^p \boldsymbol{Q}_j^l \boldsymbol{x}^p \leqslant (\boldsymbol{S}_{\max}^l)^p \, \forall \, (j, l, p)
\tag{5-67}
$$

可以推导出

$$
\lim_{p \to \infty} ((\boldsymbol{S}_j^l)^p - \boldsymbol{x}_j^p \boldsymbol{Q}_j^l \boldsymbol{x}^p) = 0 \, \forall \, (j, l)
\tag{5-68}
$$

因此，对于 $\{\boldsymbol{x}^p, \boldsymbol{S}^p\}$ 的任意收敛子序列都存在极值 $\{\bar{\boldsymbol{x}}, \bar{\boldsymbol{S}}\}$，而且 $\bar{\boldsymbol{x}}$ 在 NQCQP 上是可行的，这意味着 $f^0(\bar{\boldsymbol{x}}) + \boldsymbol{q}^0\bar{\boldsymbol{x}} \geqslant v(\text{NQCQP})$ 是成立的。接下来只需要证明，$\bar{\boldsymbol{x}}$ 在 NQCQP 上是最优的即可。在算法中引入超矩形分支方法，最终需要在这一个分支树上寻找路径，因此可得

$$
v(p) = \bar{z}^{p+1} \leqslant v(\text{NQCQP})
\tag{5-69}
$$

由式（5-66）得 $f^0(\boldsymbol{x}^p) - (\boldsymbol{S}_{\min}^l)^0$ 收敛至 0，这意味着 $f^0(\bar{\boldsymbol{x}}) + \boldsymbol{q}^0\bar{\boldsymbol{x}} \leqslant v(\text{NQCQP})$。

因此，$\bar{\boldsymbol{x}}$ 在 NQCQP 上是最优的。

在参考文献中，全局最优值的收敛性得到初步证明，以上本节的证明方法可以认为是其在分支定界方法的延伸。

为了对算法进一步说明，首先通过求解一个数学算例来进行验证。

考虑以下问题

$$\min \left\{ [x_1, x_2] \begin{bmatrix} 1 & 2 \\ -1 & -1 \end{bmatrix} \begin{bmatrix} x_1 \\ x_2 \end{bmatrix} + [1,1] \begin{bmatrix} x_1 \\ x_2 \end{bmatrix} \right\}$$

$$\text{s. t.} \begin{cases} [x_1, x_2] \begin{bmatrix} 1 & 2 \\ -1 & -1 \end{bmatrix} \begin{bmatrix} x_1 \\ x_2 \end{bmatrix} \leqslant 6 \\ x_1 + x_2 \leqslant 4 \\ 0 \leqslant x_1 \leqslant 4 \\ 0 \leqslant x_2 \leqslant 4 \end{cases}$$

具体的分支定界算法可以通过图 5 - 29 进行。

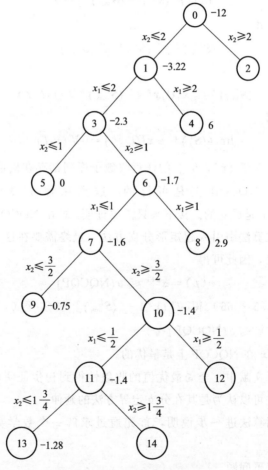

图 5 - 29　分支定界算法实例图

最终当 $q = 13$ 时求出最优解 $(x_1, x_2) = (0, 3^{0.5})$，最优值为 -1.28。

步骤 3) 中选择具有最小下界 $\underline{z}^p$ 作为实例是非常必要的，这不仅仅是一种启发式方法。如果违反这一规则，会获得一个不可行点 $\{x^p\}$ 的无穷序列，这些不可行点会收敛到某一个可行的但在 NQCQP 上并非最优的点。在处理约束姿态机动问题中，构造的维数比较复杂，但是某些近似解最优性和可行已经达到了任务需求，不需要精确到小数点后很多位。所以为了提高算法效率性，可以通过设定某些容忍值 ε，使得当 $\max\{(F^p - f^p) \,|\, Q^p \,|\, (F^p - f^p) : l = 1, 2, \cdots, L\} \leqslant \varepsilon$ 时，停止进一步分支。

（3）仿真与分析

仿真条件和 5.3.3 节一样不仅考虑了禁忌约束，而且考虑强制约束。同样通信卫星在 $[0, 0, 1]^{\mathrm{T}}$ 方向安装了 1 个红外望远镜，在 $[0, 1, 0]^{\mathrm{T}}$ 方向安装了太阳能帆板。所以不仅要保证红外望远镜规避 4 个禁忌约束，而且要求太阳能帆板满足 1 个强制约束。其中，第 3 个约束是太阳，对于红外望远镜是禁忌约束，而对于太阳能帆板是强制约束。

图 5-30 表示通信卫星天球坐标系下的姿态机动路径，图中环形区域表示禁忌约束，值得注意的是，小三角形围成的环形区域对于红外望远镜是禁忌约束，在机动过程中需要规避，而对于太阳帆板是强制约束，在机动过程中要在该区域内。粗实线表示红外望远镜姿态机动路径，菱形表示初始点位置，五角星表示目标点位置。点划线表示太阳能帆板的姿态机动路径，正方形表示初始点位置，圆形表示目标点位置。从结果可以看出，红外望远镜的姿态机动路径是安全的，而且太阳能帆板成功捕获太阳进行充能。

图 5-31～图 5-33 分别展示了采用分支定界方法求解出的通信卫星姿态机动过程中的四元数、角速度以及控制力矩时间历程曲线。从图中可知，角速度以及控制力矩的有界约束得到了很好的保证，均满足最大设定值的要求，同样利用式（5-63）求出能量消耗为

10.325 3，相比于采用评价迭代求出的结果能量消耗降低了 64.07%。

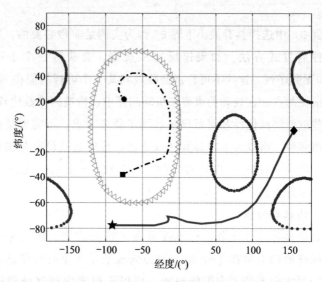

图 5 - 30　通信卫星天球坐标系下的姿态机动路径（见彩插）

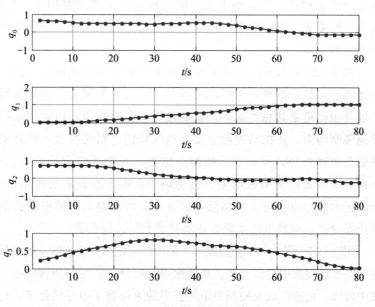

图 5 - 31　四元数时间历程曲线

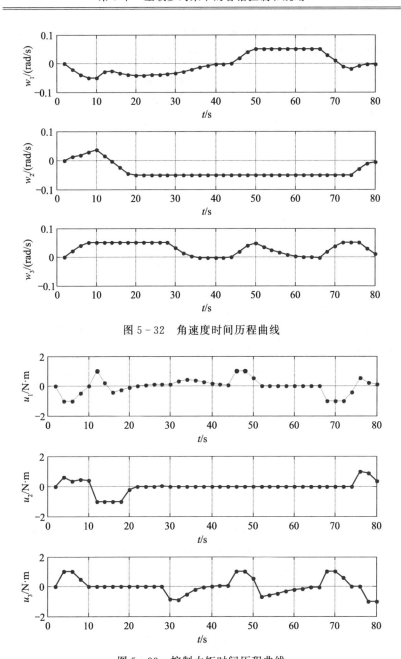

图 5 - 32　角速度时间历程曲线

图 5 - 33　控制力矩时间历程曲线

为了进一步验证本节所提算法的效率，从满足约束情况和能量消耗两方面和其他几种方法进行对比，结果见表5-6。

表5-6 多种算法比较

规划算法	评判标准		
	禁忌约束	强制约束	能量消耗
SDP	部分满足	不满足	—
Tomlab	√	不满足	114.685 0
秩最小化迭代方法	√	√	41.247 4
松弛迭代方法	√	√	23.737 2
分支定界方法	√	√	10.325 3

本节从能量最优角度出发，对所有约束利用状态空间方法进行表述，归纳成一个 NQCQP 问题。首先引入线性松弛技术，将该问题转化成双线性规划问题，求出其中一个变量的凸包络和凹包络，降低求解复杂度，最终求出原问题的一个线性松弛。利用线性松弛求出的解作为初值，通过评价函数进行迭代规划，最终求出原问题的近优解。然后在所提线性松弛和评价函数的基础上，利用分支定界方法给出了算法的收敛性证明，求出原问题的最优解。通过对比仿真可以看出该方法可以满足复杂的姿态约束，而且路径所消耗的能量也得到有效减少。

5.5 多约束下时间最优姿态机动路径规划

通信卫星可以通过限制最大控制力矩有效减少姿态机动过程中的能量消耗，但在执行灾难预警、科学探测以及军事应用等任务时，经常要求卫星在较短的时间内从当前姿态机动到给定期望姿态。因此对多约束下时间最优姿态机动问题进行研究是很有必要的。伪谱法作为一种解决最优控制问题的直接方法，在求解时间最优控制的应用中体现出了许多优点，Fleming 首次在无指向约束情况的通信卫星时间最优机动问题中应用了伪谱法。在考虑指向约束的情况下，伪谱法依然可以处理约束简单的时间最优机动问题，但是在处理多约束情况下的能力是有限的。针对指向约束和有界约束同时存在的情况，Spiller 等人将元启发式算法引入该问题中，将逆动力学方法和粒子群算法结合在一起，最终获得了禁忌约束下时间最优姿态机动路径。但是该方法为了提高收敛效率，仅仅对单轴姿态受限的情况进行了考虑。

本节首先利用伪谱法对禁忌约束下时间最优姿态机动问题进行了求解，然后提出一种元启发式算法对全约束下时间最优姿态机动问题进行求解，并比较这两种方法的优劣性。

5.5.1　基于高斯伪谱法禁忌约束下问题求解

高斯伪谱法是一种离散控制变量和状态变量的直接法，由于易于求出全局最优解，逐渐成为最优控制问题求解方法的研究热点。但是由于该方法受参数数量限制较大，针对本节问题只能考虑单轴少量禁忌约束。本小节对时间最优问题进行表述，利用高斯伪谱法设计出禁忌约束下全局优化方法，为了保证节点之间约束可以满足，设计了局部跟踪控制目标函数。

（1）时间最优姿态机动规划

首先将姿态和角速度表示为 $\boldsymbol{X} = [q_0, q_1, q_2, q_3, \omega_1, \omega_2, \omega_3]^T$，则动力学和运动学约束方程表示为

$$\dot{\boldsymbol{X}} = f(\boldsymbol{X}) + \boldsymbol{B}\boldsymbol{u} \tag{5-70}$$

其中，$f(\boldsymbol{X}) = [\boldsymbol{f}_1^T, \boldsymbol{f}_2^T]^T$

$$\boldsymbol{f}_1 = \begin{bmatrix} (-q_1\omega_1 - q_2\omega_2 - q_3\omega_3)/2 \\ (q_0\omega_1 - q_3\omega_2 + q_2\omega_3)/2 \\ (q_3\omega_1 + q_0\omega_2 - q_1\omega_3)/2 \\ (-q_2\omega_1 + q_1\omega_2 + q_0\omega_3)/2 \end{bmatrix} \tag{5-71}$$

$$\boldsymbol{f}_2 = [(J_2 - J_3)/J_1\omega_2\omega_3, (J_3 - J_1)/J_2\omega_1\omega_2, (J_1 - J_2)/J_2\omega_1\omega_2]^T \tag{5-72}$$

在姿态机动过程中考虑机动时间最少的性能指标，于是本节要

解决的问题归纳为

$$\min\ J = \int_{t_0}^{t_f} \mathrm{d}t\ (性能指标)$$

$$\text{s.t.}\begin{cases} \dot{x} = f(\pmb{x}) + \pmb{B}\pmb{u} & (动力学和运动学约束) \\ -\gamma_u \leqslant u_i \leqslant \gamma_u,\, i = 1,2,3 & (控制力矩有界约束) \\ -\gamma_w \leqslant \omega_i \leqslant \gamma_w,\, i = 1,2,3 & (角速度有界约束) \\ \pmb{q}^{\mathrm{T}} \pmb{K}_f \pmb{q} \leqslant 0 & (禁忌约束) \\ \pmb{q}^{\mathrm{T}} \pmb{q} = 1 & (归一化约束) \\ \pmb{x}(t_0) = \pmb{x}_0 & (初始条件) \\ \pmb{x}(t_f) = \pmb{x}_f & (终端条件) \end{cases}$$

$$(5-73)$$

利用基于高斯伪谱节点的全局插值多项式逼近状态和控制输入。中间插值节点表示为 $\kappa = \{\tau_1, \cdots, \tau_K\}$ ，$\tau_i \in (-1, 1)$ 以及端点 $\tau_{K+1} = -1$，共 $K+1$ 个插值节点。

$$\pmb{x}(\tau) \approx \pmb{X}(\tau) = \sum_{i=0}^{K} L_i(\tau)\pmb{x}(\tau_i) \qquad (5-74)$$

这里 $L_i = \prod\limits_{j=0,\ j \neq i}^{K} \dfrac{\tau - \tau_j}{\tau_i - \tau_j}$ 。

可通过对式（5-74）微分得到

$$\dot{\pmb{x}}(\tau_k) \approx \dot{\pmb{X}}(\tau_k) = \sum_{i=0}^{K} \dot{\pmb{L}}_i(\tau_k)\pmb{x}(\tau_i) = \pmb{DX} \qquad (5-75)$$

其中，$\pmb{D}$ 的元素 $D_{i,\,k} = \dot{L}_i(\tau_k)$ 。那么，微分约束通过以上变换就可以成为易于解决的代数约束问题。

那么，终端状态可以表示成相对初始状态的积分，于是有

$$\pmb{x}(\tau_f) = \pmb{x}(\tau_0) + \int_{-1}^{1} [f(\pmb{x}) + \pmb{B}\pmb{u}]\,\mathrm{d}\tau \qquad (5-76)$$

通过高斯积分离散，可近似为

$$\pmb{x}(\tau_f) - \pmb{x}(\tau_0) - \frac{t_f - t_0}{2} \sum_{k=1}^{K} \omega_k [f(\pmb{x}_k) + \pmb{B}\pmb{u}_k] = 0 \quad (5-77)$$

式中，ω_k 为高斯积分系数。

目标函数可以表示成

$$J = t_f - t_0 \tag{5-78}$$

通过以上伪谱转换，式（5-73）中的性能指标可以转换成式（5-78），动力学和运动学约束转换成式（5-75），终端条件表示成式（5-76）。然后通过专门的非线性规划工具箱很容易地求解问题的解。但是值得注意的是，由于节点的个数直接关乎规划问题中方程个数，方程个数越多，规划问题求解的计算代价就越大，因而不易选择过多节点。为了避免节点之间出现约束不满足，设计以下局部控制方法。

（2）局部节点处理

通过高斯离散化，路径节点是完全满足约束的，然而却不能确保节点之间不违反约束。因此需要对节点依次进行跟踪控制，使通信卫星的姿态运动完全满足复杂的约束。

设计局部跟踪控制目标函数为

$$
\begin{aligned}
J_i(k) = \{ & \boldsymbol{q}^{\mathrm{T}}(k+N)\boldsymbol{G}_j\underline{\boldsymbol{q}}(k+N) + \\
& \boldsymbol{\omega}_e^{\mathrm{T}}(k+N-1)\boldsymbol{W}\boldsymbol{\omega}_e(k+N-1) + \\
& \sum_{i=1}^{N}\boldsymbol{u}^{\mathrm{T}}(k+i-1)\boldsymbol{\Gamma}\boldsymbol{u}(k+i-1) \}
\end{aligned}
\tag{5-79}
$$

其中，$\boldsymbol{G}_i = \boldsymbol{Q}^{\mathrm{T}}(\boldsymbol{q}_{fi})\boldsymbol{C}^{\mathrm{T}}\boldsymbol{RCQ}(\boldsymbol{q}_{fi})$，$\boldsymbol{q}_{fi}$ 为第 i 个目标节点上的姿态四元数，$\boldsymbol{Q}(\boldsymbol{q}_{fi}) = [-\boldsymbol{q}_{fi}, (q_{f0}\boldsymbol{I}_3 + [\boldsymbol{q}_{fi}\times])^{\mathrm{T}}]^{\mathrm{T}}$。

于是局部控制算法为

$$
\min J_i(k)
$$

$$
\text{s. t.}
\begin{cases}
\boldsymbol{q}(k)^{\mathrm{T}}\boldsymbol{K}_f\boldsymbol{q}(k) \leqslant 0 \\
\boldsymbol{\omega}_j(k+i) \leqslant \gamma_\omega & j=1,2,3 \\
\boldsymbol{u}_j(k+i-1) \leqslant \gamma_u & j=1,2,3 \\
i=1,\cdots,N
\end{cases}
\tag{5-80}
$$

（3）仿真分析

在仿真实例中，通信卫星在 $[0, 0, 1]^{\mathrm{T}}$ 方向安装了 1 个红外望远镜，在本体坐标系下的方向矢量为 r_B；两个强光天体方向矢量在惯性坐标系下的分量为 r_{I1} 和 r_{I2}，要求 r_B 与 r_{I1} 之间的最小夹角为 θ_1，r_B 与 r_{I2} 之间的最小夹角为 θ_2；通信卫星初始姿态和角速度分别为 q_0 和 ω_0，目标姿态和角速度分别为 q_f 和 ω_f；星体惯性矩阵为 J，机动角速度的最大幅值为 γ_ω，控制力矩的最大幅值为 γ_T。具体数值见表 5 - 7。

表 5 - 7　仿真参数

变量	值
J	$\mathrm{diag}(2000,2000,2000)\,\mathrm{kg \cdot m^2}$
q_0	$[0,0,0,1]^T$
ω_0	$[0,0,0]\,\mathrm{rad/s}$
q_f	$[-0.383,0,0.926,0]^T$
ω_f	$[0,0,0]\,\mathrm{rad/s}$
γ_ω	$0.1\,\mathrm{rad/s}$
γ_u	$0.36\,\mathrm{N \cdot m}$
θ_1	$15°$
θ_2	$15°$
r_B	$[0,0,1]^T$
r_{I1}	$[0.75,-0.17,0.64]^T$
r_{I2}	$[0.97,0.21,-0.08]^T$

采用本文方法，机动过程总共耗时 288 s，路径节点为 70 个。图 5 - 34 表示通信卫星天球坐标系下姿态机动路径，图中圆形区域表示禁忌约束，点实线表示红外望远镜姿态机动路径，五角星表示目标点位置。可以看出，在机动过程中红外望远镜成功地规避了强光天体，机动路径是安全的。

图 5 - 35～图 5 - 37 分别展示了通信卫星姿态机动过程中的姿态四元数、角速度以及控制力矩时间历程曲线。从图 5 - 37 可以看出，在机动的开始和末端控制力矩超出了限制，这是由于对机动时间提出要求，在初始和末端需要更大的加速度让角速度迅速达到一定的

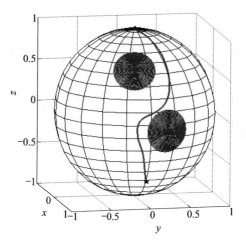

图 5-34　天球坐标系下通信卫星姿态机动路径（见彩插）

值，这样才能实现快速机动。但是从图中可以看出，超出的程度在可接受范围内，而且除此之外整个机动过程都满足有界约束。

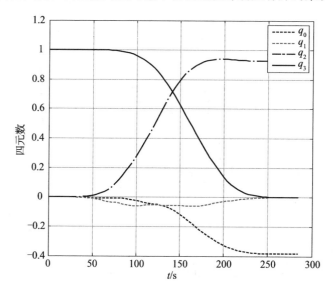

图 5-35　通信卫星姿态四元数时间历程曲线

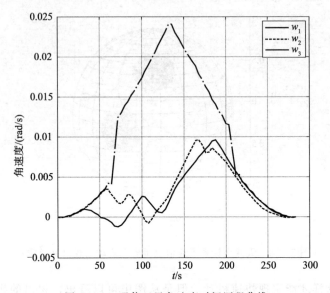

图 5 - 36　通信卫星角速度时间历程曲线

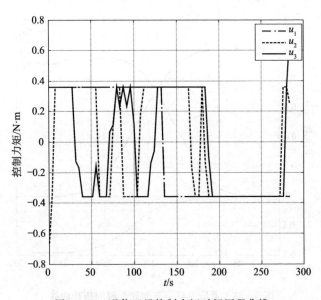

图 5 - 37　通信卫星控制力矩时间历程曲线

以上仿真结果是取路径节点为 70 时得出的，为了进一步分析该方法路径节点对计算效率的影响，需要取不同数量的路径节点进行仿真，得出计算时间和机动时间随路径节点个数的变化规律。

图 5-38 表示了计算时间随路径节点个数的变化曲线，横坐标为路径节点个数，纵坐标为计算时间。从图中可以看出，计算时间随路径节点个数的增加而增加，小于 70 的时候增加比较缓慢，大于70 的时候有了明显增加。

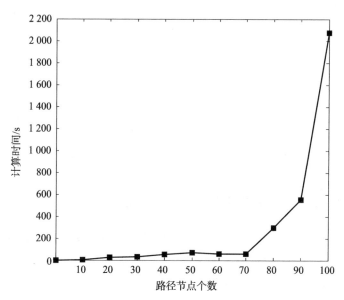

图 5-38　计算时间随路径节点个数的变化曲线

图 5-39 表示了机动时间随路径节点个数的变化曲线，横坐标为路径节点个数，纵坐标为机动时间。当路径节点小于 30 时，约束不能完全满足，在路径节点大于 30 之后，约束可以满足，而且所求的机动时间达到平稳，当节点个数等于 70 时，机动时间最小，所以当节点个数为 70 时所求结果的最优性最好。

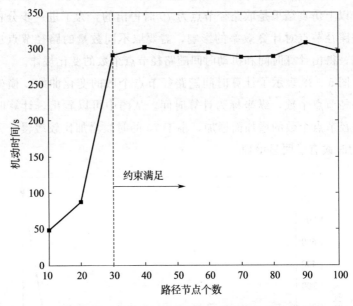

图 5-39　机动时间随路径节点个数的变化曲线

5.5.2　基于 ATDE 算法全约束时间最优问题求解

通过 5.2 中的仿真可知，这种伪谱转变方法虽然利用离散逼近将难以解决的优化控制问题转换成了容易求解的非线性规划问题，但也正是这种非一致离散节点引入了另一个问题：由于对于节点之间的约束并未给出合适的处理，从而导致节点之间不一定满足约束，特别是中间稀疏节点之间更是如此，所以当约束数量和约束种类比较多时处理起来会比较困难。

将全约束下时间最优姿态机动问题归纳为以下形式

$$\min J = \int_{t_0}^{t_f} dt \, (\text{性能指标})$$

$$\text{s. t.} \begin{cases} \boldsymbol{J\dot{\omega}} = \boldsymbol{u} - \boldsymbol{\omega}^{\times} \boldsymbol{J\omega} \quad (\text{动力学约束}) \\[2mm] \boldsymbol{\dot{q}} = \dfrac{1}{2}\boldsymbol{Q\omega} = \dfrac{1}{2}\boldsymbol{\Omega q} \quad (\text{运动学约束}) \\[2mm] -\gamma_u \leqslant u_i \leqslant \gamma_u, i = 1,2,3 \quad (\text{控制力矩有界约束}) \\[2mm] -\gamma_w \leqslant \omega_i \leqslant \gamma_w, i = 1,2,3 \quad (\text{角速度有界约束}) \\[2mm] \boldsymbol{q}(t)^{\mathrm{T}} \boldsymbol{K}_f \boldsymbol{q}(t) \leqslant 0 \quad (\text{禁忌约束}) \\[2mm] \boldsymbol{q}(t)^{\mathrm{T}} \boldsymbol{K}_m \boldsymbol{q}(t) \geqslant 0 \quad (\text{强制制约束}) \\[2mm] \boldsymbol{q}(t)^{\mathrm{T}} \boldsymbol{q}(t) = 1 \quad (\text{归一化约束}) \\[2mm] q(t_0) = q_0, \omega(t_0) = \omega_0 \quad (\text{初始条件}) \\[2mm] q(t_f) = q_f, \omega(t_f) = \omega_f (\text{终端条件}) \end{cases}$$

$$(5-81)$$

针对这一优化问题，本节受 Spiller 等人启发引入元启发式算法思想，提出了一种基于角速度和时间的编码方法，而且将复杂约束构建成算法中的评价函数，将时间最优路径规划问题转换成中间节点寻优的最优化问题。然后采用差分进化算法进行优化，求出满足约束的姿态机动路径，该算法称为 ATDE 算法，算法流程如图 5 - 40 所示。本节首先介绍了提出的编码方法和所构建的评价函数，然后给出了详细的算法流程。

（1）基于角速度和时间的编码方法

在实际工程中的姿态控制系统中，控制力矩会以 bang - bang 的控制形式给出，通信卫星姿态机动路径的本质是一系列由加速、匀速或者减速有序姿态状态的集合，对姿态机动路径进行规划就是规划每一时刻通信卫星所处的姿态，显然需要一种能够贴合这种实际情况的姿态机动路径模拟方法。

本文提出了一种基于角速度和时间的编码方法，对于不能够一次欧拉旋转就完成的姿态机动中间存在一个或多个节点，用作多个欧拉旋转的中转节点。如图 5 - 41 所示，整个机动过程可以分为角

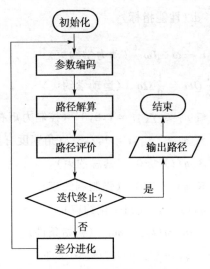

图 5-40 ATDE算法流程图

速度变化和角速度保持两种情况。这种方式模拟了实际机动过程中角速度变化的过程，避免了出现角速度突变，角加速度要求较大的情形，规划的姿态路径不会违背动力学约束。

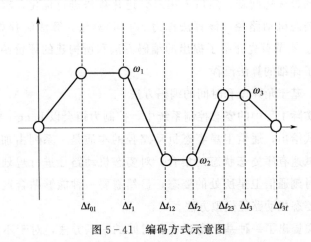

图 5-41 编码方式示意图

这种编码方式实质是机动路径中有 n 个中间姿态节点。那么编

码的个体向量为

$$\boldsymbol{P} = (\Delta t_{01} \quad \boldsymbol{\omega}_1^{\mathrm{T}} \quad \Delta t_1 \quad \Delta t_{12} \quad \boldsymbol{\omega}_2^{\mathrm{T}} \quad \Delta t_2 \quad \cdots \quad \Delta t_{n-1n} \quad \boldsymbol{\omega}_n^{\mathrm{T}} \quad \Delta t_n \quad \Delta t_{nf})$$

$$(5-82)$$

其中，$\boldsymbol{\omega}_i$，$(i \in 1, 2, \cdots, n)$ 为第 i 个节点的姿态角速度；Δt_{i-1i}，$(i \in 1, 2, \cdots, n)$ 为第 $i-1$ 个节点向第 i 个节点变化的时间；Δt_i，$(i \in 1, 2, \cdots, n)$ 为保持第 i 个节点角速度不变的时间；下标 0 表示起始点，下标 f 表示目标点。那么总的机动时间为

$$t_f = \Delta t_{01} + \Delta t_1 + \Delta t_{12} + \Delta t_2 + \cdots + \Delta t_{n-1n} + \Delta t_n + \Delta t_{nf}$$

$$(5-83)$$

当已知角速度和时间之后，由式（5-36）可以求出控制力矩和姿态四元数为

$$\boldsymbol{u}(k+1) = \frac{\boldsymbol{J}\boldsymbol{\omega}(k+1) - \boldsymbol{J}\boldsymbol{\omega}(k)}{\Delta T} + \boldsymbol{\omega}(k) \times \boldsymbol{J}\boldsymbol{\omega}(k)$$

$$(5-84)$$

$$\boldsymbol{q}(k+1) = \boldsymbol{q}(k) + \Delta T \left[\frac{1}{2} \boldsymbol{Q}(k) \boldsymbol{\omega}(k+1) \right]$$

那么，一条有序的姿态状态的集合 $\boldsymbol{X} = [\boldsymbol{u}(k)^{\mathrm{T}}, \boldsymbol{\omega}(k)^{\mathrm{T}}, \boldsymbol{q}(k)^{\mathrm{T}}]^{\mathrm{T}}$，$(k \in 1, 2, \cdots, k_{\max})$ 可以被求出，而且

$$k_{\max} = \frac{t_f}{\Delta T}$$

$$(5-85)$$

其中，ΔT 为选取的一个常数，$k_{\max}$ 随 t_f 的变化而变化，$k_{\max}$ 和 ΔT 成反比。也就是说，ΔT 取值越小，路径节点就越多，路径离散的精度就越高。

（2）评价函数构造

评价函数设置为越小越好类型，通过寻找评价函数的最小值来得到最优路径。评价函数主要分为机动时间、路径指向约束、能量有界约束和终端约束 4 个部分。

机动时间的评价函数选为

$$J_t = t_f$$

$$(5-86)$$

路径指向约束的评价函数也分为两种，针对禁忌约束

$$J_{g1} = \begin{cases} \exp[q\,(k)^{\mathrm{T}}\boldsymbol{K}_f q(k)] - 1 & \text{if} \quad q\,(k)^{\mathrm{T}}\boldsymbol{K}_f q(k) > 0 \\ 0 & \text{else} \end{cases}$$

$$(5-87)$$

相反地，对于强制约束评价函数为

$$J_{g2} = \begin{cases} \exp[-q\,(k)^{\mathrm{T}}\boldsymbol{K}_m q(k)] - 1 & \text{if} \quad q\,(k)^{\mathrm{T}}\boldsymbol{K}_m q(k) < 0 \\ 0 & \text{else} \end{cases}$$

$$(5-88)$$

那么总的指向约束评价函数为

$$J_g = \sum_{k=1}^{k_{\max}} (J_{g1} + J_{g2}) \qquad (5-89)$$

能量有界约束的评价函数取为

$$J_{ui} = \begin{cases} \exp(\,|u_i(k)| - \gamma_T) - 1 & \text{if} \quad |u_i(k)| > \gamma_T \\ 0 & \text{else} \end{cases}$$

$$(5-90)$$

$$J_u = \sum_{k=1}^{k_{\max}} \sum_{i=1}^{3} J_{ui}$$

最后，为了满足终端约束，必须保证递推的最后一步姿态与要求的目标姿态相等，即保证四元数差 $\boldsymbol{Q}_e$ 尽量小。

$$q_e = \boldsymbol{Q}_{k_{\max}}^* \otimes \boldsymbol{Q}_f \qquad (5-91)$$

其中，$q_e = [q_{e0} \quad q_{e1} \quad q_{e2} \quad q_{e3}]^{\mathrm{T}}$。因此，终端约束的评价函数可以选取为

$$J_q = -\lg\left(\left|\frac{q_{e0}+1}{2}\right|\right) \qquad (5-92)$$

最终，总的评价函数为

$$J = J_t + J_g + J_u + J_q \qquad (5-93)$$

至此，将时间最优约束姿态机动问题转化成寻找个体向量 $\boldsymbol{P}$，使得总评价函数 $\boldsymbol{J}$ 最小的优化问题，然后采用 DE 算法进行优化迭代，最终找到最优解。

（3）算法流程

①初始化

利用 NP 个个体向量 P 作为每一代的种群，每个个体表示为

$$P_{i,G}(i=1,2,\cdots,NP) \tag{5-94}$$

式中，i 表示个体在种群中的序号；G 表示进化代数；NP 为种群规模，在优化过程中 NP 保持不变。

初始化就是生成优化搜索的初始种群。为了避免过分影响收敛效率，通常寻找初始种群的一个方法是从给定边界约束内的值中随机选择。在整个算法中，一般假定对所有随机初始化种群均符合均匀概率分布。设参数变量的界限为 $P_j^{(L)} < P_j < P_j^{(U)}$，$P_j$ 表示 P 的第 j 维向量，$j=1,3,\cdots,D$，则初始化种群为

$$P_{i,0} = \text{rand}(0,1) \cdot (P_j^{(U)} - P_j^{(L)}) + P_j^{(L)} \tag{5-95}$$

式中，$i=1,2,\cdots,NP$；$\text{rand}(0,1)$ 表示在 ［0，1］ 之间产生的均匀随机数。

②变异

对于每个个体向量 $P_{i,G}$（$i=1,2,\cdots,NP$），变异向量如下产生

$$v_{i,G+1} = P_{r1,G} + F(P_{r2,G} - P_{r3,G}) \tag{5-96}$$

其中，随机选择的序号 r_1，r_2 和 r_3 互不相同，且 r_1，r_2 和 r_3 与个体向量序号 i 也应不同，所以须满足 $NP \geqslant 4$。变异算子 $F \in ［0,2］$ 是一个实常数因数，控制偏差变量的放大作用。

③交叉

为了增加个体向量的多样性，引入交叉操作。取试验向量为

$$Y_{i,G+1} = (y_{i1,G+1}, y_{i2,G+1}, \cdots, y_{iD,G+1}) \tag{5-97}$$

$$Y_{ij,G+1} = \begin{cases} v_{ij,G+1}, & \text{if rand}(0,1) \leqslant CR \ || \ j=r_n \\ X_{ji,G+1}, & \text{if rand}(0,1) \geqslant CR \& j \neq r_n \end{cases} \tag{5-98}$$

式中，CR 为交叉概率，取值范围为 ［0，1］；r_n 为 ［1，2，$\cdots$，D］ 的随机整数。

④选择

按照贪婪准则将试验向量 $Y_{i,\,G+1}$ 与当前种群中的个体向量进行比较，决定试验向量是否会成为下一代中的成员。按照以上构造的评价函数，具有较小评价函数值的向量将保存在下一代种群中。下一代中的所有个体都比当前种群的对应个体更佳或者至少一样好。在选择程序中，试验向量只与一个个体相比较，而不是与现有种群中的所有个体相比较。

⑤收敛条件

在有边界约束的问题中，确保产生新个体的参数值位于问题的可行域中是必要的，一个简单方法是将不符合边界约束的新个体用在可行域中随机产生的向量代替，即

若：$Y_{ij,\,G+1} < P_j^{(L)}$ 或者 $Y_{ij,\,G+1} > P_j^{(U)}$，那么

$$Y_{ij,G+1} = \mathrm{rand}(0,1) \cdot (P_j^{(U)} - P_j^{(L)}) + P_j^{(L)} \tag{5-99}$$

最终，将时间最优约束姿态机动问题转化成寻找个体向量 P，使得总评价函数 J 最小的优化问题，然后重复以上过程，直到收敛到最优解。

（4）仿真与分析

为了对比验证，仿真条件和 5.4.2 节相同，在通信卫星 $[0, 0, 1]^T$ 方向安装了 1 个红外望远镜，在本体坐标系下的方向矢量为 r_B；两个强光天体方向矢量在惯性坐标系下的分量为 r_{I1} 和 r_{I2}，要求 r_B 与 r_{I1} 之间的最小夹角为 θ_1，r_B 与 r_{I2} 之间的最小夹角为 θ_2；通信卫星初始姿态和角速度分别为 q_0，ω_0，目标姿态和角速度分别为 q_f，ω_f；星体惯性矩阵为 J，机动角速度的最大幅值为 γ_ω，控制力矩的最大幅值为 γ_T。

采用本节描述的 ATDE 算法进行求解，ΔT 选为 1 s 时，机动过程总共耗时 178 s，路径节点为 178 个，图 5-42 表示通信卫星天球坐标系下的姿态机动路径。可以看出，在机动过程中红外望远镜成功地规避了强光天体，机动路径是安全的。

图 5-43~图 5-45 分别展示了通信卫星姿态机动过程中的四元

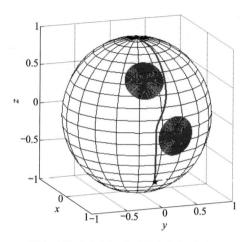

图 5-42　通信卫星天球坐标系下的姿态机动路径（见彩插）

数、角速度以及控制力矩时间历程曲线。从图中可知，角速度以及控制力矩的有界约束得到了很好的保证，均满足最大设定值的要求。而且角速率和控制力矩变化平稳简单，易于工程实现。

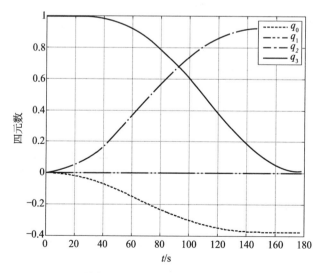

图 5-43　四元数时间历程曲线

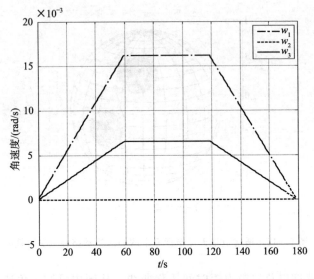

图 5-44　角速度时间历程曲线

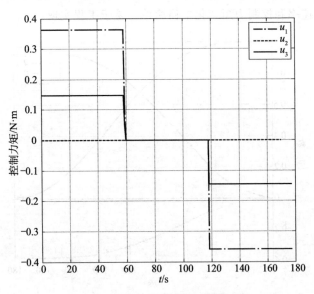

图 5-45　控制力矩时间历程曲线

以上仿真结果是利用单次 ATDE 算法求解结果，由于该方法具有一定的随机性，所以为了不失一般性，采用 ATDE 算法随机运算 10 次，结果统计见表 5 - 8。其中，T_{ATDE} 表示计算时间，t_f 表示机动时间。可以看出每次消耗计算时间和求解出的机动时间趋于稳定，说明该方法是收敛的。求解出的机动时间平均值为 179.70 s，消耗的平均计算时间为 69.37 s。

表 5 - 8　采用 ATDE 算法 10 次结果统计

	T_{ATDE}/s	t_f/s
1	67.43	179.00
2	69.35	179.00
3	75.21	179.00
4	66.56	178.00
5	71.47	179.00
6	68.55	179.00
7	68.45	178.00
8	69.41	179.00
9	67.88	178.00
10	69.38	179.00
平均	69.37	178.70

以上仿真是针对 $\Delta T = 1$ 的情况。现在改变 ΔT 的值，来研究 ΔT 对算法的影响，对于每一个 ΔT 的取值，都采用 10 次结果取平均值作为仿真结果。图 5 - 46 展示了计算时间随 ΔT 变化的曲线，当 ΔT 小于 1 时，计算时间随 ΔT 的增加而缓慢减少，但是当 ΔT 大于 1 时，计算时间明显增加，这个结果说明当 ΔT 大于 1 时离散精度是不足够满足路径约束的，算法需要消耗较多的时间进行优化。图 5 - 47 展示了机动时间随 ΔT 变化的曲线，机动时间在一个最优值附近趋于稳定。由图 5 - 46 和图 5 - 47 可知，当 $\Delta T = 1$ 时，ATDE 算法所求的解的最优性是最好的。

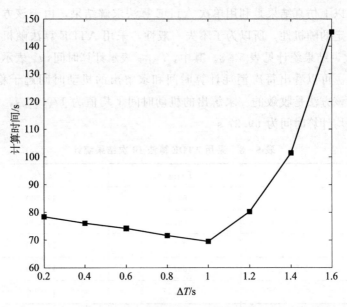

图 5 - 46　计算时间随 ΔT 的变化曲线

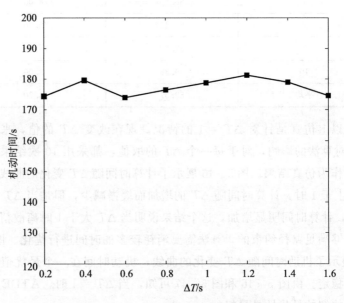

图 5 - 47　机动时间随 ΔT 的变化曲线

将 ATDE 算法和伪谱法进行对比，见表 5 - 9，两种方法都可以满足有界约束和指向约束，伪谱法规划出的机动时间为 284 s，ATDE 算法规划出的机动时间为 179 s，缩小了 37.08%。伪谱法所消耗的计算时间为 58.13 s，ATDE 算法所消耗的计算时间为 69.37 s，相比伪谱法提高了 19.34 %。

表 5 - 9　ATDE 算法和伪谱法的对比

方法	评价指标			
	有界约束	指向约束	计算时间/s	机动时间/s
伪谱法	√	部分满足	58.13	284
ATDE	√	√	69.37	179.70

（5）多轴多约束情况下的仿真

由于伪谱法在处理多约束条件下的局限性，为了验证方法有效性，之前的仿真仅仅考虑了单轴禁忌约束。在这一节将通过 ATDE 方法对在三轴多约束的姿态机动进行仿真。

通信卫星在 x 轴、y 轴和 z 轴上分别安装了 1 个光学敏感器，外部环境假设有 4 个明亮天体进行影响。假设通信卫星执行观测任务，需要使用 x 轴上的敏感器对地面某一区域进行观测，那么 x 轴存在一个强制约束，而且在机动过程中 4 个明亮天体不能进入 y 轴和 z 轴上的两个敏感器视场内，那么在 y 轴和 z 轴上就各存在 4 个禁忌约束。将以上仿真条件总结在表 5 - 10 中。

表 5 - 10　仿真条件

变量	值
J	$\mathrm{diag}(2\,000, 2\,000, 2\,000)\mathrm{kg \cdot m}^2$
q_0	$[0.616\,2, 0.037\,4, 0.723\,4, 0.241\,7]^\mathrm{T}$
ω_0	$[0, 0, 0]\mathrm{rad/s}$
q_f	$[-0.941\,8, 0.126\,2, 0.214\,5, -0.322\,6]^\mathrm{T}$
ω_f	$[0, 0, 0]\mathrm{rad/s}$
γ_ω	$0.1\ \mathrm{rad/s}$

续表

变量	值
γ_u	$0.36\ \mathrm{N \cdot m}$
θ_1	$20°$
θ_2	$25°$
θ_3	$30°$
θ_4	$30°$
λ	$80°$
r_{B1}	$[0,1,0]^{\mathrm{T}}$
r_{B2}	$[0,0,1]^{\mathrm{T}}$
v_B	$[1,0,0]^{\mathrm{T}}$
r_{I1}	$[-0.766\ 0,0,0.642\ 8]^{\mathrm{T}}$
r_{I2}	$[0.2432,0.907\ 7,-0.342\ 0]^{\mathrm{T}}$
r_{I3}	$[-0.500\ 0,-0.866\ 0,0]^{\mathrm{T}}$
r_{I4}	$[-0.492\ 4,0.086\ 8,-0.866\ 0]^{\mathrm{T}}$
r_{I5}	$[0.173\ 6,-0.984\ 8,0]^{\mathrm{T}}$

图 5-48 表示天球坐标系下的 x 轴敏感器的姿态机动路径,图中横轴表示经度,纵轴表示纬度,环形区域表示强制约束,菱形表示初始点位置,五角星表示目标点位置。从结果可以看出,敏感器可以保持在观测区域范围内进行观测任务。

图 5-49 表示天球坐标系下的 y 轴和 z 轴敏感器的姿态机动路径,环形区域表示禁忌约束,菱形表示初始点位置,五角星表示目标点位置。粗实线表示 y 轴敏感器姿态机动路径,虚线表示 z 轴敏感器姿态机动路径。从结果可以看出两个敏感器的机动路径都能规避明亮天体的影响。

图 5-50～图 5-52 分别展示了姿态机动过程中的四元数、角速度以及控制力矩时间历程曲线。从图中可知,角速度以及控制力矩的有界约束得到了很好的保证,均满足最大设定值的要求。而且总的机动时间为 221 s,并没有因为约束的复杂性而导致机动时间过长。

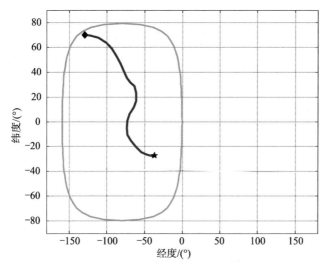

图 5 - 48　天球坐标系下 x 轴敏感器的姿态机动路径（见彩插）

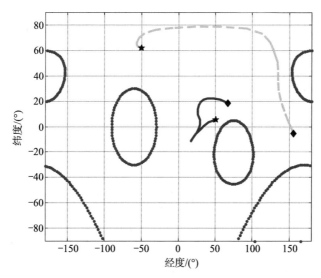

图 5 - 49　天球坐标系下的 y 轴和 z 轴敏感器的姿态机动路径（见彩插）

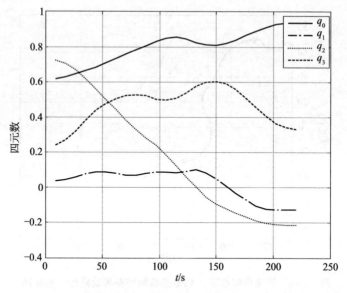

图 5-50　四元数时间历程曲线

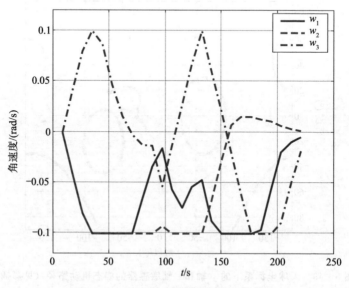

图 5-51　角速度时间历程曲线（见彩插）

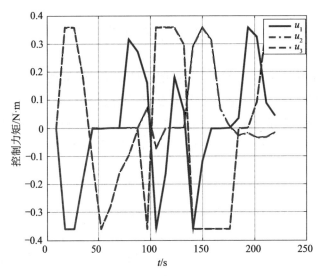

图 5-52　控制力矩时间历程曲线（见彩插）

本节针对多约束下短时间姿态机动问题进行了研究，从时间最优角度将该约束机动问题归纳为时间最优路径规划问题；首先通过高斯伪谱法对禁忌约束下姿态机动问题进行求解，该方法对于节点之间的约束并未给出合适的处理，从而导致节点之间不一定满足约束，特别是中间稀疏节点之间更是如此。为了解决这一问题，本节提出了基于 ATDE 算法的全约束下姿态机动优化方法。采用角速度和时间的编码方法，而且将复杂约束构建成算法中的评价函数，将时间最优路径规划问题转换成中间节点寻优的最优化问题。然后采用差分进化算法进行优化，求出满足约束的姿态机动路径。仿真结果表明了 ATDE 算法虽然消耗的计算时间较多，但是不仅可以满足复杂的姿态约束，而且缩短了姿态机动时间。规划出的角速率和控制力矩变化平稳简单，这对于实际工程是非常有意义的。

5.6 通信卫星姿态机动综合仿真验证

本节在前面多约束通信卫星姿态机动技术研究的基础上，结合自主运行规划方法，建立计算机仿真系统、实时动力学仿真系统、仿真控制系统等，构建通信卫星姿态机动与控制地面仿真试验系统，对设计的姿态机动规划算法和优化方法进行原理性仿真实验。

5.6.1 仿真系统的总体结构

为了能够仿真和验证通信卫星运行的过程，不仅需要构建星上的计算控制系统，同时还需要建立通信卫星本身对象的模型。而通信卫星是一个非常复杂的大系统，涉及许多技术领域。其结构复杂，包含了许多分系统，如推进分系统、姿控分系统、动力学系统、制导导航系统、科学任务系统等。因此本节根据自主任务规划和姿态机动的特点，重点考虑形成：上传指令→任务规划→姿态机动→命令序列执行→通信卫星对象这样一个大的控制回路中的相关系统，进行关键技术的仿真和验证。

考虑到通信卫星的特点和仿真的目的，通信卫星姿态机动仿真系统总体结构如图 5 - 53 所示。

该系统主要包括的 3 部分：第一部分是地面控制模拟系统，主要用于模拟实际飞行过程中的地面操作控制中心，功能是向通信卫星发送高级指令，作为任务自主规划的初始目标，同时接收通信卫星反馈的卫星数据，用以判断系统的运行情况；第二部分是通信卫星动力学模型系统，即系统的控制对象，主要是模拟通信卫星在空间中的运行情况，根据规划系统的规划结果，通过执行系统来实时改变通信卫星的状态，并通过各种显示手段来形象显示通信卫星的位置和姿态等数据；第三部分是该系统的核心，即本节设计的自主姿态机动系统，它主要是根据地面的高级指令及通信卫星的状态，由规划引擎根据系统的知识模型和各种约束关系，产生合理的规划，

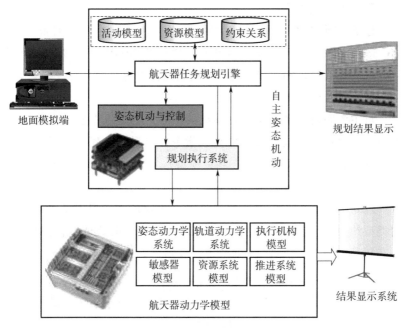

图 5-53　通信卫星姿态机动仿真系统总体结构

在进行姿态机动或控制时，协同自主姿态机动与控制模块产生满足几何、动力学约束的姿态执行路径。

5.6.2　各系统设计与实现

（1）地面控制模拟系统

在实际通信卫星系统中，地面控制模拟系统充当一个人与通信卫星直接交互的接口，是一个非常重要的部分。它负责通信卫星运行过程中的指令上传、状态检测、数据通信、数据处理、健康监测和故障处理等。而在本仿真系统中，地面控制模拟端主要充当两个角色：规划系统初始目标的上传和系统状态监测、仿真过程的控制与知识数据更新。具体任务包括：向通信卫星系统发送高级任务；根据通信卫星的仿真进行情况，从通信卫星系统获取通信卫星的状态；仿真结果数据获取；规划知识模型修改；仿真进程的控制；仿真过程数据的记录等。

地面控制模拟系统相对独立于仿真实验系统，因此采用
Windows 系统下的 C＋＋语言开发，通过 TCP/IP 网络接口或串行
接口与嵌入式系统相连接，构成双向数据传输通道。

（2）自主姿态机动系统

自主姿态机动系统是仿真系统的核心，也是重点验证和仿真的
部分。它通过接收地面发送的高级指令，根据已经建立的星上知识
模型（活动模型、资源模型、约束模型），利用前面部分姿态规划与
控制方法，形成可行的通信卫星控制序列，并发送给执行系统执行。

规划引擎负责系统内部状态时间线的管理、知识模型管理、不
同类型约束处理机制的选择、资源的管理与约束处理、姿态规划、
姿态制导等功能。信息流程如图 5 - 54 所示。

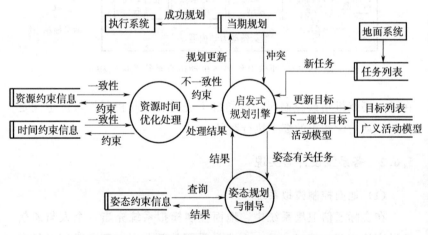

图 5 - 54　通信卫星姿态机动系统信息流程

当仿真系统启动以后，启发式规划引擎便开始自主运行，它里
面存储了系统的一些全局信息，如通信卫星各种知识模型、系统包
括的子系统、可用的状态时间线、可用资源、初始状态等。

同时，启发式规划引擎还循环检测任务列表，看是否有地面系
统发送过来的新任务。如果地面系统上传了将来某段时间内的任务，

它便将其进行处理，转化为规划系统的目标列表。目标列表就是规划系统需要解决的初始问题，规划系统每当发现规划目标列表不为空时，便从中选取（启发式）一个目标，将其放置在当前规划中对应的时间线上。不可避免地这种行为将导致系统中出现各种约束冲突现象，此时规划引擎根据冲突约束的类型进行不同的约束处理，寻找可以解决冲突的方式。如果规划中涉及姿态相关的任务，规划引擎便将任务全局处理后发送给姿态规划与制导系统进行处理。姿态规划与机动系统依据上层自主管理模块给出的命令序列，对其进行初步解析，得到目标姿态。利用我们前面设计的方法规划每次正确的机动路径，避免违背姿态约束，并将相关信息反馈给规划引擎。当规划系统中目标列表为空，且当前规划中不存在冲突现象，则最终生成满足每个约束的合理规划，发送给规划执行系统，等待系统解释执行。

（3）通信卫星动力学模型系统

为了能够比较真实地反映通信卫星的运动规律，建立了通信卫星动力学和运动学数学模型，主要包括轨道递推计算模型、推进系统模型和姿态系统模型等。通过接收执行机构施加给通信卫星的力和力矩，驱动通信卫星的轨道动力学、轨道运动学、姿态动力学和姿态运动学模型，得到通信卫星当前时刻的位置、速度、姿态以及角速度等状态信息。通信卫星动力学仿真器将通信卫星当前状态信息反馈给任务执行系统，执行系统根据系统的状态判断下一步需要发送的指令和当前指令执行是否成功。

除了最主要的轨道和姿态动力学系统之外，还建立了规划系统所涉及的其他子系统的模型，如敏感器模型、执行机构模型和资源模型等。

该系统采用 xPC 目标完成实时仿真系统设计。xPC 目标是 MathWorks 公司提供和发行的一个基于 RTW 体系框架的附加产品，实现了和 MATLAB/Simulink/RTW 的完全无缝连接。xPC 实时系统拥有实时性强、可靠性高和扩充性好等优点。xPC 硬件系统中的处理器具有高速的计算能力，并配备了丰富的 I/O 支持，用户可以根据需要进行组合；软件环境的功能强大且使用方便，包括实现代码自动生成/下载和试验/调试的整套工具。xPC 软硬件目前已经成为进行快速控制原型验证和测试的首选实时平台。本节基于MATLAB/Simulink 建立了通信卫星数学仿真部分的模型，然后利用各种 xPC 接口模块，建立与嵌入式系统的连接。

如图 5 - 55 所示，在 xPC 目标机中导入的仿真软件主要分为 4个部分：RS422 数据通信、数据解析、通信卫星系统和数据封装。其中，通信卫星系统是软件的核心部分，它包括了上述通信卫星自主运行的各个单元。通过模拟执行机构施加给通信卫星的力和力矩，驱动通信卫星的轨道动力学、轨道运动学、姿态动力学和姿态运动学模型，得到通信卫星当前时刻的位置、速度、姿态以及角速度等状态信息。光学相机、星敏感器、速率陀螺、加速度计等敏感器模型利用通信卫星当前的状态，构建出各传感器的测量信息，这些测量信息通过串口传送给目标机，执行规划和姿态机动控制算法。

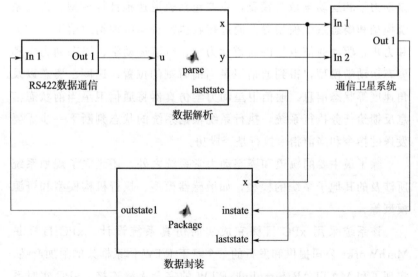

图 5 - 55　导入 xPC 目标机中的仿真软件

（4）规划执行系统

执行系统对于自主通信卫星来说是非常重要的一个系统，它负责将规划系统的结果转化为通信卫星可以执行的低级命令并发送给通信卫星系统来执行。但是本文主要是研究姿态机动系统，因此仿真系统中对执行系统进行了简化，主要完成下面的功能：将自主姿态机动系统的结果进行进一步的扩展，形成通信卫星可以执行的低级指令，为每一个状态时间线产生一个线程，按时间顺序，并行地发送给通信卫星动力学系统，改变通信卫星的状态。当前段任务执行完之后向规划系统发送进行下一段规划的请求。

为了更好地与自主规划与姿态机动部分衔接，这一部分也是在嵌入式 PC104 系统中实现。其将规划结果中的每个活动转化为可以执行的指令，通过硬件接口将控制信号发送给 xPC 实时仿真机，从而完成对通信卫星目标的驱动控制。

为了更加形象地显示通信卫星仿真过程，增加对物理系统的直观认识，本仿真系统中加入了实时显示部分。该系统主要是根据通信卫星的状态，在二维或三维环境中实时将仿真过程中通信卫星显示位置运动、姿态运动、通信卫星某些可动件以及相关天体的运动。

5.6.3　仿真试验结果

多约束下通信卫星姿态机动综合仿真主要通过 MATLAB GUI 实现，主界面如图 5 - 56 所示，分为姿态机动路径距离优化、能量优化与时间优化 3 部分功能模块，用于实现通信卫星姿态机动。

（1）路径距离优化模块试验结果

为了验证路径距离优化方法，设定通信卫星在 z 轴上安装 1 个光学敏感器，在姿态机动过程中需要规避 8 个明亮天体的影响。仿真条件如图 5 - 57 和图 5 - 58 所示。

采用 CE - RRT 算法的试验结果如图 5 - 59 所示，尽管多个约束极大地限制了姿态可行空间，但是本文方法依然可以规划出姿态机动路径，而且没有出现倒退或缠绕现象。

图 5-56　多约束下通信卫星姿态机动综合仿真

图 5-57　姿态机动基本参数

图 5 - 58　姿态机动指向约束参数

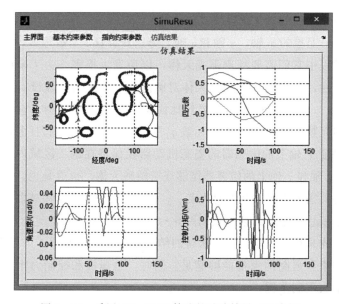

图 5 - 59　采用 CE - RRT 算法的试验结果（见彩插）

对 RRT 算法和 CE - RRT 算法进行仿真对比，将 10 次运行结果的路径距离 L 列在表 5 - 11 中。

表 5 - 11　采用 RRT 算法和 CE - RRT 算法 10 次结果统计

	L_{RRT}	L_{CE-RRT}
1	0.425 5	0.278 1
2	0.236 9	0.160 9
3	0.332 3	0.272 9
4	0.405 6	0.158 7
5	0.478 5	0.295 9
6	0.504 5	0.180 0
7	0.347 9	0.149 3
8	0.192 7	0.160 2
9	0.196 7	0.233 2
10	0.237 9	0.204 7
平均	0.335 9	5.2094

（2）路径能量优化模块试验结果

通信卫星的 x 轴，y 轴和 z 轴上分别安装着 1 个敏感器，在姿态机动过程中它们需要规避强光天体，以免发生损害。为了验证方法的有效性，假设有 4 个明亮天体对敏感器产生影响。假设有以下任务场景：x 轴上的敏感器需要对地面某一区域进行观测，它的初始姿态四元数 q_0 和目标姿态四元数 q_f 被给出。所以在执行任务过程中需要保证 x 轴上的敏感器的姿态机动路径保持在这一区域内，与此同时，y 轴和 z 轴上的敏感器能够规避敏感天体，也就是说，x 轴上的敏感器需要满足 1 个强制约束，y 轴和 z 轴上的两个敏感器都要满足 4 个禁忌约束，约束参数如图 5 - 60 和图 5 - 61 所示。

首先采用分支定界方法求得的结果如图 5 - 62 所示，可以看出，禁忌约束和强制约束都能够满足。同时，角速度和控制力矩都没有超过最大限制范围。

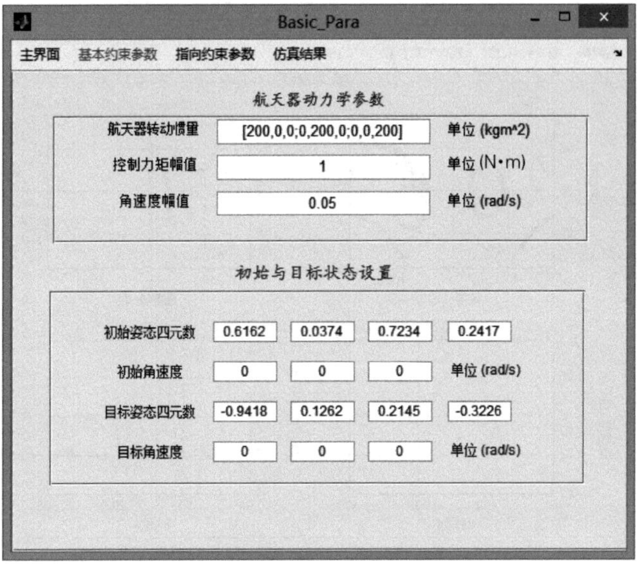

图 5－60　姿态机动基本参数

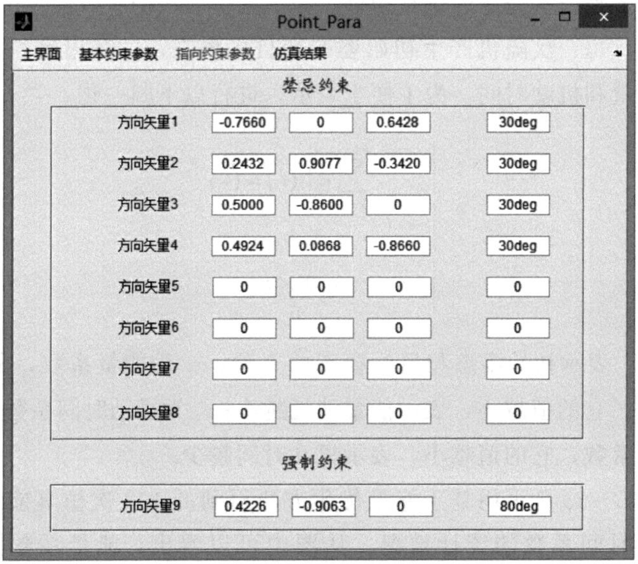

图 5－61　姿态机动指向约束参数

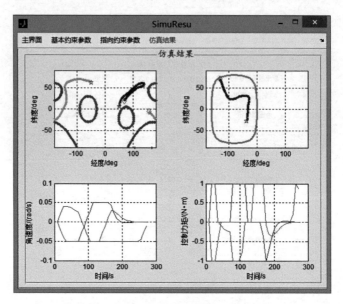

图 5-62　姿态机动试验结果（见彩插）

以上是一次任务的仿真结果。为了验证方法的有效性，进行 100 次仿真，每一次随机产生初始姿态和目标姿态，计算出每一次所消耗的能量和机动时间。为了便于表示，进行以下归一化

$$
\begin{cases}
c_u = \dfrac{\displaystyle\sum_{i=1}^{k_{\max}} \boldsymbol{u}^{\mathrm{T}}(i)\,\boldsymbol{u}(i)}{\gamma_u k_{\max}} \\[4mm]
c_t = \dfrac{\gamma_\omega t_f}{\theta_t}
\end{cases}
\tag{5-100}
$$

式中，θ_t 表示初始姿态和目标姿态的夹角；c_u 为能量系数，是 $0\sim1$ 的常数，它的值越小，表示能量消耗越小；c_t 为机动时间系数，是大于 1 的常数，它的值越小，表示机动时间越少。

图 5-63 是采用基于能量优化方法得到的 100 次仿真能量系数和机动时间系数的统计情况，从图中可以看出，能量系数集中在 0.24 左右，机动时间系数集中在 8.87 左右。为了保持能量尽可能

小，机动时间会比较大，但是并没有发散。

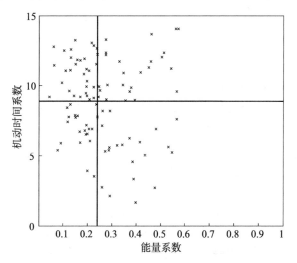

图 5 - 63　基于能量优化方法得到的 100 次仿真能量系数和机动时间系数的统计情况

　　对迭代评价和分支定界方法进行仿真对比，将 10 次规划出的机动路径所需能量列在表 5 - 12 中。其中，C_{u1} 表示迭代评价方法求得的能量系数，C_{u2} 表示分支定界方法求得的能量系数。

表 5 - 12　采用迭代评价和分支定界方法 10 次结果统计

	C_{u1}	C_{u2}
1	0.225 2	0.223 5
2	0.507 4	0.338 6
3	0.191 5	0.163 6
4	0.445 7	0.183 3
5	0.459 7	0.154 9
6	0.476 7	0.152 7
7	0.217 9	0.128 6
8	0.321 9	0.259 1
9	0.275 8	0.252 0

续表

	C_{u1}	C_{u2}
10	0.454 0	0.154 8
平均	5.3576	0.201 1

（3）路径时间优化模块试验结果

试验环境和上文相同，采用 ATDE 时间优化方法进行求解，仿真条件如图 5-64 和图 5-65 所示。

图 5-64　姿态机动基本参数

图 5-66 分别展示了姿态机动过程中三轴机动路径、角速度和控制力矩的试验结果。从结果可知，不仅可以满足复杂约束，而且角速度以及控制力矩的有界约束得到了有效的保证。

图 5-67 是采用 ATDE 方法得到的 100 次仿真能量系数和机动时间系数的统计情况，从图中可以看出，机动时间系数集中在 4.42 左右，能量系数集中在 0.71 左右。如果需要较少的机动时间，必然会消耗较多的能量。

图 5-65　姿态机动指向约束参数

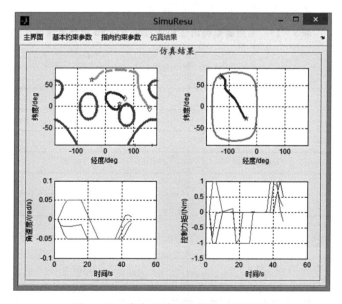

图 5-66　姿态机动试验结果（见彩插）

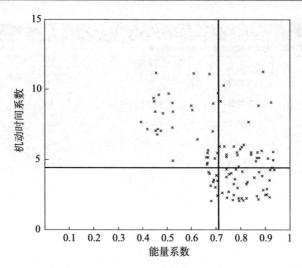

图 5 - 67 以优化时间为目标得到的 100 次仿真能量系数和机动时间系数的统计情况

对高斯伪谱法和 ATDE 方法进行仿真对比，将 10 次规划出的路径机动时间列在表 5 - 13 中。其中，C_{t1} 表示高斯伪谱法求得的时间系数，C_{t2} 表示 ATDE 方法求得的时间系数。

表 5 - 13 采用高斯伪谱法和 ATDE 方法 10 次结果统计

	C_{t1}	C_{t2}
1	11. 097 4	6. 270 1
2	10. 119 8	3. 574 2
3	10. 144 9	2. 892 3
4	9. 600 7	1. 628 7
5	9. 663 6	1. 787 8
6	9. 857 8	2. 513 4
7	10. 811 0	5. 278 9
8	11. 122 4	5. 754 7
9	10. 448 1	5. 271 0
10	9. 535 8	4. 137 3
平均	10. 240 2	3. 910 8

为了能够在地面进行多约束下通信卫星姿态机动路径规划与优化问题的研究，本节设计和开发了一套实时动力学仿真机系统组成平台的半物理地面仿真实验系统，该系统可以有效、直观地验证所设计算法的有效性和正确性。在该仿真系统中，对姿态机动所涉及的各模块进行了软件实现。最后，利用设计的通信卫星姿态机动试验系统，对姿态机动能力进行了实验分析，验证了本节所提方法的性能。

5.7 容错控制方法

本节在前面多约束通信卫星姿态机动技术研究的基础上，结合自主运行规划方法，建立计算机仿真系统、实时动力学仿真系统、仿真控制系统等，构建通信卫星姿态机动与控制地面仿真试验系统，对设计的姿态机动规划算法和优化方法进行原理性仿真实验。

目前大多数容错控制方法主要针对故障前后系统的稳定性进行研究，很少考虑实际系统需要满足的期望性能指标和运行的条件约束，在一定程度上制约了容错控制的工程应用。同时，实际控制系统要受到运行环境多种条件的约束限制，在故障发生前后要求维持的性能/功能往往也是多方面的。例如在稳定性基础上还应具有一定的稳定裕度、鲁棒性、动态/稳态特性，满足正常元部件工作的特性限制，符合规定的能耗、废物排放等约束要求。

另一方面，现有的满意控制策略作为一种供工程设计人员使用的设计方法，在实际系统设计中为了保证被控系统同时满足期望的多项性能要求，每一期望指标不再用空间的一个单点表示，而应用系统所能允许的某空间区域来表示，只有所设计的控制器能保证被控系统的各单项性能都在相应的允许范围内，才认为控制设计是成功的。满意控制是直接以多项区域形式的期望性能指标为目标函数，并使被控系统同时满足所有期望指标的控制。因而以期望指标集为目标函数的满意控制策略通常是一个集合，这有别于传统的最优控制，后者是从某些约束下的最小泛函出发来求取相应的，也是唯一的最优控制。

在系统发生故障时，不仅使其继续保持安全稳定运行的特性，而且能够满足规定的多项条件约束和具有比较满意的多项性能指标，这样的容错控制系统才是令人满意的。近年来，在国家自然科学基金的资助下，南京理工大学王执铨教授及其合作者提出了"满意容错控制"的概念，将容错控制和满意控制的思想相结合，不仅能够保证故障系统的稳定性，而且使期望的各项性能指标都获得满意的性能。针对实际工程系统对可靠性和控制性能要求日益提高的现实，将模型预测控制与多目标满意优化等思想融入容错控制的多条件约束与性能指标的相容性分析和容错控制研究，以期进一步推动容错控制理论在实际控制系统中的应用。

随着系统复杂性的提高，对系统可靠性和安全性的要求日益迫切，因此研究故障情况下具有多性能指标约束和条件约束的容错控制对很多工程实际是很有意义的。有学者率先提出了满意容错控制的概念，将满意控制的思想融入容错控制的研究中，但没有对具体的理论和方法做深入研究。有学者利用 LMI 方法，研究了一类线性不确定随机系统的 H∞ 鲁棒容错控制器设计方法，分析了 H∞ 性能指标的取值范围。有学者研究了执行器故障下一类线性不确定系统具有区域极点指标和稳态方差指标约束的满意容错控制问题，利用 LMI 方法，分析了指标相容时的取值范围，给出了容错控制器存在的充分条件和构造性设计方法。但目前的满意容错控制很少考虑系统运行的各种限制条件约束，对于相容性分析也缺乏深入研究，使得工程应用比较困难。所以，融入满意控制和多目标优化的思想与成果，开展多性能指标约束与条件约束下的满意容错控制与相容性分析理论研究，寻求故障情况下满足多项性能约束和条件约束下尽可能大的解集，仍是一个富有挑战性的课题，无疑将具有重大的理论意义和实际应用价值。它不仅涉及系统的各种性能指标，还包括系统实际运行中可能遇到的各种约束条件。

特别是对系统工程的卫星系统，仅仅考虑系统的稳定性是不够的，还需要一些性能指标，如鲁棒性、抗干扰性等。同时，传统的反馈技术（如 PID 反馈）在设计控制器的过程中没有考虑系统的不确定性，很难满足现代航天器的性能要求，这需要我们研究新的姿态控制技术。Zames 提出的 H∞ 设计方法已成为控制系统设计的重要工具，特别是对线性不确定系统的鲁棒控制和鲁棒性分析。但是 H∞ 控制理论虽然能较好地解决系统的鲁棒性问题，却是以牺牲系统的其他性能为代价的。在实际航天器控制问题中，为了达到满意的控制效果，不仅要使控制系统具有较好的鲁棒性能，也要使控制系统的动态性能满足一定的要求，诸如尽可能短的调节时间、小的超调等。这些过渡过程性能的要求可以通过将闭环系统的极点配置在复平面上的特定区域来达到。

本节研究了圆盘极点指标约束下鲁棒 H∞ 容错控制器设计方法，所设计的控制器保证闭环系统满足极点指标约束和 H∞ 范数指标约束，并且建立了上述两个指标的相容性，给出了相容指标约束下容错控制器存在的充分条件和设计步骤。采用 LMI 处理方法克服了 Ricaati 方程处理方法中存在的不足，通过求解一组线性矩阵不等式得到满足系统上述约束要求的控制器。同时文中考虑了执行机构的故障以及不确定性，避免了控制器对故障结果的完全依赖。最后将该鲁棒容错控制方法应用于卫星姿态控制系统中，并进行数学仿真。仿真结果表明，该方法对卫星姿态控制系统执行机构性能下降或者故障状态下具有较好的鲁棒性，能够满足姿态控制要求。

5.7.1　问题描述

执行机构性能下降或者发生故障时，利用系统故障检测与诊断结果，同时考虑存在的不确定性，建立线性连续时间系统模型

$$\begin{cases} \dot{x} = Ax + B_\xi \xi + B_u \Sigma_a (I + \Gamma \Delta_a) u \\ Z = C_z x + D_{z\xi} \xi + D_{zu} \Sigma_a (I + \Gamma_a \Delta_a) u \end{cases} \quad (5-101)$$

式中，$x \in \mathbb{R}^n$ 为状态变量；$u \in \mathbb{R}^m$ 为控制变量；$Z \in \mathbb{R}^{n_z}$ 为系统受

控输出变量；$\xi \in \mathbb{R}^{\xi}$ 为系统干扰变量；Σ_a 为故障诊断结果中执行机构的故障大小；Δ_a 为未知的摄动函数，$\|\Delta_a\|_{\infty} < 1$；$\Gamma_a$ 表示 Δ_a 的摄动界函数。

将不确定性视作系统的一种扰动，整理成新的系统状态空间表达式为

$$\begin{cases} \dot{x} = Ax + \boldsymbol{B}_1\boldsymbol{\omega} + \boldsymbol{B}_2\boldsymbol{u} \\ Z = \boldsymbol{C}_1 x + \boldsymbol{D}_{11}\boldsymbol{\omega} + \boldsymbol{D}_{12}\boldsymbol{u} \end{cases} \tag{5-102}$$

其中

$$\boldsymbol{B}_1 = \begin{bmatrix} B_u\Sigma_a\Gamma_a & B_{\xi} \end{bmatrix}, \ \boldsymbol{B}_2 = B_u\Sigma_a, \ \boldsymbol{C}_1 = \begin{bmatrix} 0 \\ C_z \end{bmatrix},$$

$$\boldsymbol{D}_{11} = \begin{bmatrix} 0 & 0 \\ D_{zu}\Sigma_a\Gamma_a & D_{z\xi} \end{bmatrix}, \ \boldsymbol{D}_{12} = \begin{bmatrix} I \\ D_{zu}\Sigma_a \end{bmatrix}, \ z = \begin{bmatrix} u \\ Z \end{bmatrix}, \ \boldsymbol{\omega} = \begin{bmatrix} \Delta_a u \\ \xi \end{bmatrix} 。$$

执行机构故障具体表现为执行机构输入命令和实际输出之间的差别，可表示为部分或者全部控制作用的损失，具体分为恒增益变化、恒偏差变化和卡死 3 种：

1）恒增益故障模型：$u^F = Fu$，其中，u 为正常输出信号，F 为故障矩阵；

2）恒偏差故障模型：$u^F = u + \vartheta$，其中，ϑ 为有界干扰信号；

3）卡死故障模型：$u^F = \vartheta$，在实际系统中，执行机构的输出有一定范围 $u_{\min} \leqslant u \leqslant u_{\max}$，若超出这个范围，执行机构的输出值将不再变化，因此 $u_{\min} \leqslant \vartheta \leqslant u_{\max}$。如果 $\vartheta = u_{\min}$ 或者 $\vartheta = u_{\max}$ 时执行器开路失效。

本文控制器采用状态反馈形式

$$u = Kx \tag{5-103}$$

式中，K 为待求的状态反馈增益矩阵，因此，包含执行机构性能下降或者出现故障的闭环系统状态方程为

$$\begin{cases} \dot{x} = A_c x + \boldsymbol{B}_1\boldsymbol{\omega} \\ Z = C_c x + \boldsymbol{D}_{11}\boldsymbol{\omega} \end{cases} \tag{5-104}$$

其中，$A_c = A + B_2 K$，$C_c = C_1 + D_{12} K$。

当外部干扰 $\omega(t) \in L_2[0, \infty)$ 时，故障闭环系统式（5 - 104）从扰动输入 $\omega(t)$ 到被控输出 $z(t)$ 的传递函数矩阵为

$$H(s) = C_c(sI - A_c)^{-1}B_1 + D_{11}$$

其 H_∞ 范数定义为

$$\|H(s)\|_\infty = \sup_{\omega \in R} \sigma_{max}[H(j\omega)]$$

式中，$\sigma_{max}[\cdot]$ 表示给定矩阵的最大奇异值。那么，对执行机构故障或者性能下降具有完整性，对不确定性参数具有鲁棒性而且满足预先设定的 H_∞ 干扰衰减指标约束和圆盘极点指标约束设计问题，引进以下的定义：

定义 1：对执行机构性能下降或者出现故障的不确定系统式（5 - 102），给定开圆盘 $\Phi(q, r)$，正常数 $\gamma > 0$，若存在状态反馈控制增益 K，使得相应的故障闭环系统同时满足下述条件：

a) 对所有允许的不确定性和可能的执行器故障，闭环系统的所有极点均在给定的圆盘 $\Phi(q, r)$ 中。对于连续时间系统，符号 $\Phi(q, r)$ 表示复平面上圆心在 $-q + j0$，半径为 r 的开圆盘（$q > r > 0$）；

b) 从扰动输入 $\omega(t)$ 到被控输出 $z(t)$ 的传递函数满足 $\|H(s)\|_\infty < \gamma$，则称故障系统的圆盘极点指标、H_∞ 范数指标相对故障闭环系统式（5 - 104）的状态输出反馈是相容的。

至此，本文研究的问题可描述如下：对不确定故障系统式（5 - 102）设计状态反馈控制增益 K，给出同时满足约束条件 a）和 b）容错控制器存在的充分条件和设计步骤，并研究各相容指标的取值范围。

5.7.2　系统模型

卫星姿态控制系统是卫星总体系统中最复杂、最关键的一个分系统，它不仅对卫星正确完成不同阶段的飞行任务具有重要意义，而且在卫星研制成本核算、重量分配和卫星寿命等重要指标确定上具有重要作用。

卫星姿态相对参考坐标系的转动角速度 ω 在星体坐标系中表示为

$$\boldsymbol{\omega} = [\omega_x \quad \omega_y \quad \omega_z]^T$$

定义卫星转动角动量为 $H = \boldsymbol{I}_b \boldsymbol{\omega}$，$\boldsymbol{I}_b$ 为卫星转动惯量矩阵，其形式为

$$\boldsymbol{I}_b = \begin{bmatrix} I_1 & -I_{12} & -I_{13} \\ -I_{12} & I_2 & -I_{23} \\ -I_{13} & -I_{23} & I_3 \end{bmatrix}$$

矩阵中对角线元素为卫星绕星体坐标轴的转动惯量，其他元素为惯量积。考虑外部干扰力矩为

$$\boldsymbol{T}_d = [T_{d1} \quad T_{d2} \quad T_{d3}]^T$$

则卫星姿态动力学方程表示为

$$\dot{\boldsymbol{H}} = u - \boldsymbol{\omega} \times H + \boldsymbol{T}_d \tag{5-105}$$

式中，u 为星体所受控制力矩，记为

$$\boldsymbol{u} = [u_1 \quad u_2 \quad u_3]^T$$

姿态动力学方程式（5-105）也可写作

$$\dot{\boldsymbol{\omega}} = \boldsymbol{I}_b^{-1}(u - \boldsymbol{\omega} \times \boldsymbol{I}_b \boldsymbol{\omega} + \boldsymbol{T}_d)$$

忽略转动惯量矩阵 $\boldsymbol{I}_b$ 中的惯量积，将上式展开为

$$\begin{cases} I_1 \ddot{\phi} - \omega_0(I_1 - I_2 + I_3)\dot{\varphi} + 4\omega_0^2(I_2 - I_3)\phi = u_1 + T_{d1} \\ I_2 \ddot{\theta} + 3\omega_0^2(I_1 - I_3)\theta = u_2 + T_{d2} \\ I_3 \ddot{\psi} + \omega_0(I_1 - I_2 I_3)\dot{\varphi} + \omega_0^2(I_2 - I_1)\varphi = u_2 + T_{d3} \end{cases} \tag{5-106}$$

式中，ω_0 为轨道角速度；ϕ、θ、φ 分别为卫星滚动角、俯仰角、偏航角，令

$$\boldsymbol{q} = [\phi \quad \theta \quad \varphi]^T$$

将系统模型式（5-106）写成矩阵形式为

$$\boldsymbol{A}_2 \ddot{\boldsymbol{q}} + \boldsymbol{A}_1 \dot{\boldsymbol{q}} + \boldsymbol{A}_0 \boldsymbol{q} = \boldsymbol{G}_d \boldsymbol{T}_d + \boldsymbol{G}_u u \tag{5-107}$$

其中

$$\boldsymbol{A}_0 = \omega_0^2 \begin{bmatrix} 4(I_2 - I_3) & 0 & 0 \\ 0 & 3(I_1 - I_3) & 0 \\ 0 & 0 & I_2 - I_1 \end{bmatrix}$$

$$A_1 = \omega_0 (I_1 - I_2 + I_3) \begin{bmatrix} 0 & 0 & -1 \\ 0 & 0 & 0 \\ 1 & 0 & 0 \end{bmatrix}$$

$$A_2 = \begin{bmatrix} I_1 & 0 & 0 \\ 0 & I_2 & 0 \\ 0 & 0 & I_3 \end{bmatrix}, \quad G_d = G_u = I_{3\times 3}$$

在系统状态空间表达式（5-102）中，取状态变量和系统受控输出矢量分别为

$$x = \begin{bmatrix} q^T & \dot{q}^T \end{bmatrix}^T \quad Z = \begin{bmatrix} \ddot{q}^T & \dot{q}^T & q^T \end{bmatrix}^T$$

系统矩阵分别为

$$A = \begin{bmatrix} 0 & I \\ -A_2^{-1}A_0 & -A_2^{-1}A_1 \end{bmatrix}, \quad B_\xi = \begin{bmatrix} 0 \\ A_2^{-1}G_d \end{bmatrix}, \quad B_u = \begin{bmatrix} 0 \\ A_2^{-1}G_u \end{bmatrix},$$

$$C_z = \begin{bmatrix} -A_2^{-1}A_0 & -A_2^{-1}A_1 \\ 0 & I \\ I & 0 \end{bmatrix}, \quad D_{z\xi} = \begin{bmatrix} A_2^{-1}G_d \\ 0 \\ 0 \end{bmatrix}, \quad D_{zu} = \begin{bmatrix} A_2^{-1}G_u \\ 0 \\ 0 \end{bmatrix}。$$

5.7.3　主要结果

引理 1：考虑不确定故障系统式（5-104），对给定的圆盘 $\Phi(q, r)$，如果存在对称正定矩阵 P，使得

$$(A_c + qI)^T P(A_c + qI) - r^2 P < 0 \qquad (5-108)$$

则对所有允许的不确定性和可能的执行机构性能下降或者故障，系统式（5-102）满足极点指标约束。

引理 2：给定正常数 γ，存在控制器式（5-103），使得闭环系统式（5-104）从 $\omega(t)$ 到 $z(t)$ 的传递函数小于 γ，且矩阵 A_c 为稳定阵的充要条件是存在对称正定矩阵 P，满足不等式

$$A_c^T P + PA_c + C_c^T C_c + (PB_1 + C_c^T D_{11}) \cdot$$
$$[\gamma^2 I - D_{11}^T D_{11}]^{-1}(B_1^T P + D_{11}^T C_c) < 0 \qquad (5-109)$$

定理 1：考虑不确定故障系统式（5-104），对于给定的圆盘 $\Phi(q, r)$ 和标量 $\gamma > 0$，如果存在对称正定矩阵 X 和矩阵 Y，使得对所有允许的不确定性和可能的执行器故障

$$\begin{bmatrix} -\boldsymbol{X} & \boldsymbol{AX} + B_2\boldsymbol{Y} + q\boldsymbol{X} \\ * & -r^2\boldsymbol{X} \end{bmatrix} < 0 \qquad (5-110)$$

$$\begin{bmatrix} \boldsymbol{AX} + B_2\boldsymbol{Y} + (\boldsymbol{AX} + B_2\boldsymbol{Y})^{\mathrm{T}} & B_1 & (C_1\boldsymbol{X} + D_{12}\boldsymbol{Y})^{\mathrm{T}} \\ * & -\gamma I & \boldsymbol{D}_{11}^{\mathrm{T}} \\ * & * & -\gamma I \end{bmatrix} < 0$$

$$(5-111)$$

则存在状态反馈增益矩阵 $\boldsymbol{K} = \boldsymbol{YX}^{-1}$，使故障闭环系统式（5-104）满足圆盘极点指标约束和 H_∞ 指标约束。

证明：利用矩阵的 Schur 性质，将引理 1 中的不等式转换为以下矩阵不等式形式

$$\begin{bmatrix} -P^{-1} & A_c + qI \\ * & -r^2 P \end{bmatrix} < 0 \qquad (5-112)$$

对式（5-112）左边的矩阵分别左乘和右乘矩阵 $\mathrm{diag}\{I,\ \boldsymbol{P}^{-1}\}$，并记 $\boldsymbol{X} = P^{-1}$，得到

$$\begin{bmatrix} -\boldsymbol{X} & A_c\boldsymbol{X} + q\boldsymbol{X} \\ * & -r^2\boldsymbol{X} \end{bmatrix} < 0$$

令 $\boldsymbol{Y} = \boldsymbol{KX}$，可以得到式（5-110）。同理，对应系统的 H_∞ 干扰衰减指标约束，应用矩阵的 Schur 性质，可以得到

$$\begin{bmatrix} A_c^{\mathrm{T}}\boldsymbol{P} + \boldsymbol{P}A_c & \boldsymbol{P}B_1 & \boldsymbol{C}_c^{\mathrm{T}} \\ * & -\gamma I & \boldsymbol{D}_{11}^{\mathrm{T}} \\ * & * & -\gamma I \end{bmatrix} < 0$$

对上式左边的矩阵分别左乘和右乘矩阵 $\mathrm{diag}\{\boldsymbol{P}^{-1},\ I,\ I\}$，记 $\boldsymbol{X} = \boldsymbol{P}^{-1}, \boldsymbol{Y} = \boldsymbol{KX}$，即可得到式（5-11）。证毕。

注 1：定理 1 是关于矩阵变量 $\boldsymbol{X}$ 和 $\boldsymbol{Y}$ 的一个线性矩阵不等式组，因此可以应用 LMI 工具箱中的求解器 feasp 来判断该线性矩阵不等式的可行性问题，进而得到该线性矩阵不等式的可行解。如果线性矩阵不等式组（5-110）有可行解，必然存在状态反馈增益矩阵 $\boldsymbol{K}$ 使相应的故障闭环系统的所有极点均在给定的圆盘 $\Phi(q,\ r)$ 中，则称系统式（5-104）对于可能的执行器故障是状态反馈鲁棒可配置的。

满足定理 1 的可行解不一定总是存在的，它与给定的性能指标有着密切的关系，因此，性能指标的取值不是任意的，只有给定的性能指标都在可行范围内，所求的容错控错增益才有可行解。因此，在求取可行解时，首先要判断给定的性能指标是否在可行范围内。

定理 2：对给定的极点指标 $\Phi(q, r)$，若故障闭环系统式（5-104）满足极点指标约束，则线性矩阵不等式（5-110）和式（5-111）总有可行解，因此下述极值问题有意义。

$$\min(\gamma)\colon (\boldsymbol{X}, \boldsymbol{Y}, \gamma) \quad \text{s. t.} (5-110), (5-111) \quad (5-113)$$

证明：由引理 1 可知故障闭环系统式（5-104）满足极点指标约束的充要条件是关于变量（$\boldsymbol{P}$，$\boldsymbol{K}$）的矩阵不等式

$$\left(\frac{\boldsymbol{A}_c + qI}{r}\right)^{\mathrm{T}} \boldsymbol{P}\left(\frac{\boldsymbol{A}_c + qI}{r}\right) - \boldsymbol{P} < 0 \qquad (5-114)$$

有可行解，假设（$\boldsymbol{P}$，$\boldsymbol{K}$）是它的一组可行解，因而存在 $\delta > 0$，使得下式成立

$$\boldsymbol{A}_c^{\mathrm{T}}\boldsymbol{P} + \boldsymbol{P}\boldsymbol{A}_c + \delta\boldsymbol{I} < 0 \qquad (5-115)$$

固定矩阵 $\boldsymbol{P}$ 和 $\boldsymbol{K}$，显然存在充分大的正数 γ_0，当 $\gamma > \gamma_0$ 使得下式成立

$$\frac{1}{\gamma}\begin{bmatrix} \boldsymbol{PB}_1 & \boldsymbol{C}_c^{\mathrm{T}} \end{bmatrix}\begin{bmatrix} I & -\dfrac{1}{\gamma}\boldsymbol{D}_{11}^{\mathrm{T}} \\ -\dfrac{1}{\gamma}\boldsymbol{D}_{11} & I \end{bmatrix} \cdot \begin{bmatrix} \boldsymbol{B}_1^{\mathrm{T}}\boldsymbol{P} \\ \boldsymbol{C}_c \end{bmatrix} < \delta I \quad (5-116)$$

结合不等式（5-115），可得

$$\boldsymbol{A}_c^{\mathrm{T}}\boldsymbol{P} + \boldsymbol{P}\boldsymbol{A}_c + \frac{1}{\gamma}\begin{bmatrix} \boldsymbol{PB}_1 & \boldsymbol{C}_c^{\mathrm{T}} \end{bmatrix} \cdot \begin{bmatrix} I & -\dfrac{1}{\gamma}\boldsymbol{D}_{11}^{\mathrm{T}} \\ -\dfrac{1}{\gamma}\boldsymbol{D}_{11} & I \end{bmatrix} \cdot \begin{bmatrix} \boldsymbol{B}_1^{\mathrm{T}}\boldsymbol{P} \\ \boldsymbol{C}_c \end{bmatrix} < 0$$

$$(5-117)$$

根据矩阵的 Schur 补性质，式（5-117）式与式（5-109）等价，因而（$\boldsymbol{P}$，$\boldsymbol{K}$）是式（5-109）的一个可行解，也是式（5-114）的可行解。所以若满足圆盘极点指标约束，则式（5-110）式

（5-111）组成的不等式组总有可行解，极值问题式（5-113）有意义。证毕。

定理 3：刻画了故障闭环系统 H_∞ 扰动衰减指标上届中与区域极点指标相容的最小上届。问题式（5-113）是一个具有线性矩阵不等式约束和线性目标函数的凸优化问题，因此可用 Matlab-LMI 求解器 mincx 求解该问题，并记相应的极小值点为 (X_L, Y_L, γ_L)。若给定区域极点指标 $\Phi(q, r)$，则所有满足 $\gamma > \gamma_L$ 的 H_∞ 扰动衰减指标都与极点指标相容。当这两类指标相容时，则关于变量 (X, Y) 的线性矩阵不等式组（5-110）、式（5-111）总有可行解，且若 (X, Y) 是其任一可行解，则区域极点指标 $\Phi(q, r)$ 和 H_∞ 指标 γ 相对状态反馈增益 $K = YX^{-1}$ 是相容的，当这两类指标相容时，可以得出以下结论，它为有效求取满足圆盘极点指标约束下的鲁棒 H_∞ 容错控制器提供了理论依据。

定理 4：考虑故障闭环系统式（5-104），假设区域极点指标 $\Phi(q, r)$ 状态反馈鲁棒可配置，给定 H_∞ 指标 $\gamma > \gamma_L$，则关于变量 (X, Y) 的线性矩阵不等式组（5-110）、式（5-111）总有可行解，且若 (X, Y) 是其任一可行解，则区域极点指标 $\Phi(q, r)$ 和 H_∞ 指标 γ 相对状态反馈增益 $K = YX^{-1}$ 是相容的，并且称控制器 $u(t) = Kx(t)$ 为卫星姿态控制系统在圆盘极点指标约束下的鲁棒 H_∞ 容错控制容错控制器。

证明：由 (X_L, Y_L) 的定义可知，存在一个解系列 $(X^n, Y^n)(n = 1, 2, 3\cdots)$，使得由此生成的状态反馈增益阵 K^n 收敛于 K_L，而 H_∞ 指标是反馈控制律的连续函数，因此当 $\gamma > \gamma_L$ 时，由极限的保号性可知，存在充分大的整数 m，使得 K^m 相应的 $\|H(s)\|_\infty < \gamma$。而 K^m 是由线性矩阵不等式组（5-110）、式（5-111）的一个可行解 $(X^m, Y^m)(m = 1, 2, 3\cdots)$ 生成的，因而反馈控制律 K^m 必使故障闭环系统式（5-104）同时满足约束条件（a）和（b），故可知圆盘极点指标和 H_∞ 指标相对状态反馈增益矩阵 K 是相容的。证毕。

注 2：当 $\Sigma_a = I$ 时，针对无故障正常情形，可得到卫星姿态控制系统圆盘极点指标约束下正常鲁棒 H_∞ 控制器。

根据上述结论，可给出以下卫星姿态控制系统圆盘极点指标约束下鲁棒 H_∞ 容错控制律或正常控制律的设计步骤。

Step1：给定区域极点指标 $\Phi(q, r)$，验证线性矩阵不等式（5 - 110）的可行性问题，判断是否存在满足圆盘极点指标约束下鲁棒 H_∞ 容错控制律或者正常控制律；

Step2：若线性矩阵不等式（5 - 110）有可行解，求解极值问题式（5 - 113），并确定 H_∞ 上界指标 γ_L；

Step3：给定 H_∞ 上界指标 $\gamma > \gamma_L$，根据定理 3 利用线性矩阵不等式组（5 - 110）、式（5 - 111）的可行解构造满足圆盘极点指标约束的鲁棒 H_∞ 容错控制律或者正常控制律。

5.7.4　仿真算例

对于三轴稳定卫星，其姿态控制系统通常采用推力器作为主要执行机构。推力器在轨运行中发生的故障除不可修复、需要切换到备份推力器这种较大的硬件故障外，还有由于推力器自身结构性损伤，如燃烧室或喷管烧穿，或者由于推力器堵塞、泄漏；管路由于杂质造成堵塞或发生泄漏；贮箱在寿命末期压力下降等原因引起推力器性能下降，这种性能下降或者故障通常不会引起严重的后果，但会影响卫星姿态控制系统的性能，如果通过硬件冗余来解决这类故障，则势必增加系统的成本，因此可以通过容错控制设计来实现。仿真中利用 FDD 结果得到 $\Sigma_a = 0.66 I_{3\times3}$，选取 $\Gamma_a = I_{3\times3}$。给定极点指标为 $\Phi(1, 1)$，卫星 3 个惯性主轴转动惯量分别为 $I_1 = 12.49\ \mathrm{kg \cdot m^2}$，$I_2 = 13.85\ \mathrm{kg \cdot m^2}$，$I_3 = 15.75\ \mathrm{kg \cdot m^2}$。采用环境干扰力矩模型为

$$T_{d1} = A_0[3\cos(\omega_0 t) + 1]$$
$$T_{d2} = A_0[1.5\sin(\omega_0 t) + 3\cos(\omega_0 t)]$$
$$T_{d3} = A_0[3\sin(\omega_0 t) + 1]$$

式中，A_0 为干扰力矩幅值，取 $A_0 = 1.5 \times 10^{-5}$ N·m。初始姿态 $q(0) = [0 \quad 0 \quad 0]^T$，卫星轨道角速度为 $\omega_0 = 0.001$ rad/s。求解极值问题式（5-113），取 H_∞ 指标为 $\gamma = 8$，根据定理 3 求得圆盘极点指标约束下鲁棒 H_∞ 容错控制律

$$K = \begin{bmatrix} -2.174\,8 & 0 & 0.007\,1 & -10.416\,5 & 0 & -0.001\,6 \\ 0 & -2.192\,7 & 0 & 0 & -11.284\,6 & 0 \\ -0.007\,2 & 0 & -2.285\,7 & 0.002\,6 & 0 & -12.567\,4 \end{bmatrix}$$

当推力器发生性能降低或者故障时，由定理 3 得到的控制器将闭环系统的极点配置在指定的圆盘内（图 5-68）。

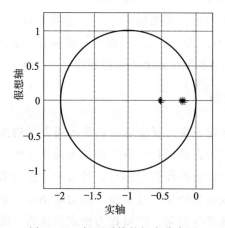

图 5-68　闭环系统的极点分布图

采用本文鲁棒容错控制故障闭环系统的状态响应曲线如图 5-69 所示，图中系统状态是稳定的并能够满足姿态控制要求，从而证实了本文鲁棒容错方法的有效性。

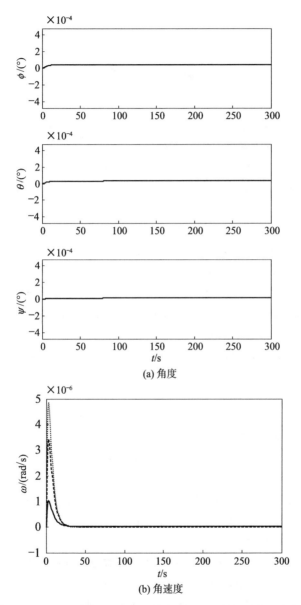

(a) 角度

(b) 角速度

图 5-69　采用本文鲁棒容错控制故障闭环系统的状态响应曲线

参 考 文 献

［1］ 陈雪芹. 集成故障诊断与容错控制研究及在卫星姿态控制中的应用 ［D］. 哈尔滨：哈尔滨工业大学，2008.

［2］ Garcia G，Bernussou J. Pole assignment for uncertain systems in a specified disk by state feedback ［J］. IEEE Trans on Automatic Control，1995，40（1）：184－190.

［3］ Takashi Ohtani，Yoshiro Hamada，Tomoyuki Nagashio，et al. Robust Attitude Control using mu－synthesis for the Large Flexible Satellite ETS－Ⅷ ［J］. Journal of Space Technology and Science，2009，25（1）：27－40.

［4］ Hakan K，Carsten W. An LMI approach to H∞ synthesis subject to almost asymptotic regulation constraints ［J］. Systems & Control Letters，2008（57）：300－308.

［5］ Cui Pingyuan，Zhu Hongyu. Nonlinear H∞ normal matrix attitude control of spacecraft ［C］. Chinese Control and Decision Conference. Guilin，China，2009：1404－1409.

［6］ 韩笑冬，谢德晓，王执铨. 具有极点约束的鲁棒 H2/H∞ 满意容错控制 ［J］. 控制与决策，2008，23（9）：987－993.

［7］ Han Xiaodong，Xie Dexiao，Zhang Dengfeng，et al. Fault－Tolerant Fuzzy Control System Design with Multiple Indices Constraints：The Actuator Faults Case ［C］. The 7th IFAC Symposium on Fault Detection，Supervision and Safety of Technical Processes. Barcelona，Spain，June 30－July 3，2009.

［8］ 韩笑冬，葛龙，王执铨. 多指标约束下离散时间系统的满意容错控制 ［J］. 信息与控制，2008，37（5）：544－549.

［9］ Zames G. Feedback and optimal sensitivity：model reference transformations，multiplicative seminorms and approximate inverses ［J］. IEEE Transactions on Automatic Control，1986，26：301－320.

[10] Wu Baolin，Cao Xibin，Li Zhengxue. Multi‐objective output‐feedback control for microsatellite attitude control：An LMI approach [J]. Acta Astronautica，2009，64：1021‐1031.

[11] 刘满，井元伟，张嗣瀛. 区域极点配置问题的研究方法 [J]. 控制与决策，2005，20（3）：241‐245.

第6章　卫星智能自主故障诊断与重构系统设计

6.1　引言

以通信卫星故障智能自主诊断与重构为目标，提出一种融合专家经验和数据驱动方法的卫星智能自主故障诊断与重构系统，既满足典型卫星故障自主处理及高可靠、可解释需求，又实现不依赖专家知识库对部分非预期故障进行检测，且可通过故障知识库和人工智能模型更新实现在轨升级。

6.1.1　背景需求

随着卫星技术的发展以及用户需求的不断增长，一方面，在轨卫星数量及其应用不断增加，如何进一步保障卫星系统安全，避免卫星业务中断，提升用户体验和卫星的好用性、易用性，越来越受到重视。另一方面，在轨卫星故障时有发生，由于卫星系统具备高价值、维修困难的特点，一旦卫星故障得不到及时发现和处理，往往会造成严重损失和恶劣影响。在此背景下，卫星健康管理系统的重要性持续凸显，迫切需要对卫星进行实时的状态检测和故障诊断，能够发现故障，减少故障蔓延，避免不必要的损失。

此外，深度学习等新一代人工智能技术的发展为专家知识库外"非预期"故障检测、故障模式挖掘提供了有效手段，一方面，卫星寿命期在轨积累的遥测参数数量巨大，但是卫星在轨运行数据呈现数据量大、多模态、不确定、异构化的特性，不能仅依靠传统的精准故障识别方法来识别故障，存在仅靠专家经验无法提前识别出的"非预期"故障模式。另一方面，在轨卫星产生大量的传感器数据，利用深度学习方法，可从中挖掘出新的故障模式，既能丰富现有故障专家知识库，又能通过对真实传感器数据与模型预期值的偏差检测"非预期"故障。

6.1.2 系统目标

卫星智能自主故障诊断与重构系统的设计实现目标包括：

（1）无须地面参与，自主诊断与处理常见卫星故障

利用前期基于专家经验识别建立的故障知识库，系统实时检测出卫星发生的常见故障并快速定位，根据故障严重程度自主决策，及时生成处理策略，再基于资源和任务要求的约束自主完成系统重构、故障恢复或降级运行，以确保整星安全。

（2）故障知识库外部分"非预期"故障检测

利用人工智能算法从卫星历史数据中学习、挖掘故障模式，构建单机、分系统、整星多层级智能健康监测模型，实现对部分超出专家知识库范围的"非预期"故障检测。

（3）故障知识库编辑 ＋ AI 模型优化

利用人工智能模型离线训练与在轨更新、星载故障知识库在轨编辑等方式实现系统性能升级。

6.1.3 设计思路

（1）架构：专家经验＋数据驱动

卫星智能自主故障诊断与重构系统在架构设计上融合了基于故障机理的专家系统＋基于人工智能的数据驱动方法，既要实现对典型卫星故障可靠、可解释地自主处理，又要能检测知识库外部分"非预期"故障。

（2）可预期故障诊断与处理：故障知识库＋通用化故障处置引擎

基于卫星传感器数据，以故障知识库＋通用化故障处置引擎的组合实时诊断故障专家知识库内数百类常见卫星的故障，并自主决

策采取措施处理故障。

（3）非预期故障检测：人工智能故障诊断方法

在高性能星载计算节点，利用预先训练好的智能故障诊断模型，将关键传感器数据输入神经网络模型进行故障检测。

（4）星地协同模型训练与推断

人工智能故障诊断模型在星载环境应用面临星载计算机运算速度、存储空间受限等问题，采用地面训练模型、模型星上推断的星地协同机制实现人工智能故障诊断模型在轨应用。

6.2　总体设计

6.2.1　系统概述

卫星智能自主故障诊断与重构系统提供系统级的故障检测、隔离与恢复，保证卫星具备从设定的任意失效模式中恢复，并正确执行任务的能力，具备对常见卫星故障的自主检测、隔离和恢复功能。同时，利用基于人工智能的数据驱动方法，对关键参数或单机进行智能健康监测，检测部分知识库外的"非预期故障"。此外，系统融合故障机理规则诊断和 AI 诊断方法，兼顾了故障诊断处置的可靠性、可解释性和知识库外"非预期"故障的诊断，并支持故障预测、健康评估等智能健康管理模型的扩展。

6.2.2　系统架构

图 6-1 所示为卫星智能自主故障诊断与重构系统的架构设计，系统可划分为基础层、服务层和健康管理应用层。其中，基础层和服务层为故障诊断、重构等健康管理应用提供支撑，提供软硬件环境、基础算法和模型等，并可按需扩展不同类型的健康管理应用，实现不同型号任务中系统的快速移植和复用。

其中，在基于经验的专家系统设计实现中，利用故障知识库＋卫星故障诊断与重构引擎的方式，实现具体故障处理策略与系统的

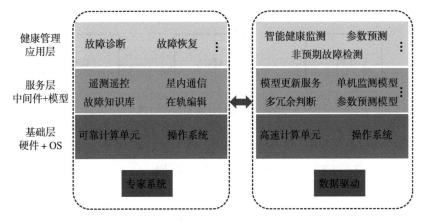

图 6-1　卫星智能自主故障诊断与重构系统的架构设计

解耦，进而更好支持故障知识库在轨编辑。在数据驱动的智能健康监测单元中，利用遥测数据预测和遥测数据重构两类方法，实现了基于数据驱动、无须专家经验的故障诊断，支持部分知识库外"非预期"故障的检测。

此外，还设计了地面支持系统提供模型训练、模型更新等服务。地面支持系统负责利用历史数据训练故障诊断模型，并不断更新星载系统的模型，同时接收星载系统的诊断结果，并对诊断结果进行判断，在此基础上不断优化模型。

6.2.3　星上高速处理单元

针对智能故障诊断模型的在线推断需求，设计研制星上高速处理单元作为卫星智能自主故障诊断与重构系统的运行环境，加速深度学习算法的运行。

（1）基于多核异构的架构

在具体设计上，星上高速处理单元基于 CPU＋FPGA＋GPU 的异构计算架构，集成了 DDR 器件、FLASH 器件、扩展各种收发器、电压转换器等外围电路，设计符合数据处理性能的计算架构。其中，FPGA＋GPU 的架构支持典型的深度学习算法部署，支持

Tensorflow，Keras 等学习平台。

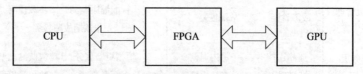

图 6-2　异构计算架构示意图

（2）设计指标

1）支持 CPU 与 GPU 协同的高性能计算；

2）支持以深度学习为代表的智能计算应用；

3）在星载计算机指令下自行组织智能计算板卡完成信息提取；

4）数据互联方式：支持 1553B、CAN 等。

（3）系统功能

星上高速处理单元采用异构备份，实现 CPU＋FPGA 与 FPGA＋GPU 的异构处理单元，其中，CPU 与 GPU 共用 FPGA。在 CPU＋FPGA 结构中，FPGA 负责复杂算法处理，CPU 负责指令数据接收；在 FPGA＋GPU 结构中，算法利用 GPU 进行计算，FPGA 负责指令收发。处理单元具有外部高速数据接收模块，负责与外界数据输入进行通信。GPU 架构下的系统与算法验证具备可视化验证条件。SATA 口作为可外接数据接口，用于 GPU 的大规模图像数据存储与读取。留出 RS422 供上位机调试与软件重构。CPU、FPGA、GPU 留出 JTAG 接口供器件调试，电源模块负责整个主板的供电。

（4）计算单元设计

CPU 计算单元选用抗辐射加固的 SPARC 处理器，对外接口包括 RS422、串口调试接口以及与 GPU、FPGA 计算单元接口等；GPU 计算单元核心模块为 NVIDIA 公司的 TX2 核心处理单元，满足以深度学习为代表的智能计算应用，实现高性能计算以及千兆以太网、CAN 接口的互联。

6.2.4　星地协同智能诊断

星载智能故障诊断具有延迟低、自主性、降低地面运管成本等优点，但同时深度学习等人工智能模型在轨应用面临星载硬件算力、存储空间受限等问题，所以本节提出模型离线训练、在线推断的星地协同机制，降低智能故障诊断模型对硬件的要求，并应用于卫星智能自主故障诊断与重构系统利用深度学习等人工智能算法检测部分"非预期"故障中。

（1）总体流程设计（图 6-3）

一般而言，人工智能模型通常包括模型训练和模型推断两个阶段，具体到卫星故障诊断模型，就是模型的训练和在线故障诊断两个阶段。以基于深度学习的卫星故障诊断模型为例，模型训练阶段包括选择基本算法、构建网络结构、准备数据集、训练神经网络模型等，模型的训练在地面支持系统离线完成。在线诊断是将地面训练好的模型部署在星上高速处理单元，然后将传感器数据输入模型获得检测结果。

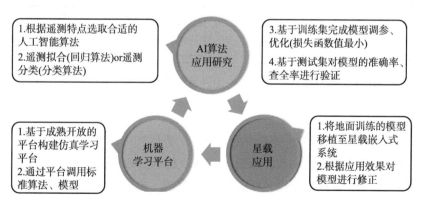

图 6-3　星地协同模型训练推断流程设计

如图 6-4 所示，星地协同在轨诊断分为两大部分：由地面支持系统负责卫星智能故障诊断模型的离线训练，等模型训练好后上注至星上高速处理单元，由卫星智能自主故障诊断与重构系统加载并进行"非预期"故障检测。具体而言，分为以下几个步骤：

1）面向具体监测对象或参数，准备模型训练数据；

2）设计网络结构、调整参数设置、训练模型；

3）对训练模型进行剪枝和压缩，以减少计算延迟和存储空间占用；

4）将模型上注至星上高速处理单元，检测特定对象或参数是否发生故障。

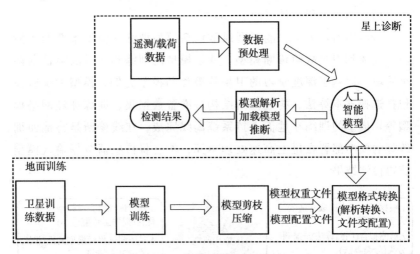

图 6-4　总体流程设计

（2）诊断模型训练

图 6-5 所示为搭建开发的卫星人工智能算法模型训练平台架构图，为卫星智能自主故障诊断与重构系统训练诊断模型等，包括数据集管理、数据预处理、算法/模型库管理、模型训练等功能。

（3）模型在轨应用

人工智能卫星故障诊断模型的在轨应用可分为经典机器学习模型和深度神经网络模型两种类型。相比深度神经网络对运算速度、存储空间的高要求，决策树、支持向量机等经典机器学习算法模

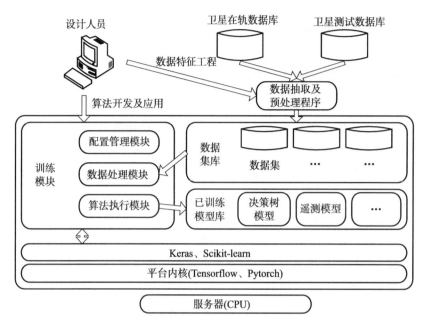

图 6-5　搭建开发的卫星人工智能算法模型训练平台架构图

型更易于迁移到星上环境中，在地面支持系统中使用 Python 语言及环境训练决策树、支持向量机等机器学习模型，然后提取模型参数转为 C 语言实现，并添加数据预处理等代码后实现星上实时诊断。

深度神经网络故障诊断模型在轨应用方式包括两类，一类是基于星上高速处理单元中 GPU 计算单元实现，该单元采用了 Linux 操作系统，根据模型的不同，利用 Tensorflow、Pytorch 等主流深度学习框架加载模型并进行故障诊断；另一类是面向星载计算机软硬件环境限制，在权衡诊断模型性能和资源消耗的前提下，利用 C 语言实现神经网络算法库，实现浅层神经网络模型在星载计算机的部署和应用，包括模型解析、重建、编译和执行。

6.3　主要功能

6.3.1　常见卫星故障自主诊断与重构

（1）故障自主检测与重构

基于故障专家知识库中存储的故障模式和检测、恢复策略，系统周期性判断星载传感器采集的参数，检测是否发生常见卫星故障，并按照故障优先级的不同采取相应的调度策略。发现故障后，系统进行自主的故障隔离和恢复。

（2）故障知识库存储及管理

系统存储并管理故障知识库中根据专家经验识别出的常见故障模式，并根据地面遥控指令的要求进行相应编辑操作。表 6-1 所示为系统存储故障模式举例。

表 6-1　系统存储故障模式

故障级别	故障数目	举例
最高	5	蓄电池放电深度超限
次高	8	计算机故障
次低	23	某下位机设备故障
最低	120	某功能模块故障

（3）遥控指令新增故障模式

卫星入轨后，地面通过给系统发送遥控指令，增加新的故障模式及诊断和处理策略。新增故障模式的可能来源有两个：包括在系统设计初始阶段未提前识别到的故障模式，参考新的在轨故障案例提炼出的新故障模式。针对以上需求，系统提供了通过指令增加在轨故障模式的功能，系统为用户提供了固定的指令模板，用户只需要将要新增的故障模式信息按指令模板填写，发送后系统即具备新模式故障的诊断与重构能力。

此外，该功能还包括系统初始化、遥控指令处理、遥测信息下传、多重故障自主调度、设备状态表管理、自主告警、历史记录管理等子功能。

6.3.2　智能健康监测与部分"非预期"故障检测

（1）数据预测与故障检测

利用训练完成的预测模型，对选定的关键参数/特定单机连续量遥测进行预测，计算预测值与实际值的残差并检测是否发生故障，若检测到故障则修改遥测参数报警。

（2）数据重构与故障检测

利用训练完成的自编码器神经网络模型，对选定的关键参数/特定单机数据进行重构，计算模型重构值与输入值的残差并检测是否发生故障，若检测到故障则修改遥测参数报警。

此外，该功能还包括遥测数据获取、模型加载、模型推断、残差计算、模型更新管理等子功能。

6.3.3　地面支持系统

地面支持系统功能主要包括故障注入、模型训练、数据集管理、模型管理等。

6.4　系统应用

在型号实际应用中，本系统以通用化的建模和诊断方法，使卫星具备了在无须地面介入的情况下自主诊断及恢复源自卫星综合电子、能源等多个分系统共上百类故障的能力，且实现了系统在多个型号间的快速迁移。

参 考 文 献

［1］ 吴宏鑫，胡军，解永春. 航天器智能自主控制研究的回顾与展望［J］. 空间控制技术与应用，2016，42（1）：1 - 6.

［2］ TAMILSELVAN P，WANG P. Failure diagnosis using deep belief learning based health state classification［J］. Reliability Engineering & System Safety，2013（115）：124 - 135z.

［3］ LI C，SANCHEZ R V，ZURITA G，et al. Multimodal deep support vector classification with homologous features and its application to gearbox fault diagnosis［J］. Neurocomputing，2015（168）：119 - 127.

［4］ ERFANI S M，RAJASEGARAR S，KARUNASEKERA S，et al. High - dimensional and large - scale anomaly detection using a linear one - class SVM with deep learning［J］. Pattern Recognition，2016（58）：121 - 134.

［5］ GAN M，WANG C. Construction of hierarchical diagnosis network based on deep learning and its application in the fault pattern recognition of rolling element bearings［J］. Mechanical Systems and Signal Processing，2016（72）：92 - 104.

［6］ TAO，JIE，LIU，et al. Bearing Fault Diagnosis Based on Deep Belief Network and Multisensor Information Fusion.［J］. Shock & Vibration，2016：1 - 9.

［7］ LI C，S RENÉ - VINICIO，GROVER Z，et al. Fault Diagnosis for Rotating Machinery Using Vibration Measurement Deep Statistical Feature Learning［J］. Sensors，2016，16（6）：895.

［8］ HUANG H B，HUANG X R，LI R X，et al. Sound quality prediction of vehicle interior noise using deep belief networks［J］. Applied Acoustics，2016（113）：149 - 161.

［9］ CHEN Z Q，LI C，SANCHEZ R V. Gearbox fault identification and classification with convolutional neural networks［J］. Shock and

Vibration，2015.

[10] JANSSENS O，SLAVKOVIKJ V，VERVISCH B，et al. Convolutional neural network based fault detection for rotating machinery [J]. Journal of Sound and Vibration，2016（377）：331 – 345.

[11] CHALAPATHY R，CHAWLA S. Deep learning for anomaly detection：A survey [J]. arXiv preprint arXiv：1901.03407，2019.

[12] OH D Y，YUN I D. Residual error based anomaly detection using auto – encoder in SMD machine sound [J]. Sensors，2018，18（5）：1308.

[13] HUNDMAN K，CONSTANTINOU V，LAPORTE C，et al. Detecting spacecraft anomalies using LSTMs and nonparametric dynamic thresholding [C] //Proceedings of the 24th ACM SIGKDD international conference on knowledge discovery & data mining. 2018：387 – 395.

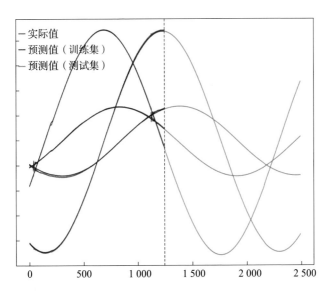

图 4 - 19　某参数数据预测效果 - LSTM 曲线预测 （P216）

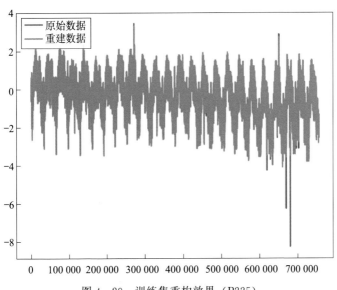

图 4 - 29　训练集重构效果 （P225）

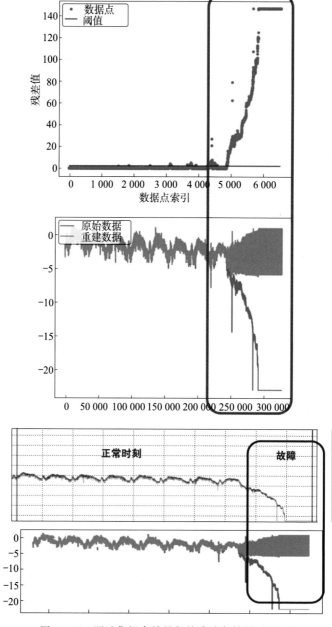

图 4 - 30　测试集拟合效果与故障诊断结果（P226）

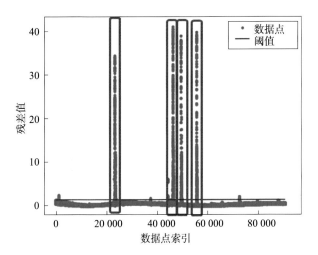

图 4 - 33　模型在测试集上的诊断效果（P228）

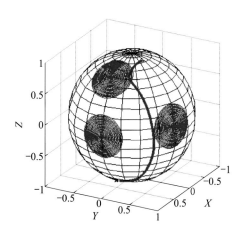

图 5 - 3　天球坐标系下通信卫星姿态机动路径（P248）

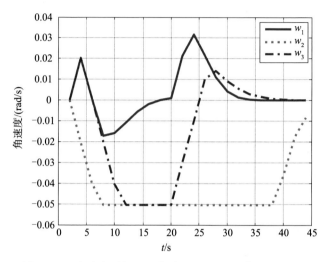

图 5 - 16　角速度时间历程曲线（CE - RRT 算法，P261）

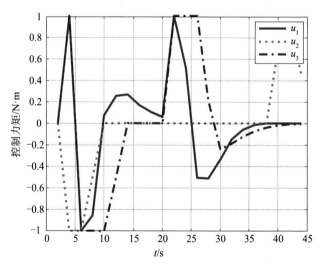

图 5 - 17 控制力矩时间历程曲线（CE - RRT 算法，P261）

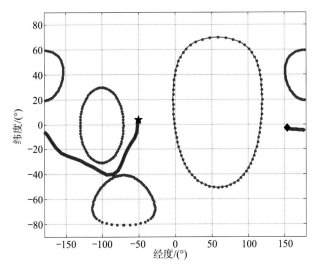

图 5-21　通信卫星天球坐标系下的姿态机动路径（P272）

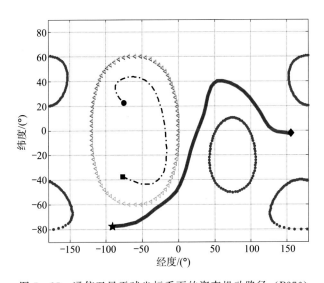

图 5-25　通信卫星天球坐标系下的姿态机动路径（P276）

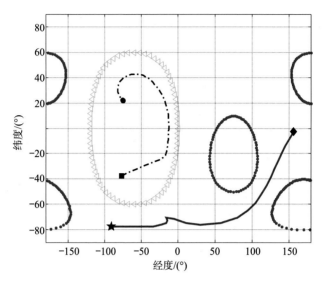

图 5-30　通信卫星天球坐标系下的姿态机动路径（P286）

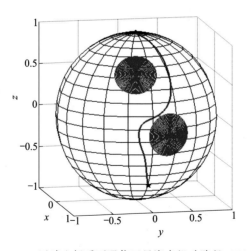

图 5-34　天球坐标系下通信卫星姿态机动路径（P293）

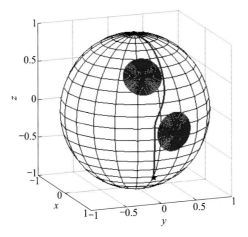

图 5-42　通信卫星天球坐标系下的姿态机动路径（P303）

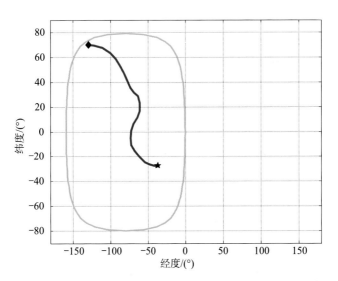

图 5-48　天球坐标系下 x 轴敏感器姿态机动路径（P309）

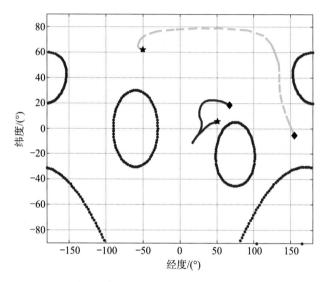

图 5-49　天球坐标系下的 y 轴和 z 轴敏感器的姿态机动路径（P309）

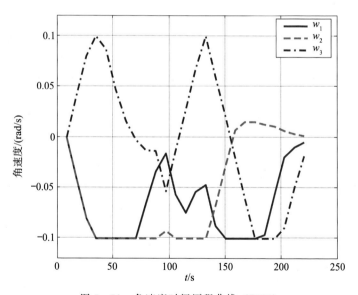

图 5-51　角速度时间历程曲线（P310）

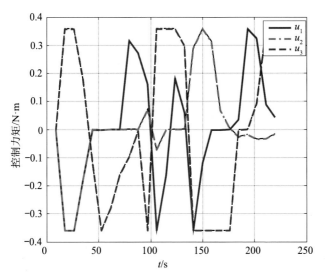

图 5-52 控制力矩时间历程曲线（P311）

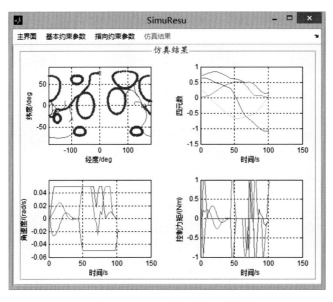

图 5-59 采用 CE-RRT 算法的试验结果（P319）

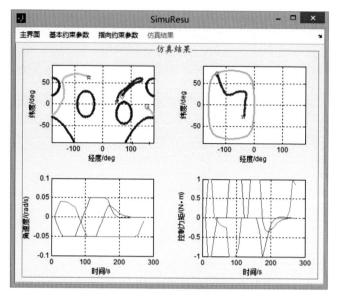

图 5-62　姿态机动试验结果（P322）

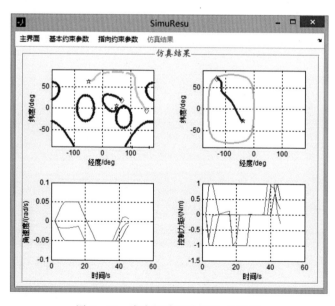

图 5-66　姿态机动试验结果（P325）